《21 世纪理论物理及其交叉学科前沿丛书》编委会
（第二届）

主　　编：孙昌璞

执行主编：常　凯

编　　委：（按姓氏拼音排序）

蔡荣根	段文晖	方　忠	冯世平
李　定	李树深	梁作堂	刘玉鑫
卢建新	罗民兴	马余刚	任中洲
王　炜	王建国	王玉鹏	向　涛
谢心澄	邢志忠	许甫荣	尤　力
张伟平	郑　杭	朱少平	朱世琳
庄鹏飞	邹冰松		

国家自然科学基金
理论物理专款资助

21世纪理论物理及其交叉学科前沿丛书

固体等离子体理论及应用

夏建白　宗易昕　编著

科学出版社

北　京

内 容 简 介

1998 年，法国 Ebbesen 等发表了关于金属表面亚波长小孔阵列增强远场透射的著名论文，引发了国际上对表面等离子体深入而广泛的研究，促使了表面等离子体学的形成. 本书是作者参加 2011 年 973 项目"固态微结构中光诱导集体激发、光电耦合效应及其原型器件研究（2011CB922200）"的产物，内容包括固体等离子体的基础理论以及应用：平面波展开方法计算光子晶体能带结构、表面等离子体放大的受激发射理论、二维电子气的等离子体激发及太赫兹器件、电子气的等离子体激发、表面增强拉曼散射等. 国内外关于该领域的书籍较少，本书有助于为相关领域的研究者提供一本入门参考书.

本书适合等离子体物理、凝聚态物理以及广大基础物理领域的研究生、科研工作者学习与参考.

图书在版编目(CIP)数据

固体等离子体理论及应用/夏建白，宗易昕编著. —北京：科学出版社，2018.6

(21 世纪理论物理及其交叉学科前沿丛书)

ISBN 978-7-03-057354-4

Ⅰ.①固⋯　Ⅱ.①夏⋯　②宗⋯　Ⅲ.①固体等离子体-研究　Ⅳ.①O53

中国版本图书馆 CIP 数据核字(2018) 第 093277 号

责任编辑：钱　俊 / 责任校对：杨　然
责任印制：吴兆东 / 封面设计：无极书装

科学出版社 出版
北京东黄城根北街 16 号
邮政编码：100717
http://www.sciencep.com

北京厚诚则铭印刷科技有限公司印刷
科学出版社发行　各地新华书店经销
*
2018 年 6 月第　一　版　开本：720×1000 1/16
2024 年 9 月第三次印刷　印张：13
字数：241 000
定价：88.00 元
(如有印装质量问题，我社负责调换)

《21 世纪理论物理及其交叉学科前沿丛书》
出 版 前 言

物理学是研究物质及其运动规律的基础科学. 其研究内容可以概括为两个方面：第一, 在更高的能量标度和更小的时空尺度上, 探索物质世界的深层次结构及其相互作用规律；第二, 面对由大量个体组元构成的复杂体系, 探索超越个体特性 "演生" 出来的有序和合作现象. 这两个方面代表了两种基本的科学观 —— 还原论 (reductionism) 和演生论 (emergence). 前者把物质性质归结为其微观组元间的相互作用, 旨在建立从微观出发的终极统一理论, 是一代又一代物理学家的科学梦想；后者强调多体系统的整体有序和合作效应, 把不同层次 "演生" 出来的规律当成自然界的基本规律加以探索. 它涉及从固体系统到生命软凝聚态等各种多体系统, 直接联系关乎日常生活的实际应用.

现代物理学通常从理论和实验两个角度探索以上的重大科学问题. 利用科学实验方法, 通过对自然界的主动观测, 辅以理论模型或哲学上思考, 先提出初步的科学理论假设, 然后借助进一步的实验对此进行判定性检验. 最后, 据此用严格的数学语言精确、定量表达一般的科学规律, 并由此预言更多新的、可以被实验再检验的物理效应. 当现有的理论无法解释一批新的实验发现时, 物理学就要面临前所未有的挑战, 有可能产生重大突破, 诞生新理论. 新的理论在解释已有实验结果的同时, 还将给出更一般的理论预言, 引发新的实验研究. 物理学研究这些内禀特征, 决定了理论物理学作为一门独立学科存在的必要性以及在当代自然科学中的核心地位.

理论物理学立足于科学实验和观察, 借助数学工具、逻辑推理和观念思辨, 研究物质的时空存在形式及其相互作用规律, 从中概括和归纳出具有普遍意义的基本理论. 由此不仅可以描述和解释自然界已知的各种物理现象, 而且还能够预言此前未知的物理效应. 需要指出, 理论物理学通过当代数学语言和思想框架, 使得物理定律得到更为准确的描述. 沿循这个规律, 作为理论物理学最基础的部分, 20 世纪初诞生的相对论和量子力学今天业已成为当代自然科学的两大支柱, 奠定了理论物理学在现代科学中的核心地位. 统计物理学基于概率统计和随机性的思想处理多粒子体系的运动, 是二者的必要补充. 量子规范场论从对称性的角度描述微观粒子的基本相互作用, 为自然界四种基本相互作用的统一提供坚实的基础.

关于理论物理的重要作用和学科发展趋势, 我们分六点简述.

1. 理论物理研究纵深且广泛,其理论立足于全部实验的总和之上. 由于物质结构是分层次的, 每个层次上都有自己的基本规律, 不同层次上的规律又是互相联系的. 物质层次结构及其运动规律的基础性、多样性和复杂性不仅为理论物理学提供了丰富的研究对象, 而且对理论物理学家提出巨大的智力挑战, 激发出人类探索自然的强大动力. 因此, 理论物理这种高度概括的综合性研究, 具有显著的多学科交叉与知识原创的特点. 在理论物理中, 有的学科 (诸如粒子物理、凝聚态物理等) 与实验研究关系十分密切, 但还有一些更加基础的领域 (如统计物理、引力理论和量子基础理论), 它们一时并不直接涉及实验. 虽然物理学本身是一门实验科学, 但物理理论是立足于长时间全部实验总和之上, 而不是只针对个别实验. 虽然理论正确与否必须落实到实验检验上, 但在物理学发展过程中, 有的阶段性理论研究和纯理论探索性研究, 开始不必过分强调具体的实验检验. 其实, 产生重大科学突破甚至科学革命的广义相对论、规范场论和玻色--爱因斯坦凝聚就是这方面的典型例证, 它们从纯理论出发, 实验验证却等待了几十年, 甚至近百年. 近百年前爱因斯坦广义相对论预言了一种以光速传播的时空波动——引力波. 直到 2016 年 2 月, 美国科学家才宣布人类首次直接探测到引力波. 引力波的预言是理论物理发展的里程碑, 它的观察发现将开创一个崭新的引力波天文学研究领域, 更深刻地揭示宇宙奥秘.

2. 面对当代实验科学日趋复杂的技术挑战和巨大经费需求, 理论物理对物理学的引领作用必不可少. 第二次世界大战后, 基于大型加速器的粒子物理学开创了大科学工程的新时代, 也使得物理学发展面临经费需求的巨大挑战. 因此, 伴随着实验和理论对物理学发展发挥的作用有了明显的差异变化, 理论物理高屋建瓴的指导作用日趋重要. 在高能物理领域, 轻子和夸克只能有三代是纯理论的结果, 顶夸克和最近在大型强子对撞机 (LHC) 发现的 Higgs 粒子首先来自理论预言. 当今高能物理实验基本上都是在理论指导下设计进行的, 没有理论上的动机和指导, 高能物理实验如同大海捞针, 无从下手. 可以说, 每一个大型粒子对撞机和其他大型实验装置, 都与一个具体理论密切相关. 天体宇宙学的观测更是如此. 天文观测只会给出一些初步的宇宙信息, 但其物理解释必依赖于具体的理论模型. 宇宙的演化只有一次, 其初态和末态迄今都是未知的. 宇宙学的研究不能像通常的物理实验那样, 不可能为获得其演化的信息任意调整其初末态. 因此, 仅仅基于观测, 不可能构造完全合理的宇宙模型. 要对宇宙的演化有真正的了解, 建立自洽的宇宙学模型和理论, 就必须立足于粒子物理和广义相对论等物理理论.

3. 理论物理学本质上是一门交叉综合科学. 大家知道, 量子力学作为 20 世纪的奠基性科学理论之一, 是人们理解微观世界运动规律的现代物理基础. 它的建立, 带来了以激光、半导体和核能为代表的新技术革命, 深刻地影响了人类的物质、精神生活, 已成为社会经济发展的原动力之一. 然而, 量子力学基础却存在诸多的争议，哥本哈根学派对量子力学的 "标准" 诠释遭遇诸多挑战. 不过这些学术争论不仅促进了量子理论自身发展，而且促使量子力学走向交叉科学领域，使得量子物理从观测解释阶段进入自主调控的新时代，从此量子世界从自在之物变成为我之物. 近二十年来，理论物理学在综合交叉方面的重要进展是量子物理与信息计算科学的交叉，由此形成了以量子计算、量子通信和量子精密测量为主体的量子信息科学. 它充分利用量子力学基本原理，基于独特的量子相干进行计算、编码、信息传输和精密测量，探索突破芯片极限、保证信息安全的新概念和新思路. 统计物理学为理论物理研究开拓了跨度更大的交叉综合领域，如生物物理和软凝聚态物理. 统计物理的思想和方法不断地被应用到各种新的领域，对其基本理论和自身发展提出了更高的要求. 由于软物质是在自然界中存在的最广泛的复杂凝聚态物质，它处于固体和理想流体之间，与人们的日常生活及工业技术密切相关. 例如，水是一种软凝聚态物质，其研究涉及的基础科学问题关乎人类社会今天面对的水资源危机.

4. 理论物理学在具体系统应用中实现创新发展，并在基本层次上回馈自身. 从量子力学和统计物理对固体系统的具体应用开始，近半个世纪以来凝聚态物理学业已发展成当代物理学最大的一个分支. 它不仅是材料、信息和能源科学的基础，也与化学和生物等学科交叉与融合，而其中发现的新现象、新效应，都有可能导致凝聚态物理一个新的学科方向或领域的诞生，为理论物理研究展现了更加广阔的前景. 一方面，凝聚态物理自身理论发展异常迅猛和广泛，描述半导体和金属的能带论和费米液体理论为电子学、计算机和信息等学科的发展奠定了理论基础；另一方面，从凝聚态理论研究提炼出来的普适的概念和方法，对包括高能物理在内的其他物理学科的发展也起到了重要的推动作用. BCS 超导理论中的自发对称破缺概念，被应用到描述电弱相互作用统一的 Yang-Mills 规范场论，导致了中间玻色子质量演生的 Higgs 机制，这是理论物理学发展的又一个重要里程碑. 近二十年来，在凝聚态物理领域，有大量新型低维材料的合成和发现，有特殊功能的量子器件的设计和实现，有高温超导和拓扑绝缘体等大量新奇量子现象的展示. 这些现象不能在以单体近似为前提的费米液体理论框架下得到解释，新的理论框架建立已迫在眉睫，如果成功将使凝聚态物理的基础及应用研究跨上一个新的历史台阶，也将理论物理的引领作用发挥到极致.

5. 理论物理的一个重要发展趋势是理论模型与强大的现代计算手段相结合. 面对纷繁复杂的物质世界（如强关联物质和复杂系统），简单可解析求解的理论物理模型不足以涵盖复杂物质结构的全部特征，如非微扰和高度非线性. 现代计算机的发明和快速发展提供了解决这些复杂问题的强大工具. 辅以面向对象的科学计算方法（如第一原理计算、蒙特卡罗方法和精确对角化技术），复杂理论模型的近似求解将达到极高的精度，可以逐渐逼近真实的物质运动规律. 因此，在解析手段无法胜任解决复杂问题任务时，理论物理必须通过数值分析和模拟的办法，使得理论预言进一步定量化和精密化. 这方面的研究导致了计算物理这一重要学科分支的形成, 成为连接物理实验和理论模型必不可少的纽带.

6. 理论物理学将在国防安全等国家重大需求上发挥更多作用. 大家知道, 无论决胜第二次世界大战、冷战时代的战略平衡, 还是中国国家战略地位提升, 理论物理学在满足国家重大战略需求方面发挥了不可替代的作用. 爱因斯坦、奥本海默、费米、彭桓武、于敏、周光召等理论物理学家也因此彪炳史册. 与战略武器发展息息相关, 第二次世界大战后开启了物理学大科学工程的新时代, 基于大型加速器的重大科学发现反过来为理论物理学提供广阔的用武之地, 如标准模型的建立. 国防安全方面等国家重大需求往往会提出自由探索不易提出的基础科学问题, 在对理论物理提出新挑战的同时, 也为理论物理研究提供了源头创新的平台. 因此, 理论物理也要针对国民经济发展和国防安全方面等国家重大需求, 凝练和发掘自己能够发挥关键作用的科学问题, 在实践应用和理论原始创新方面取得重大突破.

为了全方位支持我国理论物理事业长足发展, 1993 年国家自然科学基金委员会设立 "理论物理专款", 并成立学术领导小组 (首届组长是我国著名理论物理学家彭桓武先生). 多年来, 这个学术领导小组凝聚了我国理论物理学家集体智慧, 不断探索符合理论物理特点和发展规律的资助模式, 培养理论物理优秀创新人才做出杰出的研究成果, 对国民经济和科技战略决策提供指导和咨询. 为了更全面地支持我国的理论物理事业, "理论物理专款" 持续资助我们编辑出版这套《21 世纪理论物理及其交叉学科前沿丛书》, 目的是要系统全面介绍现代理论物理及其交叉领域的基本内容及其学科前沿发展, 以及中国理论物理学家科学贡献和所取得的主要进展. 希望这套丛书能帮助大学生、研究生、博士后、青年教师和研究人员全面了解理论物理学研究进展, 培养对物理学研究的兴趣, 迅速进入理论物理前沿研究领域, 同时吸引更多的年轻人献身理论物理学事业, 为我国的科学研究在国际上占有一席之地作出自己的贡献.

孙昌璞

中国科学院院士, 发展中国家科学院院士

国家自然科学基金委员会 "理论物理专款" 学术领导小组组长

前　言

1902 年 R. W. Wood 等在实验上首次发现金属光栅中的异常衍射现象,他们观察到在角分布吸收谱中除了正常衍射峰以外又出现了额外的吸收峰. 在此后的 40 多年时间里人们对该异常衍射现象给出过不同的解释,但没有一致认同的结论. 直到 1941 年人们将其与表面波联系到一起,并由 Fano 等首次提出衍射吸收峰的峰值实际是衍射级与表面等离激元耦合的结果. 1984 年世界上第一台近场扫描光学显微镜 (near-field scanning optical microscope, NSOM) 在苏黎世 IBM 研究中心诞生,使得近场探测超衍射极限金属结构表面能量分布成为可能,促使了表面等离子体实验研究进入了一个新的时期. 1998 年法国 Ebbesen 等发表了关于金属表面亚波长小孔阵列增强远场透射的著名论文,引发了国际上对表面等离子体深入而广泛的研究,促使了表面等离子体学的形成.

表面等离子体主要应用于制造光学元器件,使得光子集成芯片的尺寸小于光的衍射极限. 同时由于等离子体元器件是用光传输信号的,与传统的电子元器件相比,表面等离子体元器件具有更高的传输速率.

表面等离子体的应用主要分三大类,一类是金属/介质光子晶体的等离子体波,第二类是平面金属与介质界面的等离子体波,第三类是金属纳米结构,如纳米金属球和纳米金属线与周围介质界面的等离子体波.

(1) 金属/介质光子晶体的等离子体波. 一般的介质/介质光子晶体已经研究得很多,利用光子晶体产生的光子带隙,可以实现光子的局域化. 但是介质/介质光子晶体的光子带隙很小,而金属/介质光子晶体的光子带隙相对较大,为光子晶体的应用开辟了新的方向.

(2) 平面金属与介质界面的等离子体波. 这方面的等离子体元器件包括：表面等离子体耦合器、表面等离子体波导、表面等离子体分束器、偏振选择器、光开关等.

(3) 金属纳米结构,如纳米金属球和纳米金属线与周围介质界面的等离子体波. 包括：金属纳米粒子、纳米线. 金属纳米粒子的应用主要源于等离子体共振条件下产生的局域场增强效应,从而在纳米尺寸上提升了纳米粒子周围介质中的各种光诱导产生的线性和非线性过程. 值得注意的是金属/介质核壳结构,在生物医学上有很大的应用.

另一类固体等离子体是半导体二维电子气的等离子体激发及其在 THz 器件中的应用. 在三维半导体结构中等离子体不稳定性受到电子与杂质和声子的碰撞而压制, 而在二维电子气中由于电子与杂质空间分离, 电子具有高迁移率, 有望克服这一障碍. 在实际的二维电子气中电子等离子体波的特征频率正好落在 THz 范围, 这使得有可能实现等离子体波弱碰撞阻尼的条件. 在这种情况下, 2DEG 系统能产生与等离子体波的高品质因子相联系的显著的共振响应, 所以就能用作不同 THz 器件中的共振腔 (resonator). 目前不同的实验组已经观察到由等离子体不稳定性和等离子体辅助的光电混频器 (photomixing) 产生的 THz 辐射.

实验发现将两组交叉排列的栅极和一个垂直腔集成在一个半导体异质结 HEMT 中, 使得这个在亚微米至纳米尺度内人工构造的与结构有关的高度色散的等离子体系统能完成在 THz 频率范围内发射、检测和高功能的信号处理, 如强度调制、混频等. 试验样品已经由 InGaP/InGaAs/GaAs 材料系统制造出来了, 成功地首次观察到室温下 THz 的受激发射. 这件事情在 2008~2010 年引起很大的关注, 又开国际会议, 又出文集, 人们普遍认为这是制造 THz 源的一个新方向. 但后来似乎也无声无息了. 原因可能是用几微米大小的半导体器件发出的 THz 波功率太小.

最近, 2017 年 8 月 28 日《科技日报》登载了一条消息: "液态水产生太赫兹波被证实". 张希成教授和北京师范大学团队利用自由流动的一层超薄水膜 (不到 200μm 厚), 成功让液态水产生太赫兹波. 他们向水膜内聚焦飞秒激光脉冲, 将水分子离子化, 产生自由电子, 最终发射出太赫兹波. 他们的结果发表在最近一期《应用物理快报》上. 这个结果有点像在二维电子气中的 Dyakonov-Shur 的 "水波" 模型, 不过面积比二维电子气大多了.

半导体中的调制掺杂结构, 将杂质和载流子空间分开, 能得到迁移率很高的二维电子气. 从基础研究的角度, 国际上研究二维电子气中自由电子的等离子体振荡已经有几十年历史了. 实验上在掺杂半导体中有两类等离子体模: 高频振荡, 包含所有的价电子; 低频模, 只有导带电子参与. 高频模类似于金属中的等离子体模, 可以由能量损失谱研究. 例如, Si 的能量损失谱测量的是所有 4 个价电子的等离子体模 $\hbar\omega_p$. 这时 $\hbar\omega_p$ 远大于 E_g, 价电子基本是自由的, 感觉不到周期势的效应.

另一方面, 半导体导带中的电子是由杂质产生的, 它的密度远小于价电子密度. 低频等离子体模的能量 $\hbar\omega_p \leqslant 0.01\mathrm{eV}$, 这时用电子散射就不合适, 需要用光散射. 光散射实验要求等离子体能透射光, 而没有强的散射和吸收. 这时 Nd:YAG 和 CO_2 激光器产生的红外光是探测导带电子等离子体的有力工具.

在等离子体散射实验中有两个不同的区域, 一是多体系统中不同粒子的散射波相互之间不干涉. 每个粒子散射子是相互独立的, 这种散射谱称为单粒子散射谱,

前言

它反映了单个粒子的运动. 二是不同粒子散射的波之间有干涉, 总的散射波振幅对粒子之间的相对位置非常敏感, 也就是对多体系统的关联 (correlation) 敏感. 这个极限称为集体振荡区.

实验上单粒子的光散射谱, 纵坐标是散射强度, 横坐标是频率. 散射强度峰在 $\omega=0$ 处, 具有一定的宽度 kv_{th}, v_{th} 是电子的热速度. 宽度的测量确定了电子的温度. 集体等离子体振荡谱由集体效应决定. 由于相干涉, 单粒子散射被抑制. 代替在 $\omega=0$ 处的宽的多普勒峰, 集体振荡谱包含了两个尖锐的峰, 对应于从等离子体的斯托克斯和反斯托克斯拉曼散射. 线的位置确定了动量为 k 的等离子体频率 $\omega(k)$. 所以这两种谱反映了两种完全不同的物理内容.

表面增强拉曼散射 (SERS) 是金属表面等离子体效应的一个重大发现, 它在测量单分子的振动谱方面, 特别是在生物医学研究方面具有重要的应用前景. 后来发现在表面增强共振拉曼散射 (SERRS) 中染料分子增强因子可以达到 $10^{10}\sim 10^{11}$. SERS 发现的 20 年以后, 新的测量方法确定了增强因子为通常非共振 RS 的 14 个数量级, 足以与荧光截面相比, 这使得 SERS 成为测量单分子的有力工具, 特别是在生物医学方面.

它利用在金属纳米结构附近的高度局域的强场来增强有关分子的自发拉曼散射. 利用化学粗糙化的银表面, 首次观察到了单个分子的拉曼散射事件, 估计散射截面的增长因子达到 10^{14} 量级. 增强的主要原因是在金属纳米结构附近局域的表面等离子体共振产生的高增强场. 这些高增强场称为热点 (hot spots), 它还能增加荧光发射.

SERS 另一个有意义的方面是高的空间分辨能力. 利用金属纳米结构特殊的局域光场, SERS 能提供好于 10nm 的横向分辨率, 它比衍射极限低两个数量级, 甚至低于通常的近场显微针尖的分辨率. 至今 SERS 已广泛被用于生物物理和生物化学, 有以下几个原因: ① 由于 SERS 能提供高的结构选择性和测量非常小的物体的拉曼光谱, 和荧光光谱一样, 所以能作为测量生物中单分子的工具, 特别是快速 DNA 序列分析. ② 共振表面增强拉曼散射可以用于测量大的生物分子, 因为它能选择与大分子的振动模共振, 它特别适用于生色团系统. ③ SERS 提供了研究分子吸附在金属表面以及表面和界面过程的信息, 例如 "SERS 激活" 的 Ag 或 Au 电极能用来作为研究生物有关过程的模型环境, 如细胞色素 (sytochrome C) 中的电荷转移跃迁. 目前已经提出多种机制来解释 SERS, 这些机制都在某个方面反映了 SERS 的性质, 现在看来它是由多种因素产生.

本书是作者参加 2011 年 973 计划 "固态微结构中光诱导集体激发、光电耦合效应及其原型器件研究"(2011CB922200) 的产物. 我以前没做过这方面的工作. 所以从固态微结构中的等离子体激发,特别是表面等离子体模的激发等从头学起和做起. 从 2012 年至 2016 年, 我读了一些有关文章、书籍, 也和博士生一起做了很多工作. 这本书就是 973 计划执行过程中学习和工作的总结. 目前国际和国内有关这方面系统介绍的书籍还不多, 希望此书能成为年轻人的入门指导. 因为时间仓促, 这方面做的工作也不多, 有些理解可能不够深入, 不妥之处请广大读者批评指正. 这方面的理论比较多, 为了使读者容易理解, 对有些公式做了仔细推导.

夏建白

2018 年 4 月

目 录

第1章 金属中的电磁学 ·· 1
  1.1 麦克斯韦方程和电磁波在介质中的传播 ····················· 1
  1.2 金属介电函数 ··· 3
  参考文献 ·· 6

第2章 金属/介电介质界面的等离子体模 ···························· 7
  2.1 波动方程 ··· 7
  2.2 单界面的等离子体界面模 ·· 8
  2.3 多层膜的等离子体界面模 ······································ 12
  2.4 等离子体模的激发 ··· 17
  2.5 表面等离子体波导 ··· 19
  2.6 等离子体表面波激光器 ··· 21
  2.7 波导中增益介质辅助的等离子体表面波的传播 ·········· 22
  参考文献 ·· 24

第3章 金属线的等离子体模 ··· 25
  3.1 圆线和圆柱孔的等离子体模的色散关系 ··················· 25
  3.2 用平面波激发纳米线的表面等离子体模 ··················· 28
    3.2.1 产生函数 ··· 29
    3.2.2 用产生函数计算金属纳米线的本征模 ············· 30
    3.2.3 入射电场平行于 x-z 平面 ····························· 31
  3.3 散射和吸收系数 ·· 33
  3.4 纳米金属线中表面等离子体模的激发 ······················ 36
  3.5 等离子体波在金属纳米线中的传播 ·························· 39
  3.6 等离子体波在金属纳米线中传播的衰减 ··················· 42
  3.7 金属纳米线上 SP 传播的电场显示 ·························· 45
  参考文献 ·· 49

第4章 金属球的等离子体模 ··· 51
  4.1 金属圆球的等离子体模 ··· 51
  4.2 散射和消光截面 ·· 57
  4.3 Mie 理论 ·· 62

目录

- 4.4 金属纳米球的光学性质 ··· 66
- 4.5 金属纳米球等离子体模的阻尼 ·· 69
- 4.6 粒子等离子体模共振频率与周围介质的关系 ·························· 72
- 4.7 核壳结构的纳米粒子 ··· 74
- 4.8 核/壳结构纳米粒子激光器 ··· 75
- 参考文献 ··· 78

第 5 章 平面波展开方法计算光子晶体能带和等离子体模色散关系 ········ 80
- 5.1 一维介质/介质 (D/D) 超晶格 TM 模的色散关系 ····················· 80
- 5.2 一维 D/D 超晶格 TE 模的色散关系 ··································· 82
- 5.3 金属/介质 (M/D) 超晶格 TE 模的色散关系 ·························· 83
- 5.4 金属/介质 (M/D) 超晶格 TM 模的色散关系 ························· 84
- 5.5 超晶格中电磁波能量分布 ·· 85
  - 5.5.1 TM 模的电磁能量分布 ··· 85
  - 5.5.2 TE 模的电磁能量分布 ·· 86
- 5.6 二维 D/D 超晶格, TM 模 ·· 87
  - 5.6.1 锯齿状二维超晶格 ·· 87
  - 5.6.2 圆柱或圆孔状二维超晶格, TM 模 ······························ 90
- 5.7 二维 D/D 超晶格, TE 模 ··· 91
  - 5.7.1 锯齿状二维超晶格 ·· 91
  - 5.7.2 圆柱或圆孔状二维 D/D 超晶格, TE 模 ························ 92
- 5.8 二维 M/D 超晶格, TE 模 ·· 93
  - 5.8.1 锯齿状二维超晶格 ·· 93
  - 5.8.2 圆柱或圆孔状二维 M/D 超晶格, TE 模 ······················· 94
- 5.9 二维 M/D 超晶格, TM 模 ··· 95
  - 5.9.1 二维锯齿状超晶格 ·· 95
  - 5.9.2 二维圆柱超晶格 ··· 96
- 参考文献 ··· 96

第 6 章 表面等离子体放大的受激发射理论 ···································· 98
- 6.1 Spaser 的引言 ··· 98
- 6.2 局域等离子体模的一般理论 ·· 100
- 6.3 Spaser 理论 ·· 103
  - 6.3.1 Spaser 系统的哈密顿量 ·· 103
  - 6.3.2 密度矩阵 ·· 105
  - 6.3.3 二能级系统 Spaser 的方程 ······································ 106

6.3.4 连续工作时的 Spaser 方程 ············· 107
6.4 纳米线等离子体激光器 ················· 110
参考文献 ······················· 112

第 7 章 二维电子气的等离子体激发和太赫兹器件

7.1 研究背景 ····················· 113
7.2 二维电子气等离子体模的激发的新机制 ············· 115
7.3 基于周期栅的 HEMT 等离子体振荡器件 ············ 121
   7.3.1 太赫兹辐射器 ················· 121
   7.3.2 连续激光激发的太赫兹辐射 ············· 125
   7.3.3 基于 HEMT 的太赫兹辐射的探测器和混合器 ········ 126
7.4 不用周期栅的等离子体器件 ················ 131
   7.4.1 2DEG 通道中的等离子体波和振荡 ··········· 131
   7.4.2 等离子体振荡器 ················ 132
   7.4.3 太赫兹辐射的检测和倍频 ·············· 133
   7.4.4 利用等离子体振荡的光电混频器 ············ 134
7.5 石墨烯基异质结中的等离子体波 ··············· 137
参考文献 ······················· 138

第 8 章 电子气的等离子体激发

8.1 基本原理 ····················· 139
8.2 介电函数 ····················· 141
8.3 等离子体实验和理论 ·················· 142
   8.3.1 等离子体散射实验 ················ 142
   8.3.2 电子散射实验理论 ················ 145
   8.3.3 非相互作用电子系统的散射理论 ············ 146
   8.3.4 光散射理论 ················· 147
8.4 单二维层半导体的元激发 ················· 147
8.5 耦合量子阱等离子体理论 ················· 153
8.6 磁场下耦合量子线的集体和单量子激发模 ············ 156
参考文献 ······················· 159

第 9 章 表面增强拉曼散射

9.1 引言 ······················ 160
9.2 表面增强拉曼散射的基本原理 ··············· 160
9.3 表面增强拉曼散射的偶极相互作用理论 ············· 163
9.4 分子与金属球体系 ··················· 165

9.5 光柱效应 ·· 168
参考文献 ·· 176

第 10 章 在频率有关的介电常数介质中的传播计算 (FDTD 方法) ········· 177
10.1 一维模拟 ·· 177
 10.1.1 自由空间 ·· 177
 10.1.2 在介电介质中的传播 ··· 179
 10.1.3 在有损耗介电介质中的传播 ······································· 180
10.2 频率有关介质的一维模拟 ··· 181
 10.2.1 利用流密度的表述 ··· 181
 10.2.2 Debye 介质 ··· 183
10.3 Z 变换 ·· 186
 10.3.1 Z 变换的定义 ··· 186
 10.3.2 Z 变换应用于 Debye 介质 ··· 188
 10.3.3 无磁场的等离子体介质 ··· 189
参考文献 ·· 191

第 1 章 金属中的电磁学

1.1 麦克斯韦方程和电磁波在介质中的传播

$$\begin{aligned}\nabla \cdot \boldsymbol{D} &= \rho_{\text{ext}}, \\ \nabla \cdot \boldsymbol{B} &= 0, \\ \nabla \times \boldsymbol{E} &= -\frac{\partial \boldsymbol{B}}{\partial t}, \\ \nabla \times \boldsymbol{H} &= \boldsymbol{J}_{\text{ext}} + \frac{\partial \boldsymbol{D}}{\partial t}. \end{aligned} \quad (1.1)$$

上述 4 个宏观方程进一步通过极化率 (polarization)$\boldsymbol{P}$ 和磁化强度 (magnetization)$\boldsymbol{M}$ 相联系

$$\begin{aligned} \boldsymbol{D} &= \varepsilon_0 \boldsymbol{E} + \boldsymbol{P}, \\ \boldsymbol{H} &= \frac{1}{\mu_0} \boldsymbol{B} - \boldsymbol{M}. \end{aligned} \quad (1.2)$$

对于非磁介质, $M=0$, 所以只考虑极化效应. $\boldsymbol{P}$ 是材料内部单位体积的电极化矩, 由微观偶极矩沿电场的排列而产生. 它与内电荷密度的关系为

$$\nabla \cdot \boldsymbol{P} = -\rho. \quad (1.3)$$

由电荷守恒得出电流密度与极化率的关系

$$\begin{aligned} \nabla \cdot \boldsymbol{J} &= -\frac{\partial \rho}{\partial t}, \\ \boldsymbol{J} &= \frac{\partial \boldsymbol{P}}{\partial t}. \end{aligned} \quad (1.4)$$

利用方程 (1.2), 方程 (1.1) 还可以进一步简化, 将内电场和外电场合并成一个宏观电场,

$$\nabla \cdot \boldsymbol{E} = \frac{\rho_{\text{tot}}}{\varepsilon_0}. \quad (1.5)$$

对一个线性的、各向同性介质,

$$\begin{aligned} \boldsymbol{D} &= \varepsilon_0 \varepsilon \boldsymbol{E}, \\ \boldsymbol{B} &= \mu_0 \mu \boldsymbol{H}. \end{aligned} \quad (1.6)$$

对非磁介质, $\mu=1$. ε 称为介电常数, 但在一般情况下, 它是电磁波的波矢 k 和频率 ω 的函数. 在量子力学处理中, 往往引入介电极化率 (dielectric susceptibility)χ,

$$\begin{aligned}P &= \varepsilon_0\chi E, \\ \varepsilon &= 1 + \chi.\end{aligned} \tag{1.7}$$

最后一个关系是电流与电场的关系

$$J = \sigma E. \tag{1.8}$$

σ 称为电导率. 对各向异性介质, 电导率和介电常数等都是张量.

一般情况下须考虑时间和空间的非局域性, 将线性关系 (1.6) 和 (1.8) 式推广为

$$\begin{aligned}D(r,t) &= \varepsilon_0 \int dt' dr' \varepsilon(r-r', t-t') E(r',t'), \\ J(r,t) &= \int dt' dr' \sigma(r-r', t-t') E(r',t').\end{aligned} \tag{1.9}$$

将 (1.9) 式作傅里叶变换, $\int dt dr e^{i(k\cdot r - \omega t)}$, 就可以将卷积变成乘积,

$$\begin{aligned}D(k,\omega) &= \varepsilon_0 \varepsilon(k,\omega) E(k,\omega), \\ J(k,\omega) &= \sigma(k,\omega) E(k,\omega).\end{aligned} \tag{1.10}$$

由此得到介电函数与电导率之间的关系

$$\varepsilon(k,\omega) = 1 + \frac{i\sigma(k,\omega)}{\varepsilon_0 \omega}. \tag{1.11}$$

其中利用了 $\partial/\partial t \to -i\omega$.

在波长远大于材料内部的特征长度, 如原胞大小、电子的平均自由程时, 可以认为介电函数是空间局域的, 即取 $k=0$, 因此只是 ω 的函数. 一般情况下, 介电函数和电导率都是 ω 的复函数

$$\begin{aligned}\varepsilon(\omega) &= \varepsilon_1(\omega) + i\varepsilon_2(\omega), \\ \sigma(\omega) &= \sigma_1(\omega) + i\sigma_2(\omega).\end{aligned} \tag{1.12}$$

在光学频率范围, 它们可以通过测量折射率等得到,

$$\begin{aligned}&\tilde{n}(\omega) = n(\omega) + i\kappa(\omega), \quad \tilde{n} = \sqrt{\varepsilon}, \\ &\varepsilon_1 = n^2 - \kappa^2, \quad \varepsilon_2 = 2n\kappa, \\ &n^2 = \frac{\varepsilon_1}{2} + \frac{1}{2}\sqrt{\varepsilon_1^2 + \varepsilon_2^2}, \quad \kappa = \frac{\varepsilon_2}{2n}.\end{aligned} \tag{1.13}$$

其中, κ 称为消光系数 (extinction coefficient), 确定了光在介质中的吸收. 它与吸收系数的关系为

$$\alpha(\omega) = \frac{2\kappa(\omega)\omega}{c}. \tag{1.14}$$

由 (1.13) 式和 (1.11) 式可见, 光吸收与 ε_2, 即 σ_1 有关, 也就是电导率 σ 的实部确定了光的吸收.

1.2 金属介电函数

对碱金属, 有效质量为 m^* 的自由电子运动在正电荷的均匀背景中, 等离子体振荡频率一直延伸到紫外区域. 电子在外电磁场作用下振荡, 并且具有阻尼的频率 $\gamma = 1/\tau$, τ 是自由电子的碰撞弛豫时间, 在室温下为 10^{-14}s 量级, 对应于 $\gamma = 10$THz.

在金属中一个电子在外电场下的运动方程为

$$m\ddot{\boldsymbol{x}} + m\gamma\dot{\boldsymbol{x}} = -e\boldsymbol{E}. \tag{1.15}$$

其中, m 是电子的质量, $\boldsymbol{x}$ 是电子的坐标. 假定 $\boldsymbol{E}$ 和 $\boldsymbol{x}$ 都包含 $\mathrm{e}^{-\mathrm{i}\omega t}$ 的时间关系, 则由 (1.15) 式可求得

$$\boldsymbol{x}(t) = \frac{e}{m(\omega^2 + \mathrm{i}\gamma\omega)}\boldsymbol{E}(t). \tag{1.16}$$

位移电子对宏观极化率的贡献为 $\boldsymbol{P} = -ne\boldsymbol{x}$, 得到

$$\boldsymbol{P} = -\frac{ne^2}{m(\omega^2 + \mathrm{i}\gamma\omega)}\boldsymbol{E}. \tag{1.17}$$

将上式代入 (1.2) 式, 有

$$\boldsymbol{D} = \varepsilon_0\left(1 - \frac{\omega_\mathrm{p}^2}{\omega^2 + \mathrm{i}\gamma\omega}\right)\boldsymbol{E},$$
$$\omega_\mathrm{p}^2 = \frac{ne^2}{\varepsilon_0 m}. \tag{1.18}$$

ω_p 称为自由电子的等离子体频率. 因此自由电子的介电函数为

$$\varepsilon(\omega) = 1 - \frac{\omega_\mathrm{p}^2}{\omega^2 + \mathrm{i}\gamma\omega}. \tag{1.19}$$

又称 Drude 模型, 它的实部和虚部分别为

$$\varepsilon_1(\omega) = 1 - \frac{\omega_\mathrm{p}^2}{\omega^2 + \gamma^2},$$
$$\varepsilon_2(\omega) = \frac{\omega_\mathrm{p}^2 \gamma}{\omega(\omega^2 + \gamma^2)}. \tag{1.20}$$

(1) 高频区. $\omega \gg \gamma$, 这时阻尼可忽略, 介电函数主要是实的,

$$\varepsilon(\omega) = 1 - \frac{\omega_p^2}{\omega^2}. \tag{1.21}$$

由 (1.17) 式得到金属中存在频率为 ω_p 的纵等离子体波. 但是对贵金属 (Au 或 Ag), 在这个频率区域存在带间跃迁, 导致了 ε_2 的增加, 产生阻尼.

(2) 低频区. $\omega \ll \gamma$, 因此 $\varepsilon_2 \gg \varepsilon_1$, 导致复折射指数的实部与虚部具有相同的数量级,

$$n \approx \kappa = \sqrt{\frac{\varepsilon_2}{2}} = \sqrt{\frac{\omega_p^2}{2\omega\gamma}}. \tag{1.22}$$

在这个频率区域, 金属主要是吸收的. 它的吸收系数

$$\alpha = \left(\frac{2\omega_p^2 \omega}{c^2 \gamma}\right)^{1/2}. \tag{1.23}$$

引入直流电导率, α 还可写为

$$\sigma_0 = \frac{ne^2}{m\gamma} = \frac{\omega_p^2 \varepsilon_0}{\gamma},$$
$$\alpha = \sqrt{2\sigma_0 \omega \mu_0}. \tag{1.24}$$

(3) 中等频率区. $\gamma \leqslant \omega \leqslant \omega_p$, 复折射指数主要是虚的, 导致了反射系数 $R \approx 1$.

自由电子模型的修正. 对自由电子模型, 当 $\omega \gg \omega_p$ 时, $\varepsilon \to 1$. 但对贵金属, 靠近费米面填充的 d 带引起了高度极化的环境, 离子核的正电背景产生一个附加的极化率,

$$\boldsymbol{P}_\infty = \varepsilon_0 (\varepsilon_\infty - 1) \boldsymbol{E},$$
$$\varepsilon(\omega) = \varepsilon_\infty - \frac{\omega_p^2}{\omega^2 + i\gamma\omega}. \tag{1.25}$$

由于带间跃迁, 实际贵金属的介电函数将偏离 (1.20) 或 (1.25) 式. 对于实际的金属, 如 Cu, Ag, Au, 可以由实验测得复折射率 $n(\omega) + i\kappa(\omega)$[3], 由下式计算它们的复介电函数:

$$\varepsilon_1 = n^2 - \kappa^2, \quad \varepsilon_2 = 2n\kappa. \tag{1.26}$$

图 1.1 是由 (1.26) 式计算得到的 Cu, Ag, Au 介电函数的实部和虚部作为光子能量 E 的函数. 与理想的 Drude 模型介电函数 (1.20) 式相比, 当 ω (或 E) 由 0 增加到 ∞ 时, ε_1 由 $-\infty \to 1$, ε_2 由 $\infty \to 0$. 图 1.1 中 ε_1 和 ε_2 曲线中的一些峰是由金属中的带间跃迁引起的.

1.2 金属介电函数

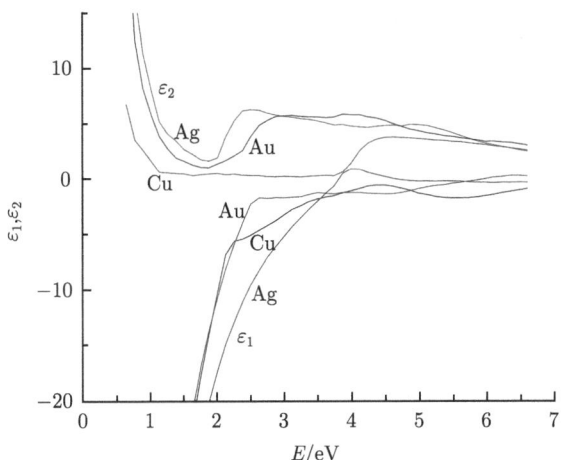

图 1.1 Cu, Ag, Au 介电函数的实部和虚部作为光子能量 E 的函数

将介电函数与 AC 电导率 $\sigma(\omega)$ 相联系是有用的, 令 $\boldsymbol{p}=m\dot{\boldsymbol{x}}$ 为电子动量, 则由方程 (1.15) 得到 $\boldsymbol{p}$ 的方程,

$$\dot{\boldsymbol{p}} = -\frac{\boldsymbol{p}}{\tau} - e\boldsymbol{E}. \tag{1.27}$$

类似地可求得

$$\begin{aligned}\sigma(\omega) &= \frac{nep}{m} = \frac{\sigma_0}{1-\mathrm{i}\omega\tau},\\ \varepsilon(\omega) &= 1 + \frac{\mathrm{i}\sigma(\omega)}{\varepsilon_0\omega}.\end{aligned} \tag{1.28}$$

将电荷分成束缚电荷和自由电荷有一定的任意性. 在低频区, ε 通常用来描述束缚电荷对外驱动场的响应, 导致了电极化, 而 σ 描述了自由电荷对电流的贡献. 但是在光学频率, 束缚电荷和自由电荷之间的差别就比较模糊了. 例如, 高掺杂半导体, 束缚价电子的响应可以归至于一个静介电常数 $\delta\varepsilon$, 导电电子的响应归至于 σ', 得到介电函数

$$\varepsilon(\omega) = 1 + \delta\varepsilon + \frac{\mathrm{i}\sigma'(\omega)}{\varepsilon_0\omega}. \tag{1.29}$$

为了保持 (1.28) 式的形式, 通常将 $\delta\varepsilon$ 项合并到 σ' 项中.

利用 $\omega=1.51\mathrm{eV}$ 的折射指数 n, κ 的实验值[3], 计算得到的 3 种金属的 ω_p 和 γ 值见表 1.1.

表 1.1 3 种金属的 ω_p 和 γ 值

	Cu	Ag	Au
$\omega_\mathrm{p}/\mathrm{eV}$	7.9565	8.7784	7.8187
$\omega_\mathrm{p}/(\times 10^{15}\cdot\mathrm{s}^{-1})$	12.09	13.34	11.88
γ/eV	0.1479	0.02049	0.06153

由 (1.13) 式和 (1.20) 式计算得到的 Au 的 $\varepsilon_1, \varepsilon_2$ 和 n, κ 作为频率 ω 的函数分别示于图 1.2 和图 1.3 中.

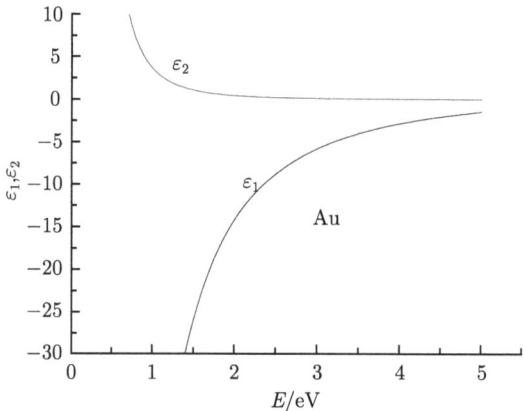

图 1.2 Au 的 $\varepsilon_1, \varepsilon_2$ 作为频率 ω 的函数

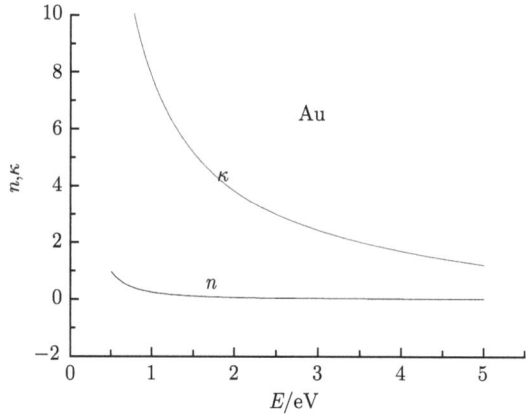

图 1.3 Au 的 n, κ 作为频率 ω 的函数

参 考 文 献

[1] Maier S A. Plasmonics: Fundamentals and Applications. Springer, 2006.
[2] Pozhela J. Plasma and Current Instabilities in Semiconductors. Translated by Germogenova O A. Pergamon Press, 1981.
[3] Johnson P B, Christy R W. Phys. Rev. B, 1972, 6: 4370.

第 2 章 金属/介电介质界面的等离子体模

在金属/介电介质界面存在一种界面等离子体模, 它约束在界面附近, 在两边的金属和介电介质中逐渐衰减. 这种界面模是由电磁波与导体中电子等离子体振荡的耦合产生的. 考虑一种最简单的情形: 介电介质 ($z>0$) 和金属 ($z<0$) 的界面为 $z=0$ 的平面, 电磁波沿 x 方向传播, 所有物理量沿 y 方向是均匀的, 所以与 y 无关, 如图 2.1 所示 [1].

图 2.1 表面等离子体波沿金属/介电介质的界面传播示意图

2.1 波 动 方 程

由麦克斯韦方程出发, 假定没有外电流, $j_{\text{ext}}=0$. 波具有谐波的时间关系, $\partial/\partial t = -\mathrm{i}\omega$. 波沿 x 方向传播的波矢为 β, $\partial/\partial x = \mathrm{i}\beta$. 有以下两种情形.

(1) $H_y \neq 0$, 称为 TM 模, 它的波动方程为

$$\begin{aligned}\frac{\partial H_y}{\partial z} &= \mathrm{i}\omega\varepsilon_0\varepsilon E_x,\\ \mathrm{i}\beta H_y &= -\mathrm{i}\omega\varepsilon_0\varepsilon E_z.\end{aligned} \tag{2.1}$$

其中只有 E_x, E_z 和 H_y 是非零的. 由麦克斯韦方程得到

$$\frac{\partial E_x}{\partial z} - \frac{\partial E_z}{\partial x} = \mathrm{i}\omega\mu_0 H_y. \tag{2.2}$$

将 (2.1) 式代入 (2.2) 式, 就得到

$$\mathrm{i}\omega\varepsilon\varepsilon_0\left(\frac{\partial E_x}{\partial z} - \frac{\partial E_z}{\partial x}\right) = -\beta^2 H_y + \frac{\partial^2 H_y}{\partial z^2} = -k_0^2\varepsilon H_y. \tag{2.3}$$

得到 TM 模的波动方程

$$\frac{\partial^2 H_y}{\partial z^2} + \left(k_0^2\varepsilon - \beta^2\right) H_y = 0. \tag{2.4}$$

其中, $\varepsilon_0\mu_0 = 1/c^2$, $k_0 = \omega/c$.

(2) $E_y \neq 0$, 称为 TE 模. 由麦克斯韦方程得到

$$\begin{aligned}\frac{\partial E_y}{\partial z} &= -\mathrm{i}\omega\mu_0 H_x, \\ \mathrm{i}\beta E_y &= \mathrm{i}\omega\mu_0 H_z.\end{aligned} \tag{2.5}$$

其中只有 H_x, H_z 和 E_y 是非零的. 由麦克斯韦方程得到

$$\frac{\partial H_x}{\partial z} - \frac{\partial H_z}{\partial x} = -\mathrm{i}\omega\varepsilon\varepsilon_0 E_y. \tag{2.6}$$

将 (2.5) 式代入 (2.6) 式, 得到

$$-\mathrm{i}\omega\mu_0\left(\frac{\partial H_x}{\partial z} - \frac{\partial H_z}{\partial x}\right) = \left(\frac{\partial^2 E_y}{\partial z^2} - \beta^2 E_y\right) = -k_0^2 \varepsilon E_y. \tag{2.7}$$

得到 TE 模的波动方程

$$\frac{\partial^2 E_y}{\partial z^2} + \left(k_0^2\varepsilon - \beta^2\right) E_y = 0. \tag{2.8}$$

2.2 单界面的等离子体界面模

首先考虑 TM 模. 由图 2.1, 在 $z > 0$ 的介电介质中, 假定波场 H_y 在 $z > 0$ 方向是衰减的, 衰减系数为 k_2. 由方程 (2.1) 得到

$$\begin{aligned}H_y &= A_2\mathrm{e}^{\mathrm{i}\beta x}\mathrm{e}^{-k_2 z}, \\ E_x &= \mathrm{i}A_2\frac{1}{\omega\varepsilon_0\varepsilon_2}k_2\mathrm{e}^{\mathrm{i}\beta x}\mathrm{e}^{-k_2 z}, \\ E_z &= -A_2\frac{\beta}{\omega\varepsilon_0\varepsilon_2}\mathrm{e}^{\mathrm{i}\beta x}\mathrm{e}^{-k_2 z}.\end{aligned} \tag{2.9}$$

在 $z < 0$ 的金属中, 假定波场 H_y 在 $z < 0$ 方向是衰减的, 衰减系数为 k_1. 由方程 (2.1) 得到

$$\begin{aligned}H_y &= A_1\mathrm{e}^{\mathrm{i}\beta x}\mathrm{e}^{k_1 z}, \\ E_x &= -\mathrm{i}A_1\frac{1}{\omega\varepsilon_0\varepsilon_1}k_1\mathrm{e}^{\mathrm{i}\beta x}\mathrm{e}^{-k_1 z}, \\ E_z &= -A_1\frac{\beta}{\omega\varepsilon_0\varepsilon_1}\mathrm{e}^{\mathrm{i}\beta x}\mathrm{e}^{-k_1 z}.\end{aligned} \tag{2.10}$$

2.2 单界面的等离子体界面模

由 H_y 和 $\varepsilon_i E_z$ 在界面处的连续性得到, $A_1 = A_2$,

$$\frac{k_2 \varepsilon_1}{k_1 \varepsilon_2} = -1. \tag{2.11}$$

由 (2.11) 式, 因为 k_1, k_2 都大于 0, 而介电介质的介电常数 $\varepsilon_2 > 0$, 所以要求金属的介电常数 $Re(\varepsilon_1) < 0$. 所以界面波只存在于两个具有相反符号的介电常数实部的介质的界面上, 例如金属与介电介质界面. 界面波必须满足方程 (2.4), 因此得到

$$\begin{aligned} k_1^2 &= \beta^2 - k_0^2 \varepsilon_1, \\ k_2^2 &= \beta^2 - k_0^2 \varepsilon_2. \end{aligned} \tag{2.12}$$

(2.11) 式为 TM 模界面波的色散关系, 不论 ε_1 是实的还是复的.

同样, 对 TE 模, 分别写出 $z > 0$ 和 $z < 0$ 介质中的场分量

$$\begin{cases} E_y = A_2 e^{i\beta x} e^{-k_2 z}, \\ H_x = -iA_2 \dfrac{1}{\omega \mu_0} k_2 e^{i\beta x} e^{-k_2 z}, \\ H_z = A_2 \dfrac{\beta}{\omega \mu_0} e^{i\beta x} e^{-k_2 z}. \end{cases} \tag{2.13}$$

$$\begin{cases} E_y = A_1 e^{i\beta x} e^{k_1 z}, \\ H_x = iA_1 \dfrac{1}{\omega \mu_0} k_1 e^{i\beta x} e^{-k_1 z}, \\ H_z = A_1 \dfrac{\beta}{\omega \mu_0} e^{i\beta x} e^{-k_1 z}. \end{cases} \tag{2.14}$$

由 E_y 和 H_x 在界面处的连续性得到

$$\frac{k_2}{k_1} = -1. \tag{2.15}$$

因为 k_1, k_2 都大于 0, 方程 (2.15) 是不成立的, 所以 TE 模不可能有界面模, 只有 TM 模才能形成界面模.

下面讨论 TM 界面模的色散关系 (2.11) 式. 解方程 (2.11) 和 (2.12), 得到频率 ω 与波矢 β 之间的关系,

$$\beta = k_0 \sqrt{\frac{\varepsilon_1 \varepsilon_2}{\varepsilon_1 + \varepsilon_2}}. \tag{2.16}$$

附 (2.16) 式的推导.

由 (2.11) 和 (2.12) 式, 有

$$\frac{\beta^2 - k_0^2 \varepsilon_2}{\beta^2 - k_0^2 \varepsilon_1} = \frac{\varepsilon_2^2}{\varepsilon_1^2},$$

方程左右两端都减 1, 得到

$$\frac{k_0^2(\varepsilon_1-\varepsilon_2)}{\beta^2-k_0^2\varepsilon_1}=-\frac{(\varepsilon_1-\varepsilon_2)(\varepsilon_1+\varepsilon_2)}{\varepsilon_1^2},$$

消去公因子 $(\varepsilon_1-\varepsilon_2)$, 并取倒数, 有

$$\beta^2-k_0^2\varepsilon=-\frac{k_0^2\varepsilon_1^2}{\varepsilon_1+\varepsilon_2},$$

$$\beta=k_0\sqrt{\frac{\varepsilon_1\varepsilon_2}{\varepsilon_1+\varepsilon_2}}.$$

证毕.

如金属的介电函数取 Drude 模型, 它的阻尼系数 γ 取为 0, 有

$$\varepsilon_1=1-\frac{\omega_\mathrm{p}^2}{\omega^2+\mathrm{i}\gamma\omega}\quad(\gamma=0). \tag{2.17}$$

而 ε_2 为常数. 将 (2.17) 式代入 (2.16) 式, 取无量纲参数,

$$x=\frac{\beta c}{\omega_\mathrm{p}},\quad y=\frac{\omega}{\omega_\mathrm{p}}. \tag{2.18}$$

则由 (2.16) 式得到色散方程,

$$x=y\sqrt{\frac{(y^2-1)\varepsilon_2}{(1+\varepsilon_2)y^2-1}}. \tag{2.19}$$

由方程 (2.19) 得到空气 ($\varepsilon_2=1$)/金属界面和二氧化硅 ($\varepsilon_2=2.25$)/金属界面的等离子体模的色散关系, 示于图 2.2 中 [1], 其中虚线表示在这个频率范围内 β 是纯虚数.

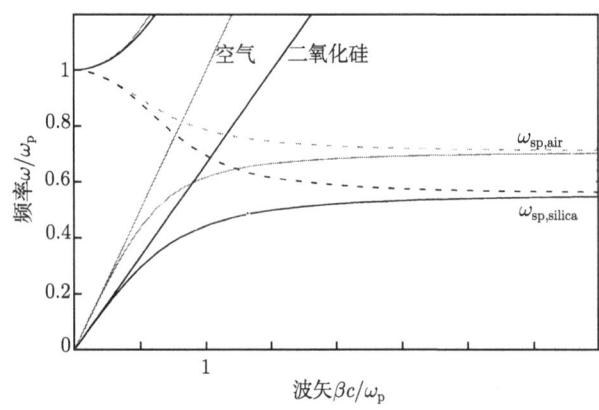

图 2.2 空气 ($\varepsilon_2=1$)/金属界面和二氧化硅 ($\varepsilon_2=2.25$)/金属界面的等离子体模的色散关系

2.2 单界面的等离子体界面模

由图 2.2 可见, $\beta > (\omega/c)n$, 因此表面等离子体波的相速度 $v_\mathrm{p} = \omega/\beta < c/n$, 也就是小于介质中的光速, 其中 n 是介质的折射率. 当波矢 β 趋于无穷大时, 频率趋于某一特定频率, 波的群速度 $v_\mathrm{g} = \partial\omega/\partial\beta = 0$, 等离子体波具有静电的特性. 由 (2.16) 式, 当 $\beta \to \infty$ 时, $\varepsilon_1 + \varepsilon_2 = 0$, 因此得到表面等离子体波的特定频率为

$$\omega_\mathrm{sp} = \frac{\omega_\mathrm{p}}{\sqrt{1+\varepsilon_2}}. \tag{2.20}$$

这频率称为界面等离子体激元频率.

当 β 很小时, 接近于光波的 k_0, 对应于低频 (中红外或更低). 这时由 (2.12) 式可见, k_1 很大, 因为 ε_1 实部是一个大负数, 见图 1.2. 而 k_2 很小, 因此波主要分布在介电介质中, 深入若干个波长. 界面模具有掠入射光场的性质, 称为 Sommerfeld-Zenneck 波.

实际金属具有阻尼, $\mathrm{Im}(\varepsilon_1) \neq 0$, 也就是 ε_1 是个复数, 如 (2.17) 式所示. 这时由 (2.16) 式求得的 β 也是复数, 等离子体波在传播方向 (x 方向) 有衰减. 传播距离 $L = (2\mathrm{Im}[\beta])^{-1}$, 在可见区域, 一般为 $10 \sim 100 \mu\mathrm{m}$ 量级.

取无量纲参数 (2.18), 以及 $z = \gamma/\omega_\mathrm{p}$, 由 (2.16) 式求得

$$\begin{aligned} \mathrm{Re}(x) &= y\sqrt{\frac{1}{2}\left[a + \sqrt{a^2 + b^2}\right]}, \\ \mathrm{Im}(x) &= y\sqrt{\frac{1}{2}\left[-a + \sqrt{a^2 + b^2}\right]}. \end{aligned} \tag{2.21}$$

其中

$$\begin{aligned} \Delta &= \left[(1+\varepsilon_2)y^2 - 1\right]^2 + \left[(1+\varepsilon_2)yz\right]^2, \\ a &= \frac{1}{\Delta}\left\{(y^2-1)\varepsilon_2\left[(1+\varepsilon_2)y^2 - 1\right] + \varepsilon_2(1+\varepsilon_2)y^2z^2\right\}, \\ b &= \frac{1}{\Delta}\varepsilon_2^2 yz. \end{aligned} \tag{2.22}$$

图 2.3 是由 (2.16) 式计算的有阻尼时空气/金属界面模的色散关系, $\mathrm{Re}(\beta)$ 和 $\mathrm{Im}(\beta)$ 作为 ω 的函数, 取 $\varepsilon_2 = 1$. 比较图 2.3 和图 2.2, 可见当频率趋于 ω_sp 时, $\mathrm{Re}(\beta)$ 不趋于无穷大, 而是一个有限值. 这就对界面波的波长给出了一个下限 $\lambda_\mathrm{sp} = 2\pi/\mathrm{Re}(\beta)$, 也决定了在 z 方向的衰减系数 $k_z = \sqrt{\beta^2 - \varepsilon_2 k_0^2}$. 同时 $\mathrm{Im}(\beta)$ 达到极大, 也就是波的衰减最大. 在 ω_p 与 ω_sp 之间, 原来是界面波不能传播的 "禁带", $\mathrm{Re}(\beta) = 0$. 而在有阻尼的情况下, $\mathrm{Re}(\beta) \neq 0$, 因此界面波也能传播. 阻尼 ($\gamma/\omega_\mathrm{p}$) 越大, $\mathrm{Re}(\beta)$ 和 $\mathrm{Im}(\beta)$ 的极限值就越小. 图 2.4 是实际的空气/Ag 和 SiO_2/Ag 界面等离子体波的色散关系[1], 其中银的 $\varepsilon_1(\omega)$ 取自文献 [2], 与图 2.3 很类似.

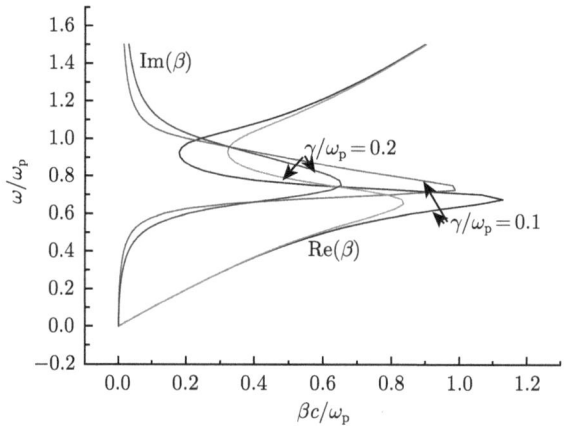

图 2.3 有阻尼时空气/金属界面模的色散关系, Re(β) 和 Im(β) 作为 ω 的函数

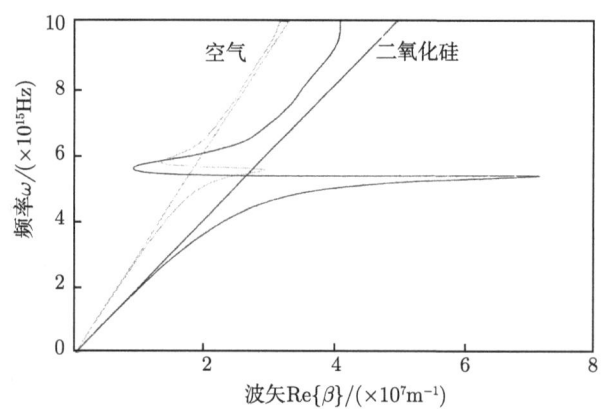

图 2.4 实际的空气/Ag 和 SiO$_2$/Ag 界面等离子体波的色散关系

一般情形下, 频率越接近 ω_{sp}, 由于阻尼加大, 传播距离 L 变短, 在 z 方向的约束长度 z_c 也变短. 例如, 对空气/Ag 界面, 当 λ_0=1.5μm, $L \approx 1080$ μm, $z_c \approx 2.6$μm, 而当 λ_0=450nm, $L \approx 16$μm, $z_c \approx 180$nm. 因此在 z 方向的约束长度甚至可以小于波长的一半, 它的代价就是损失变大, 传播距离变短. 这是界面等离子体波的一个特点.

2.3 多层膜的等离子体界面模

多层膜包含了交替的金属和介电薄膜, 每个界面都有一个界面模. 如果界面与界面之间的距离超过了 2 倍的垂直衰减长度, 则各界面模是独立的, 它们之间没有相互作用, 色散关系与单个界面的界面模相同. 如果界面与界面之间的距离小于 2

2.3 多层膜的等离子体界面模

倍的衰减长度, 则界面模之间有相互作用, 耦合的界面模的色散关系与单个界面模的色散关系不同.

为简单起见, 考虑由 3 层介质组成的 2 个界面的情形. 有以下两种情形: ① 金属 (I) 夹在 2 个介电介质层 (II, III) 之间, 表示为 IMI; ② 介电介质夹在两个金属层之间, 表示为 MIM. 以下只考虑最低阶的 TM 束缚模. 3 层自上而下分别标记为 III、I、II, 其中 I 是中间夹层, 坐标原点取在中间夹层的中心, 夹层厚度为 $2a$. 在 $z > a$ 的 III 区域, TM 模的场分量为

$$H_y = Ae^{i\beta x}e^{-k_3 z},$$
$$E_x = iA\frac{1}{\omega\varepsilon_0\varepsilon_3}k_3 e^{i\beta x}e^{-k_3 z}, \tag{2.23}$$
$$E_z = -A\frac{\beta}{\omega\varepsilon_0\varepsilon_3}e^{i\beta x}e^{-k_3 z}.$$

在 $z < -a$ 的 II 区域, TM 模的场分量为

$$H_y = Be^{i\beta x}e^{k_2 z},$$
$$E_x = -iB\frac{1}{\omega\varepsilon_0\varepsilon_2}k_2 e^{i\beta x}e^{k_2 z}, \tag{2.24}$$
$$E_z = -B\frac{\beta}{\omega\varepsilon_0\varepsilon_2}e^{i\beta x}e^{k_2 z}.$$

在 $-a < z < a$ 的中心 I 区域, TM 模的场分量为

$$H_y = Ce^{i\beta x}e^{k_1 z} + De^{i\beta x}e^{-k_1 z},$$
$$E_x = -iC\frac{1}{\omega\varepsilon_0\varepsilon_1}k_1 e^{i\beta x}e^{k_1 z} + iD\frac{1}{\omega\varepsilon_0\varepsilon_1}k_1 e^{i\beta x}e^{-k_1 z}, \tag{2.25}$$
$$E_z = C\frac{\beta}{\omega\varepsilon_0\varepsilon_1}e^{i\beta x}e^{k_1 z} + D\frac{\beta}{\omega\varepsilon_0\varepsilon_1}e^{i\beta x}e^{-k_1 z}.$$

由在 $z = a$ 和 $z = -a$ 边界处 H_y 和 E_x 的连续条件, 得到系数方程

$$Ae^{-k_3 a} = Ce^{k_1 a} + De^{-k_1 a},$$
$$\frac{A}{\varepsilon_3}k_3 e^{-k_3 a} = -\frac{C}{\varepsilon_1}k_1 e^{k_1 a} + \frac{D}{\varepsilon_1}k_1 e^{-k_1 a},$$
$$Be^{-k_2 a} = Ce^{-k_1 a} + De^{k_1 a}, \tag{2.26}$$
$$-\frac{B}{\varepsilon_2}k_2 e^{-k_2 a} = -\frac{C}{\varepsilon_1}k_1 e^{-k_1 a} + \frac{D}{\varepsilon_1}k_1 e^{k_1 a}.$$

系数 A, B, C, D 有解的条件是方程的系数行列式为零, 得到联系 β 和 ω 的色散关系,

$$e^{-4k_1 a} = \frac{k_1/\varepsilon_1 + k_2/\varepsilon_2}{k_1/\varepsilon_1 - k_2/\varepsilon_2} \cdot \frac{k_1/\varepsilon_1 + k_3/\varepsilon_3}{k_1/\varepsilon_1 - k_3/\varepsilon_3}. \tag{2.27}$$

由 (2.27) 式可见, 当两个界面相距很远时, a 趋于无穷大, (2.27) 式就简化为单界面的色散关系 (2.11) 式.

如果 II 层和 III 层是相同的介质, 则 $\varepsilon_2=\varepsilon_3$, (2.27) 式可分解为两个色散关系

$$\tanh k_1 a = -\frac{k_2\varepsilon_1}{k_1\varepsilon_2},$$
$$\tanh k_1 a = -\frac{k_1\varepsilon_2}{k_2\varepsilon_1}. \tag{2.28}$$

其中, 第一和第二式分别对应于两个模: ① 奇模, $E_x(z)$ 是 z 的奇函数, 而 $H_y(z)$ 和 $E_z(z)$ 是偶函数, 用 ω_+ 表示; ② 偶模, $E_x(z)$ 是 z 的偶函数, 而 $H_y(z)$ 和 $E_z(z)$ 是奇函数, 用 ω_- 表示.

首先考虑 IMI 结构, 这时 ε_2 是常数, ε_1 是金属的介电函数 (2.17) 式. 图 2.5 是空气/金属两层界面模的色散关系图. 与单界面模的色散关系图 2.2 相比较, 由于两个界面模相互作用, 一支分成了两支: ω_+ 和 ω_-, 分别位于单界面模支的上方和下方. 中间金属层的厚度 (a) 越小, 与单界面模支的偏离就越大, 说明两个界面模之间的相互作用大.

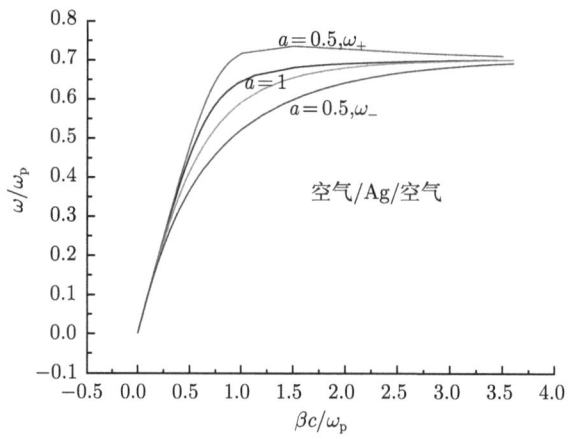

图 2.5 空气/金属两层界面模的色散关系图

附 求解 IMI 多层膜表面等离子体模的色散关系.

由 (2.28) 式, 令

$$A = \tanh k_1 a \text{ 或 } \coth k_1 a$$

则有

$$A = -\frac{k_2\varepsilon_1}{k_1\varepsilon_2}, \quad \frac{k_2}{k_1} = -A\frac{\varepsilon_2}{\varepsilon_1}.$$

2.3 多层膜的等离子体界面模

由介质的波动方程, 得到

$$\frac{\beta^2 - k_0^2\varepsilon_2}{\beta^2 - k_0^2\varepsilon_1} = \left(\frac{k_2}{k_1}\right)^2 = \frac{A^2\varepsilon_2^2}{\varepsilon_1^2}.$$

将方程两端都减 1, 并取倒数, 得到

$$\beta^2 - k_0^2\varepsilon_1 = k_0^2 \cdot \frac{\varepsilon_1^2(\varepsilon_1 - \varepsilon_2)}{A^2\varepsilon_2 - \varepsilon_1}.$$

最后求得

$$\beta^2 = k_0^2\varepsilon_1\varepsilon_2\frac{\varepsilon_1 - A^2\varepsilon_2}{\varepsilon_1^2 - A^2\varepsilon_2^2}.$$

取无量纲参数

$$x = \frac{\beta c}{\omega_p}, \quad y = \frac{\omega}{\omega_p}.$$

$\varepsilon_1 = 1 - 1/y^2$, 得到色散方程

$$x = y\sqrt{\frac{(y^2-1)\varepsilon_2(y^2-1-A^2y^2\varepsilon_2)}{(y^2-1)^2 - A^2y^4\varepsilon_2^2}}.$$

这是一个非线性方程, 给定 x, 求 y. 其中 A 是 x, y 的函数,

$$A = \tanh(k_1 a), \quad k_1 = \sqrt{\beta^2 - k_0^2\varepsilon_1}.$$

化成无量纲形式,

$$k_1 a = \sqrt{\left(\frac{x\omega_p a}{c}\right)^2 - \left(1 - \frac{1}{y^2}\right)k_0^2 a^2} = \sqrt{x^2 + y^2 - 1}\left(\frac{\omega_p a}{c}\right).$$

取

$$\omega_p = 3 \times 10^{15}\text{Hz}, \quad c = 3 \times 10^{17}\text{nm/s}, \quad \frac{\omega_p a}{c} = 10^{-2}a(\text{nm}).$$

证毕.

由 (2.28) 式可求得当 β 很大时的极限频率. 当 β 很大时, $k_1 \approx k_2 \approx \beta$, 得到方程

$$1 - \frac{\omega_p^2}{\omega^2} = A\varepsilon_2, \quad A = \tanh\beta a \text{ 或 } \frac{1}{\tanh\beta a}, \tag{2.29}$$

经过计算, 得到奇模和偶模的极限频率,

$$\begin{aligned}\omega_+ &= \frac{\omega_p}{\sqrt{1+\varepsilon_2}}\sqrt{1 + \frac{2\varepsilon_2 e^{-2\beta a}}{1+\varepsilon_2}},\\ \omega_- &= \frac{\omega_p}{\sqrt{1+\varepsilon_2}}\sqrt{1 - \frac{2\varepsilon_2 e^{-2\beta a}}{1+\varepsilon_2}}.\end{aligned} \tag{2.30}$$

附 (2.30) 式的证明.

由 (2.28) 第一式, 由于 $k_1 \approx k_2$, 得到

$$A = -\frac{\varepsilon_1}{\varepsilon_2}, \quad \varepsilon_1 = 1 - \frac{\omega_p^2}{\omega^2} = -A\varepsilon_2.$$

$$\frac{\omega^2}{\omega_p^2} = \frac{1}{1 + A\varepsilon_2} = \frac{1}{1 + \tanh(\beta a)\varepsilon_2}$$

$$= \frac{1}{1 + \varepsilon_2 - \varepsilon_2(1 - \tanh\beta a)} = \frac{1}{1 + \varepsilon_2 - \dfrac{2\varepsilon_2}{e^{2\beta a} - 1}}$$

$$= \frac{1}{(1 + \varepsilon_2)} \cdot \left(1 + \frac{2\varepsilon_2 e^{-2\beta a}}{1 + \varepsilon_2}\right).$$

证毕.

与单界面模相比较, 对同一个频率, 奇模的 β 变小, 而偶模的 β 变大. 随着金属模厚度的变小, 这个效应更为明显. 对奇模, 场在金属中的约束变小, 模变成由两边均匀介质支持的平面波, 传播长度变长, 在介质中的衰减长度也变长. 偶模则相反, 随着金属模厚度的变小, 场在金属中的约束增大, 模的传播长度变短, 在介质中的衰减长度也变短.

现在考虑 MIM 结构. 这时 ε_1 是介质的介电常数, ε_2 是金属的介电函数 (2.17) 式.

图 2.6 是 MIM 结构 Ag/空气/Ag 界面模 ω_+(奇模) 的色散关系图. 而偶模 ω_- 无解. 与 IMI 结构的界面模 ω_+(奇模) 的色散关系 (图 2.5) 相反, MIM 结构奇模的色散曲线在单界面模色散曲线的下方. 空气隙 (a) 越小, 偏离越大. 当 a 足够小的时候, 在低于 ω_{sp} 的频率也能得到大的传播常数 β.

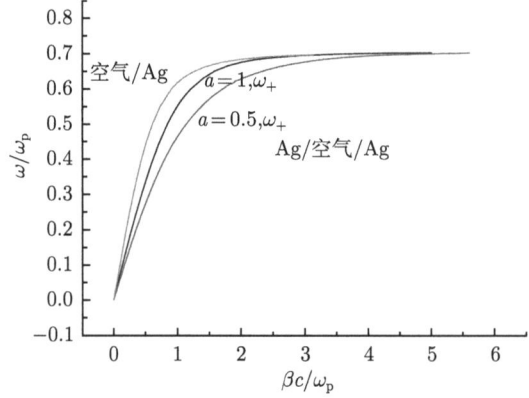

图 2.6 Ag/空气/Ag 界面模 ω_+(奇模) 的色散关系图

考虑了金属的阻尼效应以后, 色散曲线的变化与单界面模的色散曲线 (图 2.4) 类似. 图 2.7 是 Ag/空气/Ag 的耦合基模的色散关系 [1], 4 条曲线分别对应于单界面模, a=100nm, 50nm, 25 nm 的情形.

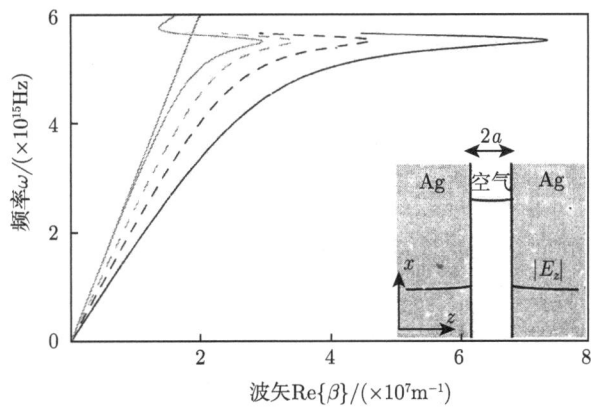

图 2.7　考虑了金属的阻尼效应以后 Ag/空气/Ag 的耦合基模的色散关系

2.4　等离子体模的激发

等离子体模虽然是一种经典电磁波, 但是它与自由空间或介质中传播的电磁波不同. 由图 2.2 可见, 两条曲线分别是空气 (ε_2=1)/金属界面和二氧化硅 (ε_2=2.25)/金属界面的等离子体模的色散关系, 与它们相切的两条直线分别是空气和二氧化硅中传播的电磁波的色散关系

$$k_x = \sqrt{\varepsilon_i}\omega/c. \tag{2.31}$$

因此在相同频率 ω 下, 等离子体模在 x 方向传播的波矢 β 总是大于自由传播的电磁波的波矢 k_x. 由于相位不匹配, 自由传播的电磁波不能激发界面的等离子体模, 即使在掠入射 (入射角 $\theta_i \approx 90°$) 的条件下.

为了满足相位匹配的条件, Kretschmann[3] 和 Otto[4] 设计了棱镜耦合的方法, 如图 2.8 所示 [1].

先看 Kretschmann 位形, 图中黑色的是金属薄膜, 与金属上表面接触的是空气 (ε_2=1), 与下表面接触的是棱镜 ($\varepsilon_3 > 1$). 当光线通过棱镜入射到金属的下表面时, 它的沿平面 x 方向的波矢等于

$$k_x = k\sqrt{\varepsilon_3}\sin\theta. \tag{2.32}$$

因为 $\varepsilon_3 > 1$, k_x 可以等于金属与空气界面 (上平面) 传播的等离子体模的波矢 β, 达到相位匹配. 这在图 2.2 上可以清楚地看到, 在空气和棱镜中传播的电磁波的两条色散曲线之间的空气/金属界面等离子体模的 β 可以满足相位匹配条件.

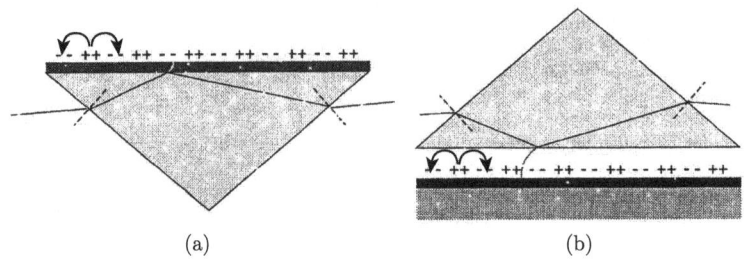

图 2.8 棱镜耦合方法

(a) 是 Kretschmann 位形; (b) 是 Otto 位形

Otto 位形是将棱镜移至金属薄膜的上方, 与金属薄膜之间有一个小的空气隙. 在棱镜中传播的光的波矢 (2.32) 式同样能等于空气/金属界面等离子体模的 β, 激发等离子体模.

还有一种方法, 就是在金属薄膜刻一个周期的栅, 如图 2.9 所示 [5]. 入射到金属表面的光的波矢为 $k\sin\theta$, 是不变的, 但由于周期栅的存在, 界面等离子体模的色散曲线发生 "能带折叠", 波矢局限在布里渊区内 $-\pi/d < \beta < \pi/d$, 其中 d 是栅的周期. 如果栅的高度与周期相比很小, 则栅的影响可以看作是微扰, 在相同的频率 ω 下, 波矢

$$\beta = k\sin\theta \pm n(2\pi/d) \tag{2.33}$$

能满足相位匹配条件. 这时不仅外来光能激发等离子体模, 反过来, 等离子体模也能与外界电磁波耦合, 将能量发射出去. Park 等 [5] 在实验上证明了利用栅结构, 能将等离子体模与外界的电磁模耦合. 他们用的是深度仅几个纳米的介电材料做成的栅, 效率达到 50%.

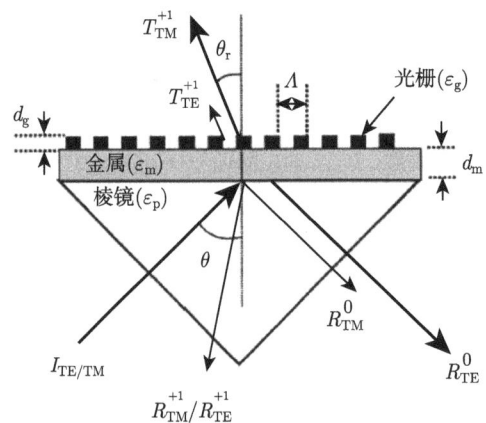

图 2.9 利用栅使得光与 SSP 相位匹配

更一般地, 可以利用金属表面的粗糙或人为制造的局域散射点, 来达到相位匹

配. 由于散射能提供一个附加的动量 Δk_x, 所以满足相位匹配条件

$$\beta = k\sin\theta \pm \Delta k_x. \tag{2.34}$$

Ditlbacher 等[6] 用一个具有少量脊的金属表面观察到了 SSP 与垂直入射的光束的耦合, 提供了表面等离子体波 (SPP) 传播的附加损失通道.

2.5 表面等离子体波导

将光子器件的尺寸减小到纳米尺度, 有两个主要困难: ① 由于衍射极限, 介电光学元件和波导的横向尺寸限制为 1/2 波长; ② 在传统光学中光场通常是三维的, 阻止了实现高度集成的平面器件. 但表面等离子体波 (SSP) 就能克服以上两个困难, 实验上表现为表面等离子体波导.

Ditlbacher 等[7] 在金属表面上用金属纳米结构来调制表面等离子体波沿着银/聚化物界面传播, 在实验上实现了高效的光学元件. 他们研究了由电子束刻蚀制造的反射镜、束分裂器以及干涉器等. 等离子体场用散布在聚合物中的分子荧光成像. 实验发现, 在界面的 SSP 强度相对于激发光场有很大的增强, 同时 SSP 的欧姆阻尼也相对较强. 在 Ag 或 Au 的表面上, 用可见光激发的 SSP 传播长度约为几十个 μm. 这个衰减长度对高度集成的光学器件看来是足够大的.

Ditlbacher 等[7] 介绍了在金属表面制造 SSP 波导的过程. 用感光的掩模 (PMMA) 将要制造的波导的图形转移到玻璃衬底上. 将 PMMA 掩模化学处理后, 70 nm 高度的 SiO_2 纳米结构用电子束辅助的蒸发沉积在衬底上. 再去除 PMMA 掩模, 整个样品用热蒸发覆盖一层 70 nm 厚的 Ag 层, 最后得到由 70 nm 厚的 Ag 层和 70 nm 高、直径 140 nm 的 Ag 颗粒调制物组成的结构, 如图 2.10 所示. 图上

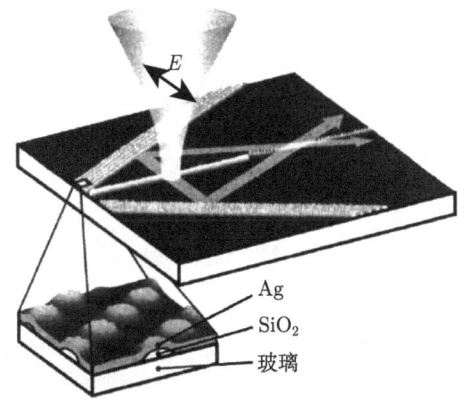

图 2.10 纳米表面结构的示意图及样品表面的原子力显微镜影像[7]

双箭头表示入射光的偏振方向

可见由荧光显示的波导, 而波导是由覆盖在 SiO_2 纳米颗粒上的有序排列的 Ag 颗粒和 Ag 层组成的.

SSP 由一个垂直激光束 (λ_0=750nm, 功率 5mW) 激发. 实验发现, 被激发的 SSP 沿着垂直于一根纳米线的方向传播, 如图 2.11 所示 [7]. 在图 2.11(a) 中, 圆圈是激光聚焦的位置, 垂直的白线是由 Ag 颗粒排列组成的纳米线, 宽度 160nm, 高度 70nm, 长度 20μm. 左右箭头表示 SSP 传播的方向. 图 2.11(b) 是相应的荧光图. 由图可以确定, SSP 的波长为 610nm, $1/e$ 的衰减长度为 10μm.

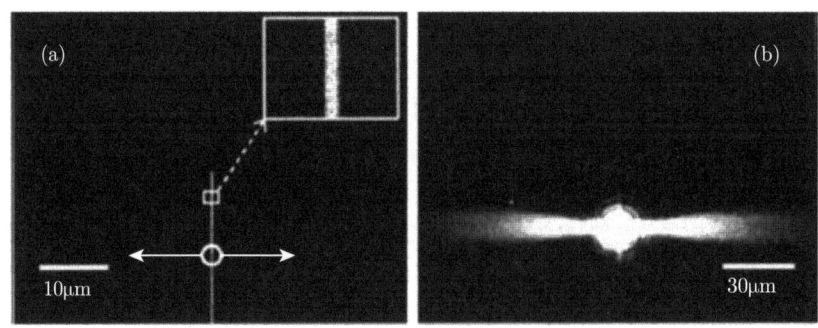

图 2.11 (a) SSP 传播的纳米线波导, 插图是放大的纳米线结构, 箭头是 SSP 传播方向;
(b) 相应的荧光图

由纳米结构波导还可以组成 Bragg 反射器, SSP 射到 Bragg 反射器将发生全反射, 反射角与入射角相等, 反射系数达到 90%, 如图 2.12 所示 [7]. Bragg 发射器是 5 排规则排列的 Ag 粒子, 直径 140nm, 如果 SSP 的入射角为 60°, 则要求 Ag 粒子线之间的距离为 350nm, 以满足一级 Bragg 条件. 在一条线中 Ag 粒子之间的距离取为 220nm. 由图可见, 5 排 Ag 粒子线就足以产生高效的 Bragg 反射, 由图 2.12(b) 估计反射系数约为 90%.

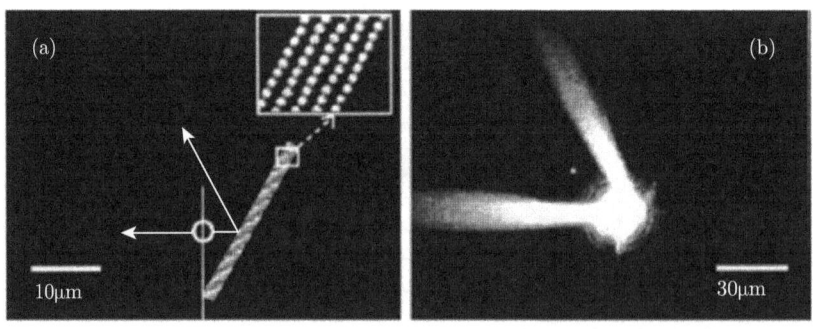

图 2.12 (a) 由 Ag 纳米粒子组成的 SSP Bragg 反射器, 插图是反射器结构,
箭头是 SSP 出射和反射方向; (b) 相应的荧光图

在文献 [7] 中还介绍了由 Ag 粒子组成的 SSP 束分裂器、SSP 干涉器等.

2.6 等离子体表面波激光器

利用 SSP 强约束光的特点, 人们一直在试图制造 SSP 激光器. 由于金属高的吸收损失和低的腔反馈, 金属基激光器只能工作在液氮温度, 而半导体 SSP 激光器 (半导体在金属表面) 能改进反馈, 但有大的金属损失. 金属平表面上的半导体纳米线激光器能减小金属损失, 但反馈也受限制, 因此要求腔 (纳米线) 的长度比波长大得多. 所以低于衍射极限的室温等离子体激光器要求有效的腔反馈、低金属损失和高增益, 即所有都集中在一个简单的纳米器件中.

张翔等利用杂化 (hybrid) 半导体–绝缘体–金属纳米方块制成了具有强约束和低金属损失的室温工作激光器[8]. 腔的品质因子接近 100, 具有强的 $\lambda/20$ 的约束, 使得自发辐射率增强到 18 倍. 靠控制结构的几何, 作者将腔模的数目减少, 达到了单模激光. 杂化结构如图 2.13(a) 所示[8]: 一个 45nm 厚、边长 1μm 的 CdS 纳米方块放在 Ag 表面上, 中间隔了一层 5nm 厚的 MgF_2. MgF_2 的介电常数, 也就是折射率远低于 CdS 的介电常数、折射率, 因此这层 MgF_2 薄膜约束了大部分的电磁波, 使得金属损失减小.

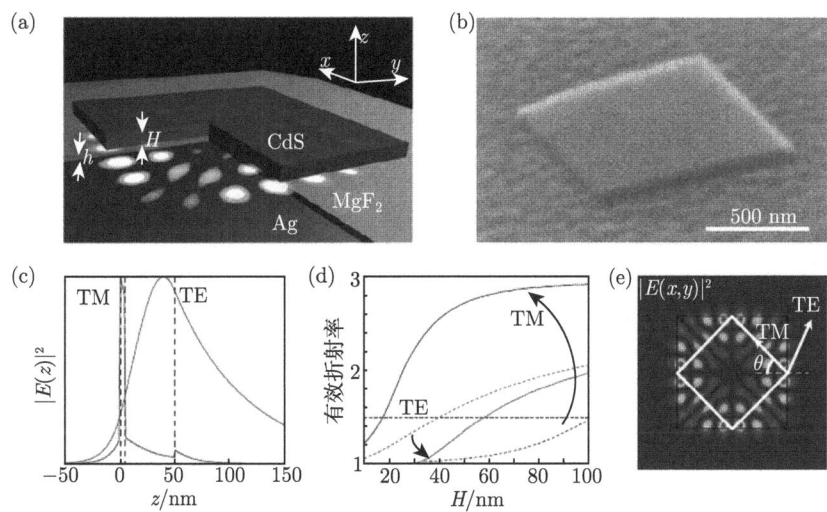

图 2.13 (a) 杂化等离子体激光器示意图, 45nm 厚、边长 1μm 的 CdS 纳米方块放在 Ag 表面上, 中间隔了一层 5nm 厚的 MgF_2; (b) 结构的扫描电子显微镜 (SEM) 图; (c) 结构中沿垂直方向的电场分布, 原点在金属表面处; (d) TM 模和 TE 模的有效折射率 (实线) 随 CdS 中垂直距离的变化, 虚线是没有金属衬底的折射率; (e) TM 模在器件平面上的分布

由图 2.13(c) 可见, 在 CdS 的垂直方向上, TM 模 (磁场平行于界面) 的强度集中在 CdS 与 MgF$_2$ 的界面处, 说明这类电磁波与 SSP 杂化, 约束了电磁场. 而 TE 模 (电场平行于界面) 就没有局域在界面, 没有与 SSP 杂化. 这由有效折射率 (实线) 在垂直方向的变化 (图 2.13(d)) 也可以看出, 与没有金属衬底的 (虚线) 比较, TM 模的有效折射率大大增加, 而 TM 模的有效折射率则减小.

图 2.14(a) 是在不同功率的激光束激发下, 结构的发射光谱[8]. 其中最低的、次低的和最高的 3 条曲线分别对应于激发功率 1960MW·cm^{-2}、2300MW·cm^{-2} 和 3074MW·cm^{-2}. 插图是输出功率与激发功率的关系. 图中 3 条曲线分别对应与自发辐射、放大的自发辐射和完全的激射. 由图可见, 激射时有若干个模式. 图 2.14(b) 是在同样的条件下结构的发射光谱, 但 (b) 的结构与 (a) 的结构不同, (a) 的结构是正方形的, 如图 2.13(a) 所示, 而 (b) 的结构一边少了一个角, 破坏了正方对称性, 所以只剩下了一个基模.

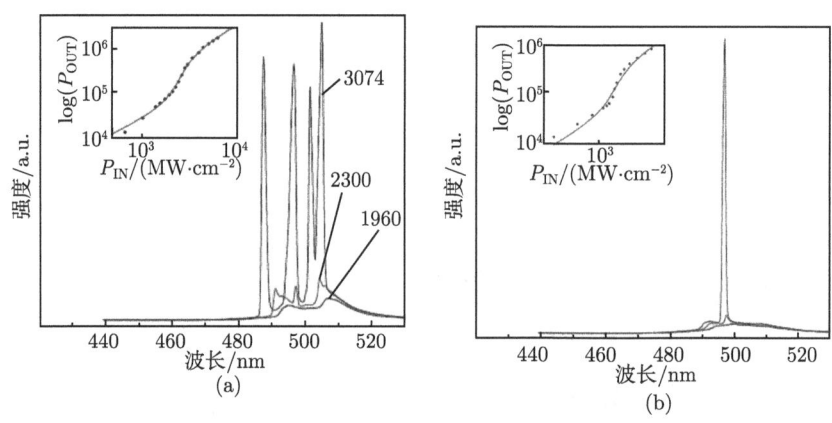

图 2.14　不同功率的激光束激发下, 结构的发射光谱

其中 3 条曲线分别对应于激发功率 1960MW·cm^{-2}、2300MW·cm^{-2} 和 3074MW·cm^{-2}. 插图是输出功率与激发功率的关系. (b) 与 (a) 相同, 但结构少了一个角, 破坏了正方对称性

2.7 波导中增益介质辅助的等离子体表面波的传播

考虑两个金属板中间被一薄层介电介质隔开组成的波导, SSP 能在这窄的间隙 (gap) 中传播, 横向尺度为亚波长. 电磁能量在亚波长的尺度内紧密约束, 由 (2.12) 式, 因为金属的介电常数 $\varepsilon_1 < 0$, 在金属中电磁波的衰减常数 k_1 比介电质中的 k_2 大得多, 因此大部分的电磁波能量留在界面的金属边一边, 导致了较大的耗散. 典型的能量衰减长度为几个 µm, 或者几百个 nm. 因此金属-绝缘体-金属异质结波导

2.7 波导中增益介质辅助的等离子体表面波的传播

能将 SSP 导模约束在介电核心区, 横向为亚波长尺度, 但伴随而来的是由于电磁能量集中在金属一边, 传播损失增加.

Marier 提出了将中间层的介质换为增益介质[9], 理论上证明了一个足够大的增益能完全补偿由金属边界能量损耗造成的吸收损失. 对于自由空间波长 1500 nm 的光, 在介电层厚度 50 nm 的 Au-半导体-Au 波导中传播, 如果增益系数 γ=4830cm^{-1}, 损失就等于零.

用介电常数唯象地描述增益介质,

$$\varepsilon_\mathrm{m} = \varepsilon_\mathrm{mR} - \mathrm{i}\varepsilon_\mathrm{mI}, \quad \gamma = \frac{k_0 \varepsilon_\mathrm{mI}}{\sqrt{\varepsilon_\mathrm{mR}}}. \tag{2.35}$$

其中, 介电常数的虚部如果大于 0, 则代表一般的介电损耗; 如果小于 0, 如 (2.35) 式所示, 则代表增益, 与增益系数 γ 的关系如 (2.35) 式的第 2 式所示.

作者用一个两边金属无限厚的模型, 用电动力学计算电磁波 (SSP) 在其中增益介质中的传播. 取介电常数的实部 ε_mR=1.0(空气) 和 3.4^2(半导体). 图 2.15 是沿平行方向的传播常数实部 β_R 随核心区 (增益介质) 宽度 $2a$ 的变化[9], 插图是电磁能量的约束因子 (在核心区的电磁能量/总电磁能量) 随核心区宽度的变化. 实线代表半导体 (n=3.4), 虚线代表空气 (n=1). 由图可见, 当核心区域变小时, β_R 增加, 填充因子变小. 电磁能量在金属一边的比例增加, 衰减 k_1 增加, 使得 β_R 增加. 计算还发现, 对实际的增益系数, γ 对 β_R 和约束因子影响不大.

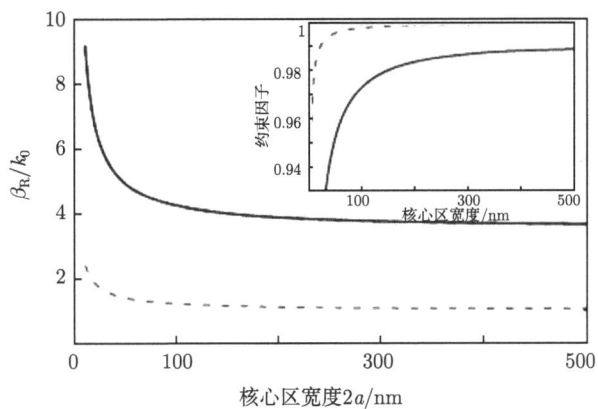

图 2.15 沿平行方向的传播常数实部 β_R 随核心区 (增益介质) 宽度 $2a$ 的变化

插图是电磁能量的约束因子 (在核心区的电磁能量/总电磁能量) 随核心区宽度的变化. 实线代表半导体 (n=3.4), 虚线代表空气 (n=1)

图 2.16 是沿平行方向的传播常数虚部 β_I 随核心区宽度 $2a$ 的变化, 插图是传播长度随增益系数的变化. 4 条曲线分别代表: ① 浅虚线: 零增益的空气; ② 深虚

线：零增益的半导体 ($n=3.4$)；③ 浅实线：增益系数 $\gamma=1625\text{cm}^{-1}$；④ 深实线：增益系数 $\gamma=4830\text{cm}^{-1}$. 插图上 2 条曲线分别对应于 $2a=500\text{nm}$ 和 50nm. 由图可见，对于非增益介质，两条虚线，β_I 总是正的，并且随着核心区宽度减小而增加，对应于衰减增加. 由插图可见，传播距离随增益因子的增加而迅速增加. 例如，对 50nm 宽的核心区，当增益因子趋于一个临界值 (4830 cm^{-1}) 时，$\beta_\text{I}=0$，传播距离趋于无穷. 如果增益因子继续增加，β_I 变成负的，SSP 的振幅随着传播距离的增加而增加.

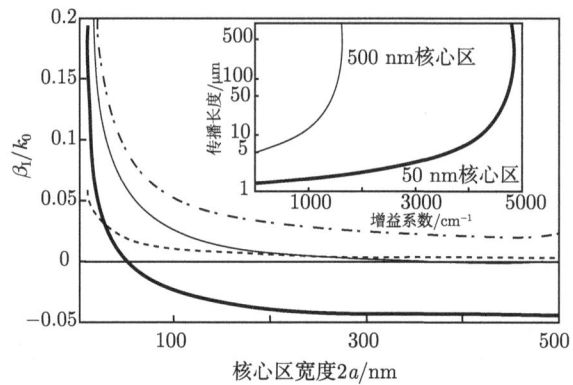

图 2.16 沿平行方向的传播常数实虚部 β_I 随核心区宽度 $2a$ 的变化

插图是传播长度随增益系数的变化

利用增益介质还有一个问题：如何采用适当的泵浦方法来得到所需的高光学增益. 对于远小于衍射极限的核心区，可以采用短激光脉冲的直接激发. 利用金属层作为电极，采用电泵浦是非常吸引人的选择，但还有许多工作要做.

参 考 文 献

[1] Maier S A. Plasmonics: Fundamentals and Applications. Springer, 2007.
[2] Johnson P B, Christy R W. Phys. Rev. B., 1972, 6: 4370.
[3] Kretschmann E, Raether H Z. Naturforschung, 1968, 23A: 2135.
[4] Otto A. Physik Z, 1968, 216: 398.
[5] Park S, Lee G, Song S H, et al. Opt. Lett., 2003, 28(20): 1870.
[6] Ditlbacher H, Krenn J R, Felidj N, et al. Appl. Phys. Lett., 2002, 80: 404.
[7] Ditlbacher H, Krenn J R, Schider G, et al. Appl. Phys. Lett., 2003, 81: 1762.
[8] Ma R M, Oulton R F, Sorger V J, et al. Nat. Mater., 2011, 10: 110.
[9] Maier S A. Opt. Commun., 2006, 258: 295.

第 3 章 金属线的等离子体模

等离子体表面波除了可以在平面的金属/介质界面上传播外 (第 2 章), 还可以沿金属线或金属孔表面传播, 传播长度为几十或几百 μm. 这种约束等离子体模横向宽度为亚光波波长, 是通常的光纤做不到的. 所以等离子体 (SP) 波导可能在极小光电子回路中用作光互连或者其他的光学元件. 金属纳米线的维度介于平面和纳米粒子之间, 因此它能支持传播 (沿轴向方向)SP 模和非传播 (沿横向方向) SP 模.

3.1 圆线和圆柱孔的等离子体模的色散关系

先考虑圆金属线的等离子体模. 在柱坐标 (ρ, ϕ, z) 中, 电磁波沿 z 方向传播, 波矢为β, $\sim e^{i\beta z - i\omega t}$. 考虑 TM 模, 也就是 $H_\phi \neq 0$. 由麦克斯韦方程

$$\nabla \times \boldsymbol{H} = \varepsilon \frac{\partial \boldsymbol{E}}{\partial t}, \quad \nabla \times \boldsymbol{E} = -\mu \frac{\partial \boldsymbol{H}}{\partial t}, \tag{3.1}$$

在柱坐标中写出它们的分量 [1],

$$\frac{1}{\rho}\frac{\partial H_z}{\partial \phi} - i\beta H_\phi = -i\omega\varepsilon E_\rho, \tag{3.2}$$

$$i\beta H_\rho - \frac{\partial H_z}{\partial \rho} = -i\omega\varepsilon E_\phi, \tag{3.3}$$

$$\frac{1}{\rho}\left[\frac{\partial(\rho H_\phi)}{\partial \rho} - \frac{\partial H_\rho}{\partial \phi}\right] = -i\omega\varepsilon E_z, \tag{3.4}$$

$$\frac{1}{\rho}\frac{\partial E_z}{\partial \phi} - i\beta E_\phi = i\omega\mu_0 H_\rho, \tag{3.5}$$

$$i\beta E_\rho - \frac{\partial E_z}{\partial \rho} = i\omega\mu_0 H_\phi, \tag{3.6}$$

$$\frac{1}{\rho}\left[\frac{\partial(\rho E_\phi)}{\partial \rho} - \frac{\partial E_\rho}{\partial \phi}\right] = i\omega\mu_0 H_z. \tag{3.7}$$

在 (3.3) 式和 (3.5) 式中消去 H_ρ, 得到

$$\frac{i\beta}{\rho}\frac{\partial H_z}{\partial \phi} + i\omega\varepsilon\frac{\partial E_z}{\partial \rho} = \left(k_0^2\varepsilon - \beta^2\right)H_\phi = -\gamma^2 H_\phi. \tag{3.8}$$

在 (3.2) 式和 (3.6) 式中消去 H_ϕ, 得到

$$\frac{\mathrm{i}\omega\mu_0}{\rho}\frac{\partial H_z}{\partial \phi} + \mathrm{i}\beta\frac{\partial E_z}{\partial \rho} = \left(k_0^2\varepsilon - \beta^2\right)E_\rho = -\gamma^2 E_\rho. \tag{3.9}$$

在 (3.3) 式和 (3.5) 式中消去 E_ϕ, 得到

$$\mathrm{i}\beta\frac{\partial H_z}{\partial \rho} - \mathrm{i}\omega\varepsilon\frac{1}{\rho}\frac{\partial E_z}{\partial \phi} = \left(k_0^2\varepsilon - \beta^2\right)H_\rho = -\gamma^2 H_\rho. \tag{3.10}$$

在 (3.3) 式和 (3.5) 式中消去 H_ρ, 得到

$$\frac{\mathrm{i}\beta}{\rho}\frac{\partial E_z}{\partial \phi} + \mathrm{i}\omega\mu_0\frac{\partial H_z}{\partial \rho} = \left(k_0^2\varepsilon - \beta^2\right)E_\phi = -\gamma^2 E_\phi. \tag{3.11}$$

在 (3.2) 式和 (3.6) 式中消去 E_ρ, 得到

$$\frac{\mathrm{i}\beta}{\rho}\frac{\partial H_z}{\partial \phi} + \mathrm{i}\omega\varepsilon\frac{\partial E_z}{\partial \rho} = \left(k_0^2\varepsilon - \beta^2\right)H_\phi = -\gamma^2 H_\phi. \tag{3.12}$$

将 (3.8) 式中的 H_ϕ 和 (3.10) 式中的 H_ρ 代入 (3.4) 式, 得到 E_z 的方程,

$$\frac{\partial^2 E_z}{\partial \rho^2} + \frac{1}{\rho}\frac{\partial E_z}{\partial \rho} + \frac{1}{\rho^2}\frac{\partial^2 E_z}{\partial \phi^2} = \gamma^2 E_z. \tag{3.13}$$

假定 $E_z(\boldsymbol{r}) = R(\rho)\mathrm{e}^{\mathrm{i}m\phi+\mathrm{i}\beta z}$, 代入方程 (3.13), 得到 $R(\rho)$ 的方程,

$$\frac{\partial^2 R}{\partial x^2} + \frac{1}{x}\frac{\partial R}{\partial x} = \left(1 + \frac{m^2}{x^2}\right)R. \tag{3.14}$$

其中 $x=\gamma\rho$. 方程 (3.14) 是虚宗量贝塞尔函数方程, 它的一般解是

$$R(x) = C_m I_m(\gamma\rho) + D_m K_m(\gamma\rho). \tag{3.15}$$

考虑到金属线外和内电场的边界条件: 电场当 ρ 增大时趋于 0, 当 $\rho=0$ 时不趋于 ∞, 所以 SP 的一般解如下式所示:

$$\begin{aligned}E_{z2} &= A_2 K_m(\gamma_2\rho)\,\mathrm{e}^{\mathrm{i}m\phi+\mathrm{i}\beta z-\mathrm{i}\omega t},\\ E_{z1} &= A_1 I_m(\gamma_1\rho)\,\mathrm{e}^{\mathrm{i}m\phi+\mathrm{i}\beta z-\mathrm{i}\omega t}.\end{aligned} \tag{3.16}$$

其中, 2 和 1 分别代表线外 (介质) 和线内 (金属) 两个区, K_m 和 I_m 为虚宗量的贝塞尔函数, 当 ρ 增大时 K_m 以指数形式趋于 0, 而当 $\rho=0$ 时, I_m 不趋于 ∞, γ_i 代表了横向波矢

$$\gamma_i^2 = \beta^2 - k_0^2\varepsilon_i = \beta^2 - \left(\frac{\omega}{c}\right)^2\varepsilon_i, \quad i=1,2. \tag{3.17}$$

3.1 圆线和圆柱孔的等离子体模的色散关系

γ_i 相当于平面界面波的衰减因子, 因此 (3.15) 形式的波不是一般的电磁波, 而是表面等离子体波.

下面从麦克斯韦方程出发, 由电磁波的纵向分量 E_z((3.16) 式) 计算它的横向分量 [1]. 考虑 TM 的基模, 也就是在 (3.16) 式中取 $m=0$, 以及 $H_z=0$, 则由 (3.9) 式和 (3.12) 式得到线外 (2 区) 和线内 (1 区) 的电场和磁场,

$$E_{\rho 2} = \frac{-\mathrm{i}\beta}{\gamma_2} A_2 K_0'(\gamma_2 \rho), \quad H_{\phi 2} = \frac{-\mathrm{i}\omega\varepsilon_2}{\gamma_2} A_2 K_0'(\gamma_2 \rho),$$
$$E_{\rho 1} = \frac{-\mathrm{i}\beta}{\gamma_1} A_1 I_0'(\gamma_1 \rho), \quad H_{\phi 1} = \frac{-\mathrm{i}\omega\varepsilon_1}{\gamma_1} A_1 I_0'(\gamma_1 \rho). \tag{3.18}$$

在线的边界 ρ_0 处电场分量 E_z 和磁场分量 H_ϕ 连续, 得到

$$A_2 K_0(k_2 \rho_0) = A_1 I_0(k_1 \rho_0),$$
$$\frac{\varepsilon_2}{\gamma_2} A_2 K_0'(\gamma_2 \rho_0) = \frac{\varepsilon_1}{\gamma_1} A_1 I_0'(\gamma_1 \rho_0). \tag{3.19}$$

由 (3.19) 式得到金属线的等离子体模的色散关系

$$\frac{\gamma_2 \varepsilon_1}{\gamma_1 \varepsilon_2} = \frac{I_0(\gamma_1 \rho_0)}{I_0'(\gamma_1 \rho_0)} \cdot \frac{K_0'(\gamma_2 \rho_0)}{K_0(\gamma_2 \rho_0)}. \tag{3.20}$$

金属的介质圆孔中等离子体模的色散关系也是 (3.20) 式的形式, 只不过其中的介电函数 ε_i 和横向波矢 γ_i 交换了一下. 注意到, 对于平面金属/介电体界面 ($\rho_0 \to \infty$), 表面等离子体波的色散关系是 (3.20) 式右边等于 -1.

图 3.1 是金属圆线和圆孔等离子体模的色散关系, 其中波矢和频率是无量纲

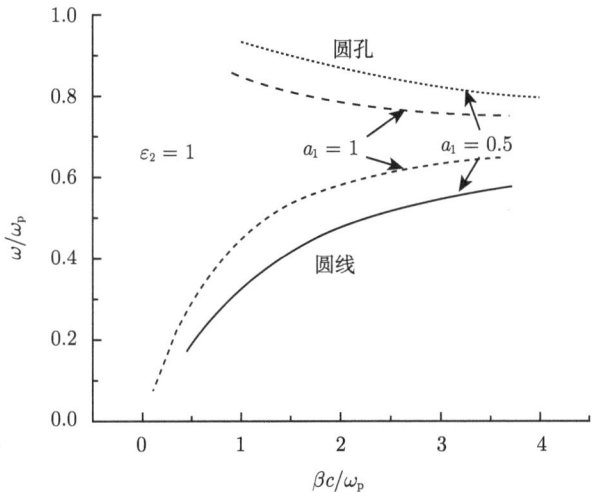

图 3.1 金属圆线和圆孔等离子体模的色散关系

量, $\beta c/\omega_p$ 和 ω/ω_p, 半径 $a_1=\omega_p\rho_0/c$ 也是无量纲量. 如果取 $\omega_p=3\times10^{15}$Hz, $c=3\times10^{17}$nm·s^{-1}, 则 $a_1=1$ 对应于 $\rho_0=100$nm.

由图可见, 金属圆孔的色散曲线在金属圆线的上方, 随着线和孔的直径增大, 色散曲线逐渐靠近. 当直径趋于无穷大时, 它们趋于体材料的色散曲线.

类似地, 对于 TE 模, 令

$$H_{z2} = A_2 K_m(k_2\rho)\,e^{i(\beta z+m\theta-\omega t)},$$
$$H_{z1} = A_1 I_m(k_1\rho)\,e^{i(\beta z+m\theta-\omega t)}. \tag{3.21}$$

考虑 $m=0$ 基模, $E_z=0$, 由 (3.10) 式和 (3.11) 式求得

$$H_{\rho 2} = \frac{-i\beta}{\gamma_2} A_2 K_0'(\gamma_2\rho), \quad E_{\phi 2} = \frac{i\omega\mu_0}{\gamma_2} A_2 K_0'(\gamma_2\rho),$$
$$H_{\rho 1} = \frac{-i\beta}{\gamma_1} A_1 I_0'(\gamma_1\rho), \quad E_{\phi 1} = \frac{i\omega\mu_0}{\gamma_1} A_1 I_0'(\gamma_1\rho). \tag{3.22}$$

在线的边界 ρ_0 处电场分量 E_z 和磁场分量 H_ϕ 连续, 得到色散关系

$$\frac{\gamma_2}{\gamma_1} = \frac{I_0(\gamma_1\rho_0)}{I_0'(\gamma_1\rho_0)} \cdot \frac{K_0'(\gamma_2\rho_0)}{K_0(\gamma_2\rho_0)}. \tag{3.23}$$

与 TM 模的色散关系 (3.20) 相比较, TE 模的色散关系 (3.23) 左端缺少介电函数 ε. 按照横向波矢 γ_i 的定义 (3.17), γ_1, γ_2 都大于 0. 而方程的右端, 由于 $I_0'=I_1$, $K_0'=-K_1$, 因此右端小于 0, 方程 (3.23) 无解, 金属线和孔不存在 TE 等离子体界面模.

3.2 用平面波激发纳米线的表面等离子体模 [1]

对于纳米线的基模 ($m=0$)(SP 模) 的色散曲线如图 3.1 所示. 类似于平面情况, 曲线位于介质中自由传播的平面波色散曲线的右面, 不能满足相匹配条件, 因此直接用平面波不能激发表面等离子体波. Schröter 等计算了 Au 纳米线的高阶 ($m\neq0$)SP 模的色散关系 [2], 如图 3.2 所示. 由图可见, 除了 $n=0,1$ 模以外, 其他高阶模都与自由传播光波的色散曲线相交, 因此能满足相位匹配条件, 光波能激发 SP 波.

问题化解为: 在柱坐标中将平面波、纳米线内的场和线外的散射场分别写出, 然后用柱表面电磁波满足的边界条件确定场展开式中的未知参数. 金属柱的轴沿 z 方向, 径向坐标为 ρ, 极角为 ϕ. 平面波以极角 θ_i 入射到柱, 电场 $\boldsymbol{E}$ 沿 y 方向.

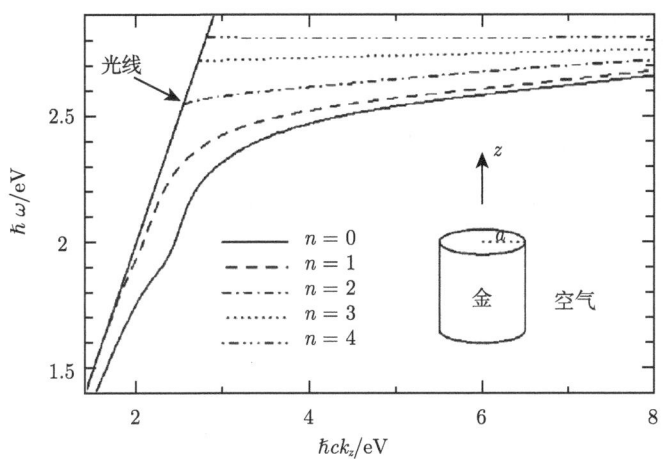

图 3.2 Au 纳米线的高阶 $(n \neq 0)$ SP 模的色散关系

3.2.1 产生函数

Bohren 等[3] 为了求解不同坐标系中的电磁波方程, 引入了 "产生函数"(generation function). 由麦克斯韦方程, 得到

$$\nabla \times (\nabla \times \boldsymbol{E}) = \mathrm{i}\omega\mu \nabla \times \boldsymbol{H} = \omega^2 \varepsilon \mu \boldsymbol{E},$$
$$\nabla \times (\nabla \times \boldsymbol{H}) = -\mathrm{i}\omega\varepsilon \nabla \times \boldsymbol{E} = \omega^2 \varepsilon \mu \boldsymbol{H}. \tag{3.24}$$

得到波动方程

$$\nabla^2 \boldsymbol{E} + k^2 \boldsymbol{E} = 0, \quad \nabla^2 \boldsymbol{H} + k^2 \boldsymbol{H} = 0. \tag{3.25}$$

其中, $k^2 = \omega^2 \varepsilon \mu$, $\nabla^2 \boldsymbol{A} = \nabla \cdot (\nabla \boldsymbol{A})$. 方程 (3.25) 是矢量方程, 只有在直角坐标系中各矢量的分量才满足同样的波动方程.

构造一个矢量函数,

$$\boldsymbol{M} = \nabla \times (\boldsymbol{c}\psi). \tag{3.26}$$

其中, $\boldsymbol{c}$ 是一个常数矢量, ψ 是一个标量函数. 可以证明

$$\nabla \cdot \boldsymbol{M} = 0. \tag{3.27}$$

$$\nabla^2 \boldsymbol{M} + k^2 \boldsymbol{M} = \nabla \times \left[\boldsymbol{c} \left(\nabla^2 \psi + k^2 \psi \right) \right]. \tag{3.28}$$

因此如果 ψ 满足波动方程,

$$\nabla^2 \psi + k^2 \psi = 0. \tag{3.29}$$

则 $\boldsymbol{M}$ 满足矢量波动方程.

附 (3.28) 式的证明.

只需要证明

$$\nabla^2 \boldsymbol{M} = \nabla \times \left[\boldsymbol{c}\nabla^2\psi\right].$$

$$\nabla^2 \boldsymbol{M} = \nabla^2\left[\nabla \times (\boldsymbol{c}\psi)\right] = \nabla^2\left[\nabla\psi \times \boldsymbol{c}\right] = \nabla^2(\nabla\psi) \times \boldsymbol{c}$$
$$= \nabla\left(\nabla^2\psi\right) \times \boldsymbol{c} = \nabla \times \left[\boldsymbol{c}\nabla^2\psi\right].$$

证毕.

还可以将 (3.26) 式写成 $\boldsymbol{M} = -\boldsymbol{c} \times \nabla\psi$, 因此 $\boldsymbol{M}$ 垂直于 $\boldsymbol{c}$. 由 $\boldsymbol{M}$ 构造另一个矢量函数

$$\boldsymbol{N} = \frac{\nabla \times \boldsymbol{M}}{k}. \tag{3.30}$$

可以证明, $\boldsymbol{N}$ 的散度为零, 并且满足同样的波动方程

$$\nabla^2 \boldsymbol{N} + k^2 \boldsymbol{N} = 0. \tag{3.31}$$

以及

$$\boldsymbol{M} = \frac{\nabla \times \boldsymbol{N}}{k}. \tag{3.32}$$

3.2.2 用产生函数计算金属纳米线的本征模

在柱坐标 (r, ϕ, z) 中标量函数 ψ 满足的波动方程 (3.29) 可写为

$$\frac{1}{r}\frac{\partial}{\partial r}\left(r\frac{\partial \psi}{\partial r}\right) + \frac{1}{r^2}\frac{\partial^2 \psi}{\partial \phi^2} + \frac{\partial^2 \psi}{\partial z^2} + k^2\psi = 0. \tag{3.33}$$

令

$$\psi_n(r, \phi, z) = Z_n(r)\,\mathrm{e}^{\mathrm{i}n\phi + \mathrm{i}\beta z}. \tag{3.34}$$

将 (3.34) 式代入方程 (3.33), 就得到径向函数 $Z(r)$ 的方程

$$r\frac{\mathrm{d}}{\mathrm{d}r}\left(r\frac{\mathrm{d}Z_n}{\mathrm{d}r}\right) + \left[(k^2 - \beta^2)r^2 - n^2\right] = 0. \tag{3.35}$$

令 $\rho = r\sqrt{k^2 - \beta^2}$, 则方程 (3.35) 变成一个 Bessel 方程. 如果纳米线是由普通介质组成的, 则 $\beta < k$, Z_n 就是普通的 Bessel 函数: $J_n(\rho)$ 和 $Y_n(\rho)$. 如果纳米线是金属, 则 $\beta > k$, Z_n 是虚宗量的 Bessel 函数: $I_n(\rho')$ 和 $K_n(\rho')$, 其中的变量 $\rho' = r\sqrt{\beta^2 - k^2}$.

以下由 (3.26) 式和 (3.30) 式计算在柱坐标下的 $\boldsymbol{M}$ 和 $\boldsymbol{N}$, 取 $\boldsymbol{c} = \boldsymbol{e}_z$, 以及令 $\gamma = \sqrt{k^2 - \beta^2}$.

3.2 用平面波激发纳米线的表面等离子体模

$$M_n = \gamma \left[\mathrm{i} n \frac{Z_n(\rho)}{\rho} e_r - Z'_n(\rho) e_\phi \right] \mathrm{e}^{\mathrm{i} n\phi + \mathrm{i}\beta z}, \tag{3.36}$$

$$N_n = \frac{\gamma}{k} \left[\mathrm{i}\beta Z'_n(\rho) e_r - \beta n \frac{Z_n(\rho)}{\rho} e_\phi + \gamma Z_n(\rho) e_z \right] \mathrm{e}^{\mathrm{i} n\phi + \mathrm{i}\beta z}.$$

M_n 和 N_n 称为产生函数, 它们的物理意义是包含了在特定坐标下 (这里是柱坐标) 所有电磁波的本征模. 例如, 3.1 节中的金属圆纳米线的电磁波模, TM 模, 由 (3.16) 式线内外部分的 E_z 分量出发, 与此对应的是 (3.36) 式中的 N_n 的 z 分量,

$$(N_n)_z = \frac{\gamma_i^2}{k} Z_n(\gamma_i \rho) \mathrm{e}^{\mathrm{i} n\phi + \mathrm{i}\beta z}. \tag{3.37}$$

其中对金属来说, $\gamma_i^2 = \beta^2 - k_0^2 \varepsilon_i$, Z_n 是虚宗量的 Bessel 函数. 考虑到线内外的边界条件, 它们分别为 $K_n(\gamma_2 r)$(线外, 2 区), 和 $I_n(\gamma_1 r)$(线内, 1 区), 与 (3.16) 式相符, 除了前面的系数.

用麦克斯韦方程由 E_z 求得线内外的 E_r 和 H_ϕ(3.18) 式, 与此对应的是 (3.36) 式中的

$$(N_n)_r = \frac{\gamma_i}{k} \mathrm{i}\beta Z'_n(\gamma_i r) \mathrm{e}^{\mathrm{i} n\phi + \mathrm{i}\beta z}, \tag{3.38}$$

$$(M_n)_\phi = -\gamma_i Z'_n(\gamma_i r) \mathrm{e}^{\mathrm{i} n\phi + \mathrm{i}\beta z}.$$

与 (3.18) 式相符, 除了前面的系数.

对于 TE 模的 H_z(3.21) 式, H_r 和 E_ϕ(3.22) 式, 这时 M_n 代表了电场, 而 N_n 代表了磁场. 总之在具体问题中, 前面的系数要由麦克斯韦方程求得.

3.2.3 入射电场平行于 x-z 平面 [1]

讨论平面波以 θ_i 角入射纳米线的情况. 将平面波的电场和磁场分别用产生函数展开,

$$E_i = -\mathrm{i} \sum_{n=-\infty}^{\infty} E_n M_n^{(i)},$$

$$H_i = -\frac{n_2 k_0}{\omega \mu_2} \sum_{n=-\infty}^{\infty} E_n N_n^{(i)}. \tag{3.39}$$

其中, 产生函数 M_n 和 N_n 由 (3.26) 式给出,

$$M_n = n_2 k_0 \sin\theta_i \left[\mathrm{i} n \frac{J_n(\xi_2)}{\rho} e_r - J'_n(\xi_2) e_\phi \right] \mathrm{e}^{\mathrm{i} n\phi + \mathrm{i}\beta z},$$

$$N_n = \left[\mathrm{i}\beta \sin\theta_i J'_n(\xi_2) e_r - \beta n \sin\theta_i \frac{J_n(\xi_2)}{\xi_2} e_\phi + n_2 k_0 \sin^2\theta_i J_n(\xi_2) e_z \right] \mathrm{e}^{\mathrm{i} n\phi + \mathrm{i}\beta z}. \tag{3.40}$$

其中

$$\beta = -n_2 k_0 \cos\theta_i, \quad \xi_2 = n_2 k_0 r \sin\theta_i. \tag{3.41}$$

在求 (3.40) 式时, 取 (3.26) 式中的固定矢量 c 为入射波的入射方向的单位矢量, 与 z 轴成 θ_i 角. 对一个振幅为 E_0 的入射平面波, (3.39) 式中的

$$E_n = \frac{(-\mathrm{i})^n}{n_2 k_0 \sin\theta_i} E_\mathrm{p}. \tag{3.42}$$

在纳米柱内的磁场和电场可以展开为

$$\begin{aligned}
\boldsymbol{E}_1 &= \sum_{n=-\infty}^{\infty} E_n \left[g_n \boldsymbol{M}_n^{(1)} + f_n \boldsymbol{N}_n^{(1)} \right], \\
\boldsymbol{H}_1 &= \frac{\mathrm{i} n_1 k_0}{\omega\mu_1} \sum_{n=-\infty}^{\infty} E_n \left[g_n \boldsymbol{N}_n^{(1)} + f_n \boldsymbol{M}_n^{(1)} \right].
\end{aligned} \tag{3.43}$$

其中, $\boldsymbol{M}^{(1)}$ 和 $\boldsymbol{N}^{(1)}$ 类似于 (3.25) 式和 (3.26) 式中的 $\boldsymbol{M}^{(i)}$ 和 $\boldsymbol{N}^{(i)}$, 只是其中的参量 ξ_2、n_2 换成 ξ_1、n_1. 其中

$$\xi_1 = n_1 k_0 r \sin\theta_1, \quad \sin\theta_1 = \sqrt{1 - \left(\frac{n_2}{n_1} \sin\theta_i\right)^2}. \tag{3.44}$$

在圆柱外的散射波可以写为

$$\begin{aligned}
\boldsymbol{E}_\mathrm{s} &= \sum_{n=-\infty}^{\infty} E_n \left[a_n \boldsymbol{M}_n^{(\mathrm{s})} + b_n \boldsymbol{N}_n^{(\mathrm{s})} \right], \\
\boldsymbol{H}_\mathrm{s} &= \frac{-\mathrm{i} n_2 k_0}{\omega\mu_2} \sum_{n=-\infty}^{\infty} E_n \left[a_n \boldsymbol{N}_n^{(\mathrm{s})} + b_n \boldsymbol{M}_n^{(\mathrm{s})} \right].
\end{aligned} \tag{3.45}$$

其中

$$\begin{aligned}
\boldsymbol{M}_n^{(\mathrm{s})} &= \nabla \times \hat{\boldsymbol{e}}_z H_n^{(1)}(\xi_2) \mathrm{e}^{\mathrm{i} n\phi + \mathrm{i}\beta z} = \left[\frac{\mathrm{i} n}{r} H_n^{(1)}(\xi_2) \hat{\boldsymbol{e}}_r - \frac{\xi_2}{r} H_n^{(1)'}(\xi_2) \hat{\boldsymbol{e}}_\phi \right] \mathrm{e}^{\mathrm{i} n\phi + \mathrm{i}\beta z}, \\
\boldsymbol{N}_n^{(\mathrm{s})} &= \frac{\nabla \times \boldsymbol{M}_n^{(\mathrm{s})}}{n_2 k_0} = \frac{\mathrm{e}^{\mathrm{i} n\phi + \mathrm{i}\beta z}}{n_2 k_0 r} \left[\mathrm{i}\beta \xi_2 H_n^{(1)'}(\xi_2) \hat{\boldsymbol{e}}_r - n\beta H_n^{(1)}(\xi_2) \hat{\boldsymbol{e}}_\phi + \frac{\xi_2^2}{r} H_n^{(1)}(\xi_2) \hat{\boldsymbol{e}}_z \right].
\end{aligned} \tag{3.46}$$

其中, $H_n^{(1)}(x)$ 是第一类 Hankel 函数, 它在 x 趋于无穷时的渐近行为为

$$H_n^{(1),(2)}(x) \approx \left(\frac{2}{\pi x}\right)^{1/2} \mathrm{e}^{\pm\mathrm{i}\left(x - \frac{n\pi}{2} - \frac{\pi}{4}\right)}. \tag{3.47}$$

也就是具有散射波的特征.

为了确定未知系数 a_n, b_n 和 f_n, g_n, 利用边界条件: 在边界 $\rho = R$ 上 $\boldsymbol{E}_\mathrm{i} + \boldsymbol{E}_\mathrm{s}$ 与 $\boldsymbol{E}_1$, 以及 $\boldsymbol{H}_\mathrm{i} + \boldsymbol{H}_\mathrm{s}$ 与 $\boldsymbol{H}_1$ 的 z 和 ϕ 分量相等, 得到 4 个方程. 解方程就能得到

4 个系数. 图 3.3 是用类似的公式计算的当单位振幅的平面波垂直入射到不同直径的 Au 圆柱, 表面电场峰值作为波长的函数[1]. 由图可见, 共振波长约为 530nm.

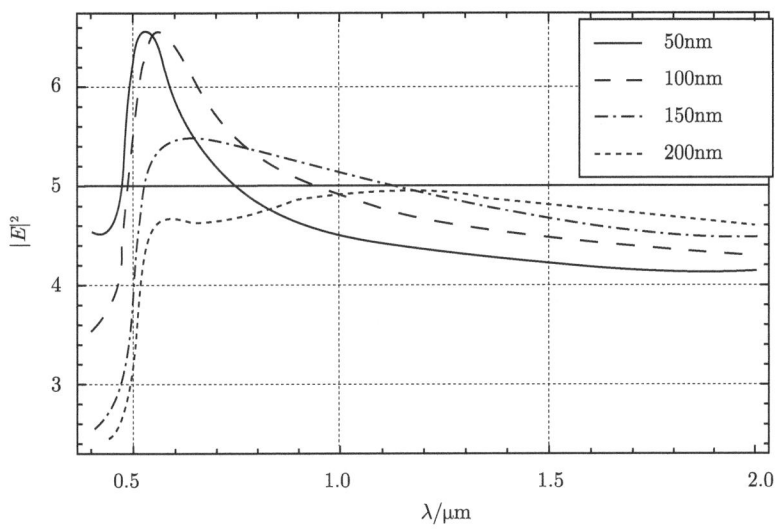

图 3.3 单位振幅的平面波垂直入射到不同直径的 Au 圆柱, 表面电场峰值作为波长的函数

3.3 散射和吸收系数 [1]

由 3.2 节的公式可以计算圆柱体等离子体模的散射和吸收系数. 在离圆柱体很远的地方, 散射场 Poyting 矢量的径向分量为

$$S_r = \frac{1}{2}\text{Re}\left[E_\phi H_z^* - E_z H_\phi^*\right]. \tag{3.48}$$

散射场在一个单位长度圆环上的散射功率等于

$$W_s = \int_0^{2\pi} S_r r \mathrm{d}\phi. \tag{3.49}$$

由 (3.45) 式和 (3.46) 式, 可以求得散射场 $\boldsymbol{E}_s$ 和 $\boldsymbol{H}_s$ 的 z 和 ϕ 分量,

$$\begin{aligned}
E_\phi &= \sum_{n=-\infty}^{\infty} -\left[a_n\left(\frac{\xi_2}{r}\right)H_n^{(1)\prime}(\xi_2) + b_n\left(\frac{n\beta}{n_2 k_0 r}\right)H_n^{(1)}(\xi_2)\right]E_n \mathrm{e}^{\mathrm{i}n\phi+\mathrm{i}\beta z}, \\
E_z &= \sum_{n=-\infty}^{\infty} \left[b_n\left(\frac{1}{n_2 k_0}\right)\left(\frac{\xi_2}{r}\right)^2 H_n^{(1)}(\xi_2)\right]E_n \mathrm{e}^{\mathrm{i}n\phi+\mathrm{i}\beta z}.
\end{aligned} \tag{3.50}$$

以及

$$H_\phi = \sum_{n=-\infty}^{\infty} \left[a_n \left(\frac{\mathrm{i}n\beta}{r}\right) H_n^{(1)}(\xi_2) + b_n \left(\frac{\mathrm{i}n_2 k_0 \xi_2}{r}\right) H_n^{(1)\prime}(\xi_2) \right] \frac{E_n}{\omega\mu_2} \mathrm{e}^{\mathrm{i}n\phi - \mathrm{i}\beta z},$$
$$H_z = \sum_{n=-\infty}^{\infty} -\mathrm{i}\left[a_n \left(\frac{\xi_2}{r}\right)^2 H_n^{(1)}(\xi_2) \right] \frac{E_n}{\omega\mu_2} \mathrm{e}^{\mathrm{i}n\phi - \mathrm{i}\beta z}.$$
(3.51)

在远场区域 Hankel 函数的渐近表示式为

$$H_n^{(1)}(\xi) \cong \sqrt{\frac{2}{\pi\xi}} \mathrm{e}^{\mathrm{i}\xi - \mathrm{i}\left(\frac{n\pi}{2} + \frac{\pi}{4}\right)},$$
$$H_n^{(1)\prime}(\xi) \cong \left(\mathrm{i} - \frac{1}{2\xi}\right) H_n^{(1)}(\xi).$$
(3.52)

以及

$$\left|H_n^{(1)}(\xi)\right|^2 \cong \frac{2}{\pi\xi},$$
$$H_n^{(1)}(\xi)\left[H_n^{(1)\prime}(\xi)\right]^* \cong -\left(\frac{2\mathrm{i}}{\pi\xi} + \frac{1}{\pi\xi^2}\right).$$
(3.53)

由 (3.50) 式和 (3.51) 式可以求得在平面波垂直入射圆柱时的散射 Poyting 矢量为

$$S_r = \frac{1}{2\omega\mu_2} \mathrm{Re} \sum_{n=-\infty}^{\infty} \mathrm{i}|E_n|^2 \left[|a_n|^2 + |b_n|^2\right] \left(\frac{\xi_2}{r}\right)^3 \left\{ H_n^{(1)}(\xi_2)\left[H_n^{(1)\prime}(\xi_2)\right]^* \right\}. \quad (3.54)$$

利用 Hankel 函数的渐近表达式 (3.53) 可以求得

$$\mathrm{Re}\left\{ \mathrm{i}H_n^{(1)}(\xi_2)\left[H_n^{(1)\prime}(\xi_2)\right]^* \right\} \approx \frac{2}{\pi\xi_2}. \quad (3.55)$$

代入 (3.49) 式, 得到单位长度 ($L=1$) 纳米线的散射功率

$$W_\mathrm{s} = \int_0^{2\pi} S_r r \mathrm{d}\phi = \frac{(n_2 k_0 \sin\theta_\mathrm{i})^2}{\pi\omega\mu_2} \sum_{n=-\infty}^{\infty} |E_n|^2 \left(|a_n|^2 + |b_n|^2\right). \quad (3.56)$$

入射到单位长度圆柱上的平面波功率为

$$W_\mathrm{i} = \frac{|E_0|^2 R \sin\theta_\mathrm{i}}{\eta_2}. \quad (3.57)$$

其中, $\eta_2 = \sqrt{\mu/\varepsilon_2}$ 是周围介质的阻抗 (impedance). 由 (3.56) 式和 (3.57) 式得到散射效率

$$Q_\mathrm{s} = \frac{W_\mathrm{s}}{W_\mathrm{i}} = \frac{\sum_{n=-\infty}^{\infty} \left(|a_n|^2 + |b_n|^2\right)}{\pi R n_2 k_0 \sin\theta_\mathrm{i}}. \quad (3.58)$$

3.3 散射和吸收系数

类似地可以计算在单位长度圆柱表面进入圆柱的电磁波功率, 也就是吸收系数. 由 (3.43) 式, 在圆柱表面的电磁场分量为

$$E_{1\phi} = \sum_{n=-\infty}^{\infty} -E_n \left[f_n \frac{n\beta}{Rn_1 k_0} J_n(\xi_1) + g_n \frac{\xi_1}{R} J_n'(\xi_1) \right] e^{in\phi - i\beta z},$$

$$E_{1z} = \sum_{n=-\infty}^{\infty} E_n \left[f_n \frac{1}{n_1 k_0} \left(\frac{\xi_1}{R} \right)^2 J_n(\xi_1) \right] e^{in\phi - i\beta z}.$$

(3.59)

以及

$$H_{1\phi} = \sum_{n=-\infty}^{\infty} \frac{E_n}{\omega \mu_1} \left[f_n \frac{in_1 k_0 \xi_1}{R} J_n'(\xi_1) + g_n \frac{in\beta}{R} J_n(\xi_1) \right] e^{in\phi - i\beta z},$$

$$H_{1z} = \sum_{n=-\infty}^{\infty} -\frac{E_n}{\omega \mu_1} \left[g_n i \left(\frac{\xi_1}{R} \right)^2 J_n(\xi_1) \right] e^{in\phi - i\beta z}.$$

(3.60)

其中, $\xi_1 = n_1 k_0 R \sin\theta_1$,

$$\sin\theta_1 = \sqrt{1 - \left(\frac{n_2}{n_1} \cos\theta_i \right)^2}.$$

θ_i 和 θ_1 分别为在纳米线界面上的入射光线与出射光线与 z 轴的夹角. 由 (3.48) 式、(3.49) 式和 (3.59) 式、(3.60) 式可得到吸收功率 W_{abs} [1], 除以照射到单位长度纳米线上的光的功率 W_i, 就得到吸收效率

$$Q_{abs} = \frac{W_{abs}}{W_i}. \tag{3.61}$$

其中, W_i 由 (3.57) 式给出.

消光效率等于散射效率和吸收效率之和. 图 3.4 是 4 个直径的 Au 纳米圆柱线的散射效率作为波长的函数 [1]. 由图可见, 共振波长约为 540nm.

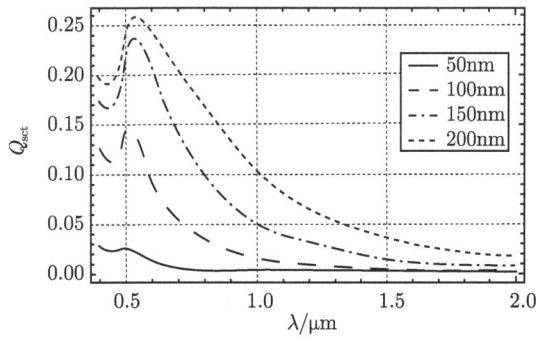

图 3.4　4 个直径的 Au 纳米圆柱线的散射效率作为波长的函数

3.4 纳米金属线中表面等离子体模的激发

理论上已经证明长的纳米金属线表面能传播 SP 模, 它的色散关系如 (3.20) 式和图 3.1 所示. 由于 SP 的波矢大于自由空间中光的波速, 且波矢不匹配, 所以光波不能直接激发纳米金属线的 SP. 已经提出了不少激发 SP 的方法, 如图 3.5 所示[4].

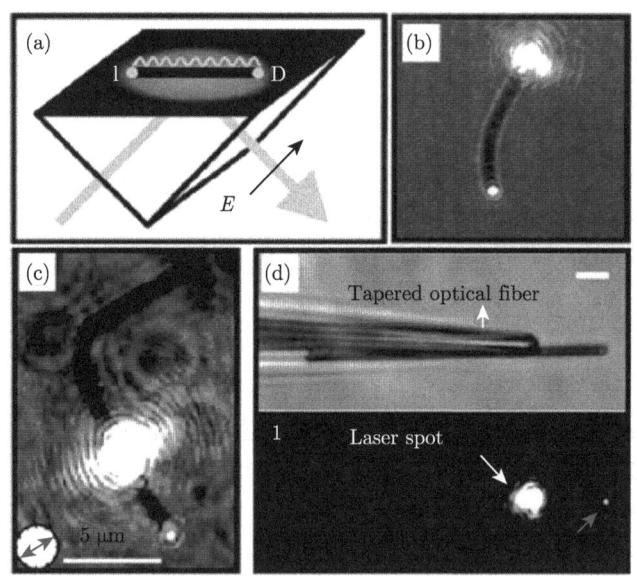

图 3.5 金属纳米线中的 SP 激发方法

图 3.5 中 (a) 是 Kretschmann-Raether 的棱镜激发方法, 在第 2 章中已经介绍. (b) 是用激光束聚焦在纳米线的端点, 线端的散射能克服波矢的失配, 产生传播的 SP. 在纳米线的中间直接照射光不能激发 SP, 但是如果在线上有一个缺陷, 如纳米粒子吸附着在线上, 这些不连续点也能将光转化为 SP, 如 (c) 所示. 这将在下面仔细讨论. (d) 是将介电波导与金属线直接近场耦合, 也能在金属线中激发 SP. 在线中激发 SP 的证据就是远离激发点的纳米线另一端可以看到发光, 如图中所示.

现在介绍用纳米点作为中介在纳米线中激发 SP, 如图 3.5(c) 所示[5]. 或者在纳米线的一端激发, 在另一端或者纳米粒子上发光, 如图 3.5(b) 所示. 实验用的晶体 Ag 纳米线平均直径约 220nm, 长度 1~25μm. 直径 200~700nm 的 Ag 圆纳米粒子作为天线 (中介)[5]. 图 3.6 是一根 12μm 长的 Ag 纳米线的远场发射光强度作为激发光偏振角的函数. (a) 是 Ag 纳米线和纳米粒子的扫描电子显微镜图, (b) 是表示激发光的偏振角方向 θ_w, $\theta_w=0$ 表示与纳米线平行, $\theta_w=\pi/2$ 表示与纳米线垂直. (c) 是在纳米线一端 c 激发, 在纳米线的另一端 a 和纳米粒子 b 上发光. (d) 是在纳

3.4 纳米金属线中表面等离子体模的激发

米粒子上激发, 在纳米线的两端发光. (e) 是在 (c) 情形下, 在 a 和 b 上发光强度与激发光偏振的关系. (f) 是 (d) 情形下, 在 a 和 c 上发光强度与激发光偏振的关系.

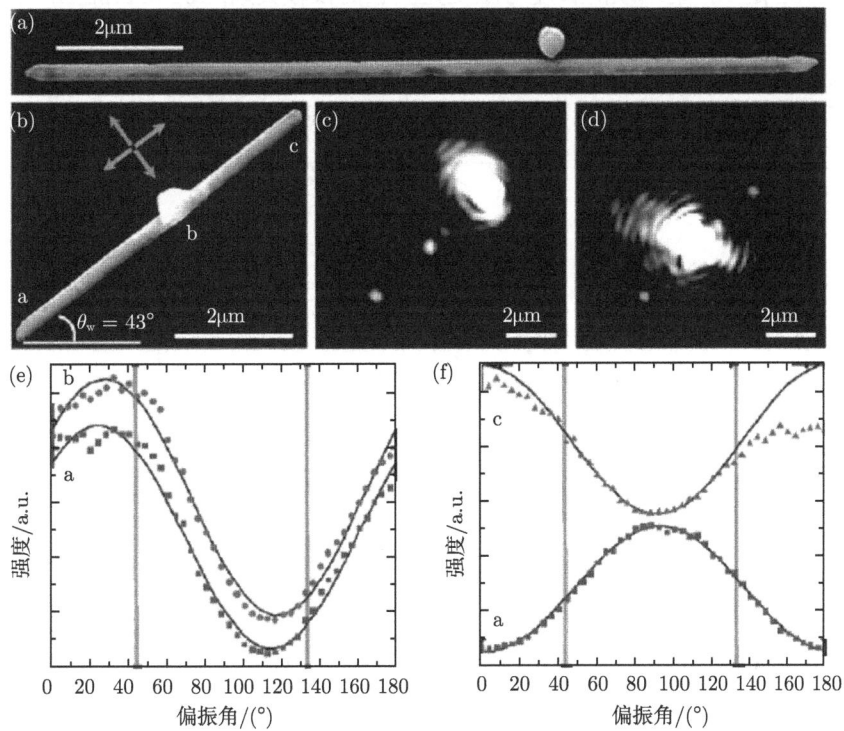

图 3.6　一根 12μm 长的 Ag 纳米线的远场发射光强度作为激发光偏振角的函数

由图 3.6 可见, 发射光强度与激发光偏振的关系比较复杂. 在 (c) 情形中 (纳米线一端激发), 在 a 和 b 上发射光的极大发生在偏振角 θ_w=30° 左右, 极小发生在 θ_w=120°. 而在 (d) 情形中 (纳米粒子上激发), 在线两端 a 和 c 上发光强度与激发光偏振角成反相关系, θ_w=0° 和 90° 分别对应于极大和极小. 数值模拟还发现, 发射光强度与激发光偏振角的关系还与纳米线的长度有关, 特别是短的纳米线. 总之, 这种纳米粒子中介的耦合方式为密集的集成等离子体回路提供了一种理想的输入和输出光的方式.

另一种将光波转化为等离子体表面波的方法是采用蝴蝶结领带 (bow tie) 天线的方法[6]. 图 3.7(a) 是 20μm 长的 Ag 纳米线和顶端的蝴蝶结天线的 SEM 图, (b) 是线上的 P 点和 Q 点 (图 (a)) 上测量的近场光强度作为天线臂长度的函数. P 点和 Q 点离天线的距离分别为 1μm 和 3μm. 由图可见, 当天线臂的长度为 250nm 时, 天线的接收效率最高, 因此纳米线上的光强度最强. 在同样条件下, 加天线时比不加天线时等离子体强度增加了 13.6 倍.

如果在纳米线的另一端也加一个蝴蝶结天线,可以增强纳米线发射光的强度.图 3.8(a) 是一根 10μm 长的 Ag 纳米线,两端都有蝴蝶结天线,天线臂的长度为 250nm. (b) 是 Ag 纳米线的长度与激发光波长的依赖关系, 10μm 长的 Ag 纳米线对应于激发波长 672 nm. (c) 是在不同的激发光入射角度下等离子体发光强度与天线臂长的关系 [6]. 由图可见,当入射角度为 28° 时发射光最强. 发射光强度与天线臂长度的关系类似于图 3.7(b),当臂长 250nm 时,发射最强.

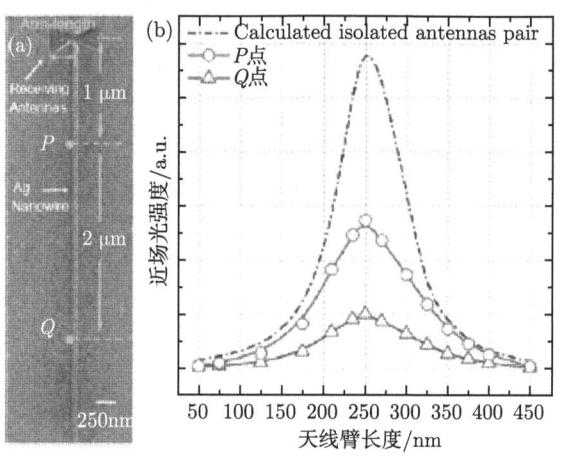

图 3.7 (a) 20μm 长的 Ag 纳米线和顶端的蝴蝶结天线的 SEM 图; (b) 线上的 P 点和 Q 点 (图 (a)) 上测量的近场光强度作为天线臂长度的函数

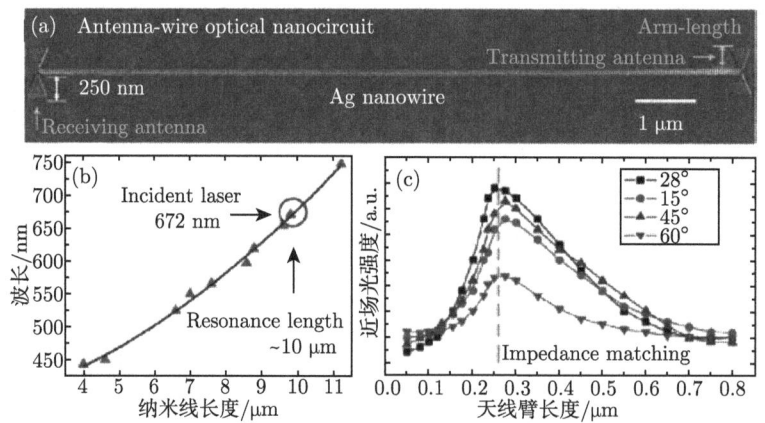

图 3.8 (a) 一根 10μm 长的 Ag 纳米线,两端都有 bow tie 天线,天线臂的长度为 250nm; (b)Ag 纳米线的长度与激发光波长的依赖关系; (c) 在不同的激发光入射角度下等离子体发光强度与天线臂长度的关系

在纳米线另一端加上蝴蝶结天线后,等离子体发射强度增加了 45 倍. 考虑到 Ag 纳米线的阻尼损失 (0.43dB·μm^{-1}),发射天线的等离子体发射效率为 80.8 %,最后得到天线–纳米线回路的等离子体总效率为 30.1 %.

3.5 等离子体波在金属纳米线中的传播

利用金属纳米线作为等离子体波的传导线,与传统的光学纤维相比,虽然传播的长度受到阻尼限制,一般为微米量级,但横向尺度可以达到纳米量级,比光波的波长小. 因此金属纳米线可以用作量子信息的传送线,如低 Q 值的 Fabry-Perot 共振器、定向的亚波长光源等. 如果控制入射的激发光的偏振,则能产生纳米线中 SSP 的相干叠加,制造一系列的以纳米线为基的等离子体器件,如路由器、调制器,甚至全光学布尔逻辑门,它能完成简单的计算操作.

在一根无限长的圆截面金属纳米线中,电场可以表示为

$$\boldsymbol{E}^j(\boldsymbol{r}) = \sum_m a_m^j \boldsymbol{E}_m^j(k_m^j \rho)\, \mathrm{e}^{\mathrm{i}m\phi + \mathrm{i}\beta_m z}, \tag{3.62}$$

其中,j=D 或者 M,分别代表线外 (介电) 区域和线内 (金属) 区域. 径向和横向波矢满足 $\beta_m^2 + k_m^{j2} = \varepsilon^j k_0^2$. TM$_0$ 模 (m=0) 是轴对称的,电子沿线轴方向振荡. HE$_{-1}$(m=−1) 和 HE$_1$(m=1) 模是两个简并态,分别在垂直和水平平面内振荡.

有限元方法的模拟结果如图 3.9[7] 所示,模拟对象是 Ag 纳米线,半径 R 是 60nm(b)∼(d) 和 250nm(e),周围介质的介电常数为 ε^D=2.25,激发光波长 λ_0= 632.8nm. 假设 φ 是入射光的相位,$\varphi = \omega t$,激光束垂直聚集在线的左端 θ 是入射光

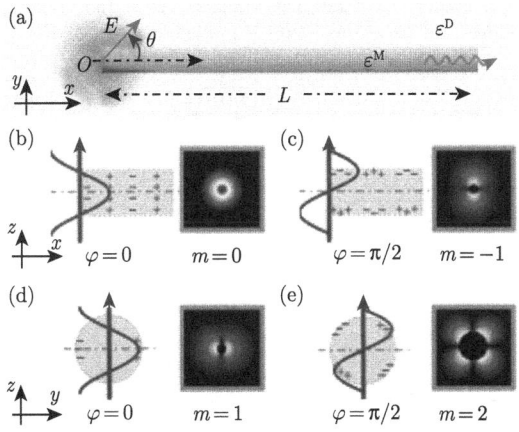

图 3.9 Ag 纳米线一端被入射光激发产生的各种等离子体模

的电场偏振方向与线轴方向的夹角 (图 (a)). 图 (b) 是 $\varphi=0, m=0$; (c) $\varphi=\pi/2, m=-1$; (d) $\varphi=0, m=1$; (e) $\varphi=\pi/2, m=2$ 模的电场纵向和横向分布. 对 (b) 和 (c) 模的激发, $\theta=0°$; 对 (d) 和 (e) 模的激发, $\theta=90°$.

等离子体模在金属纳米线的一端被激发, 它能传播到纳米线的另一端, 转变为光输出, 输出效率和输出光的偏振由端形状和是否有天线等因素决定, 这对制造光集成器件是关键的. 徐红星等利用与偏振有关的暗场散射谱仪研究了发射光的偏振如何依赖于入射光的偏振[8]. 他们发现, 纳米线端的形状对传播后偏振的变化起重要作用. 依赖于线端的形状, 纳米线能用作偏振保持的波导, 或者偏振旋转的波导, 像纳米尺度的半波片.

实验装置如图 3.10(a) 所示[8], 波长为 633nm 的激光用一个物镜聚焦到 3.36μm

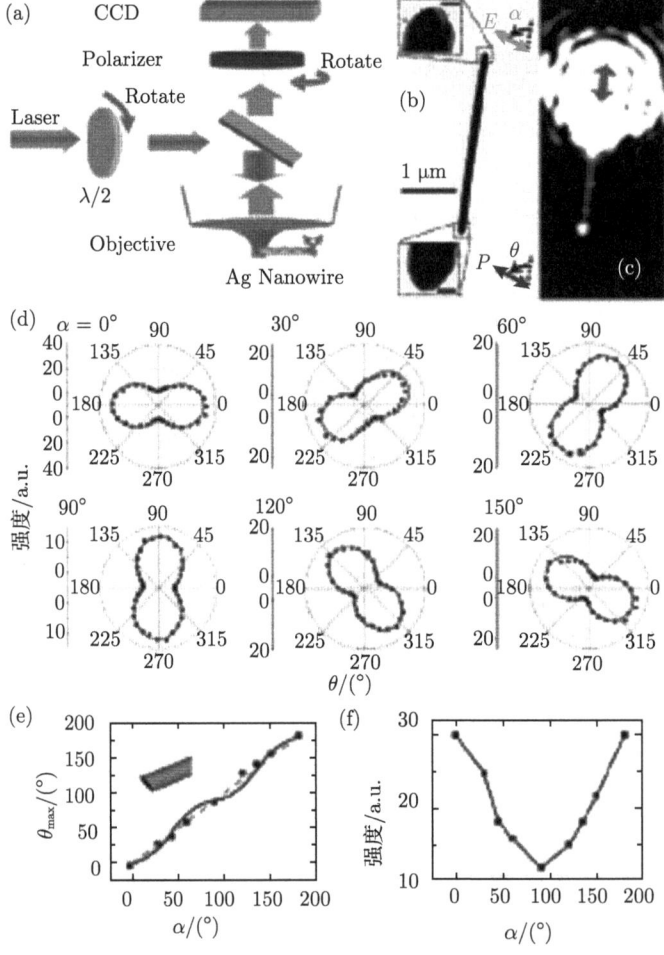

图 3.10 Ag 纳米线中传播的等离子体波的偏振测量[7]

3.5 等离子体波在金属纳米线中的传播

长、130nm 直径的 Ag 纳米线上, 入射光的偏振由旋转半波片决定. 在纳米线另一端发射的光也由一个物镜收集, 并由 CCD 探测器记录. 纳米线放在 ITO 玻璃衬底上, 在测量时浸在 $n=1.518$ 的油中. 图 3.10(b) 是纳米线的透射电子显微镜 (TEM) 图, 纳米线端点的形状被仔细放大了. 其中 α 是入射光电场的偏振角, θ 是偏振器的旋转角. 图 3.10(c) 是发光像. 图 3.10(d) 是 $\alpha=0°$, $30°$, $60°$, $90°$, $120°$, $150°$ 时纳米线发射光强度作为偏振器旋转角度 θ 的函数. 图 3.10(e) 是发射光偏振角作为入射光偏振角的函数. 由图可见, 它们基本上是线性变化的, 也就是当 SP 在纳米线中传播时, 偏振基本保持. 图 3.10(f) 是极大发射光强度作为入射光偏振角的函数. 由图可见, 当偏振角为 $0°$ 和 $180°$ 时 (偏振平行于线), 发射强度最大, 而 $\alpha=90°$ 时, 发射强度最小.

上述偏振保持的结论不是普遍的, 实验发现发射光偏振与入射光偏振之间的关系与纳米线两端的形状有很大关系. 图 3.11 是另一条 Ag 纳米线的实验结果[8], 它与图 3.10 的那条纳米线有相同的长度和直径, 但有不同的端头形状, 分别如图 3.10(e) 和图 3.11(b) 中的插图所示. 图 3.10(e) 中的纳米线有尖头, 而图 3.11(b) 中的纳米线有圆头. 图 3.11(b) 是发射光的偏振角 $\theta_{\max}$ 与入射光偏振角 α 的关系, 与图 3.10(e) 相反, $\theta_{\max}$ 随 α 增加而减小, 图中的实线是数值模拟的结果, 包括图 3.10(e) 中的实线. (c) 是发射光强度与入射光偏振角 α 的关系, 与图 3.10(f) 类似.

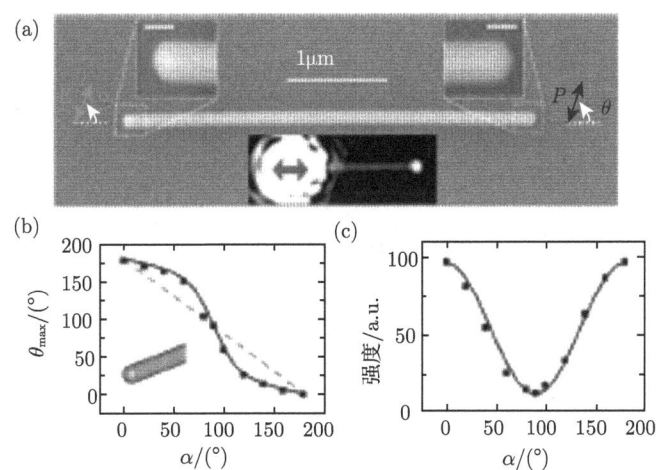

图 3.11 另一条 Ag 纳米线 (圆头) 中传播的等离子体波的偏振测量[8]

用两端是平的理想纳米线模拟的结果[7]表明, 用偏振平行和垂直纳米线的激光激发, 在纳米线中分别产生 $m=0$ 和 $m=1$ 的 SPP 模, 见图 3.9. 当激发光的偏振方向与线轴的夹角为 $0°<\theta<90°$ 时, 就会同时激发出最低的 3 个模 ($|m|\leqslant 1$). HE_{-1} 相对于 HE_1 模有一个常数相延迟 $\Delta\Phi=\pi/2$. 用这种方法能产生全范围的椭圆 SSP[7]. 两个相等振幅的 $m=\pm 1$ SPP 模产生一个圆偏振的导波, 可以用圆角动

量 $\sigma_\pm$ 表征, 类似于光子. 同时激发的 TM_0 模将圆偏振的 SPP 拉伸成螺旋 (helical) 波. 对于一个给定的纳米线截面, 圆偏振的 SPP 中电子的瞬时振荡与 TM_0 模干涉, 造成了一边加强, 另一边减弱, 如图 3.12(b) 所示 [7]. 图 3.12(a) 上可以清楚地看到螺旋波的传播. 在图中的例子中, 螺旋的周期约为 1.83 μm. 图 (b) 中的白箭头指出了在传播过程中 (从 i 至 x) 螺旋转动方向. (c) 是螺旋的周期作为纳米线半径的函数. 模拟的纳米线半径 R=60 nm, 长度 L=5.0 μm, 入射光的偏振角 θ=45°.

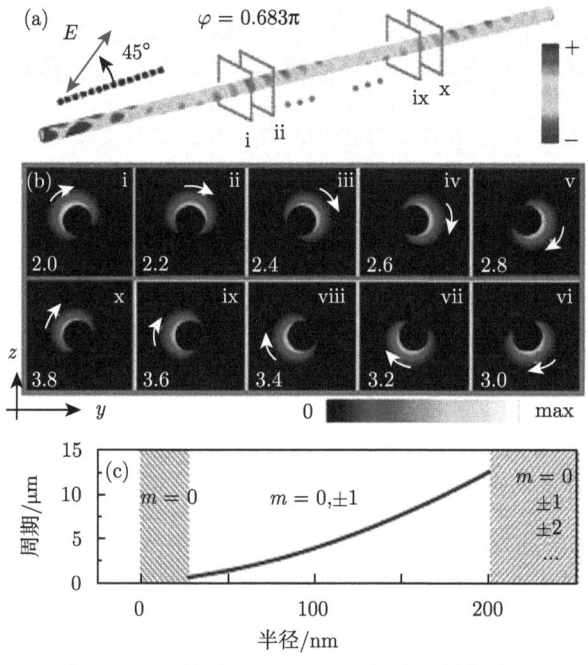

图 3.12 模拟的螺旋 SPP 的激发和传播 [6]

螺旋 SPP 已经由纳米线的倏逝场的量子点为基的荧光影像直接观察到了 [7]. 螺旋 SPP 在纳米线另一端输出就是圆偏振光. 对许多纳米光子学应用来说, 希望有一种宽带的、亚波长尺度的线偏振到圆偏振的转换器. 特别是能实现金属纳米线为基的圆偏振光子源, 用来做扫描近场光学显微镜的针尖或者增强拉曼谱仪的针尖. 用这种光源有可能实现手征分子或 "人造分子" 与光的相互作用.

3.6 等离子体波在金属纳米线中传播的衰减

金属的介电函数, Drude 模型中就包含一个阻尼因子 γ, 这意味着等离子体波在金属纳米线中传播将有衰减. 而另一方面光波在介电光纤中传播的衰减是很小的. 一般来说, 等离子体波在金属纳米线中的衰减距离为几个到几十个 μm 量级,

3.6 等离子体波在金属纳米线中传播的衰减

因此仍可以用来制造光子集成回路.

童利民等[9]利用普通的锥形光纤与 Ag 纳米线耦合, 在纳米线上不同点激发 SP, 在线的端点测量输出光的强度, 从而得出 SP 在纳米线中的传播距离, 推算出传播损失. 得到一个典型的传播损失是 $0.41\mathrm{dB}\cdot\mu\mathrm{m}^{-1}$, 低于以前报道的实验结果, 以及远低于理论计算的结果.

测量系统如图 3.13(b) 所示[9], (a) 是光纤锥 (nanoscale fiber taper) 和 Ag 纳米线的显微镜图, 用火焰加热拉丝的方法将普通的光纤头变成锥形, 尖端的直径为 200 nm. 在 (b) 中光纤锥以一定的角度接触 Ag 纳米线, 在纳米线中激发 SP. SP 在线中传播, 到达线的另一端就变成光线输出, 由一个 CCD 相机接收. Ag 纳米线的直径为 260nm, 研究了 3 种波长的光: 532nm, 633nm, 980nm.

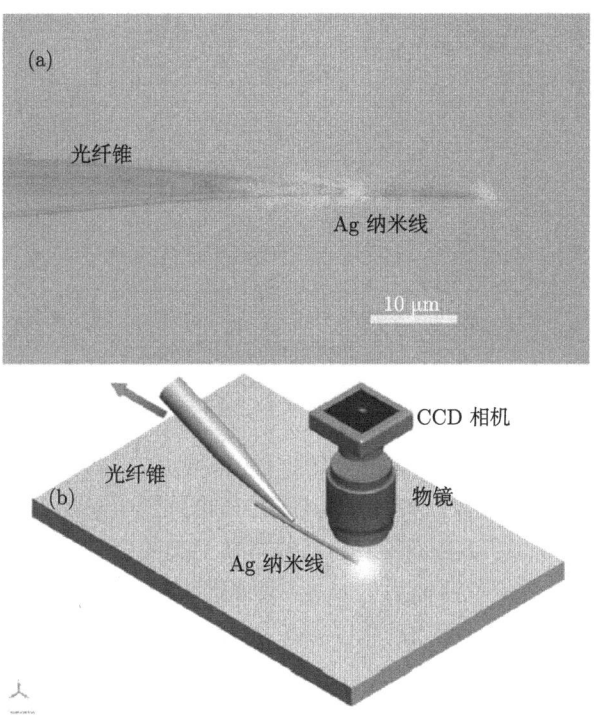

图 3.13 (a) 光纤锥和 Ag 纳米线的显微镜图; (b) 测量系统

测量得到的输出光强度 (相对) 与传播距离的关系如图 3.14 所示[9], 3 条曲线对应于 3 个波长. 假定 SP 在纳米线中是指数衰减的,

$$I(x) = I_0 \times \mathrm{e}^{-x/L_0}. \tag{3.63}$$

其中, L_0 定义为传播长度, 当 SP 传播距离 L_0 时, 它的强度为原来的 1/e 倍. 传播

损失 α 与 L_0 成反比,定义为

$$\alpha = \frac{-10 \times \log(1/e)}{L_0} \approx \frac{4.343}{L_0}. \tag{3.64}$$

其中, α 的单位是 dB·μm^{-1}, L_0 的单位是 μm.

从图 3.14 得到 SP 传播长度 L_0 分别为 6.77μm(532nm), 10.56μm(633nm), 13.27μm(980nm). 由 (3.64) 式计算得到传播损失 α 分别为 0.64dB·μm^{-1}, 0.41dB·μm^{-1}, 0.33dB·μm^{-1}, 因此波长越长, 损失越小, 传播距离越长.

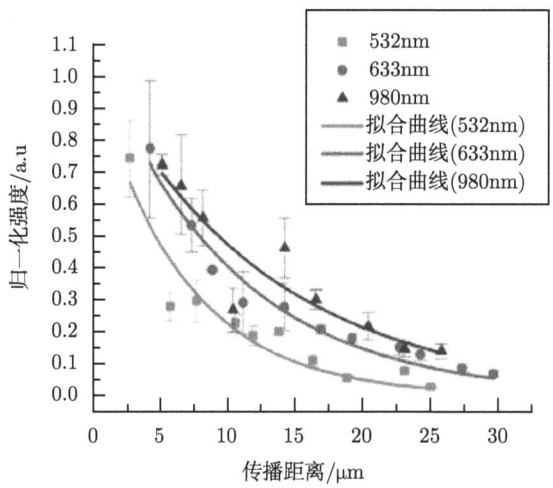

图 3.14 测量得到的输出光强度 (相对) 与传播距离的关系 [9]

Wang 等研究了纳米线的弯曲引起的附加传播损失 [10], 发现纳米线弯曲的曲率半径越小, 损失越大. 这种损失是非本征的, 是由外因引起的. 由于在纳米线的弯曲处会产生辐射损失, 所以为了确定纳米线弯曲引起的损失, 先要测量直线状态下的损失 (本征的), 然后测量弯曲后的损失, 减去直线段的损失, 就是纯弯曲损失. 因为弯曲是一段的, 所以弯曲造成的传播损失 α 不能以单位长度计算, 它的定义为

$$\alpha = -10 \times \log(I/I_0). \tag{3.65}$$

图 3.15 是纯弯曲的传播损失作为纳米线曲率半径的函数 [10]: (a)Ag 纳米线直径 750nm, 激发波长 785nm 和 633nm; (b) 激发波长 785nm, 纳米线直径 580nm, 660nm, 750nm. 总的来说, 纳米线曲率半径越小, 损失越大. 波长越大, 损失越大. 纳米线直径越大, 损失越大. 当纳米线直径变大时, 高阶模将具有较大的份额. 因为高阶模的动量接近于发射光子的动量, 因此较粗的纳米线将具有更大的辐射损失. 实验结果与 FDTD 模拟的结果是一致的.

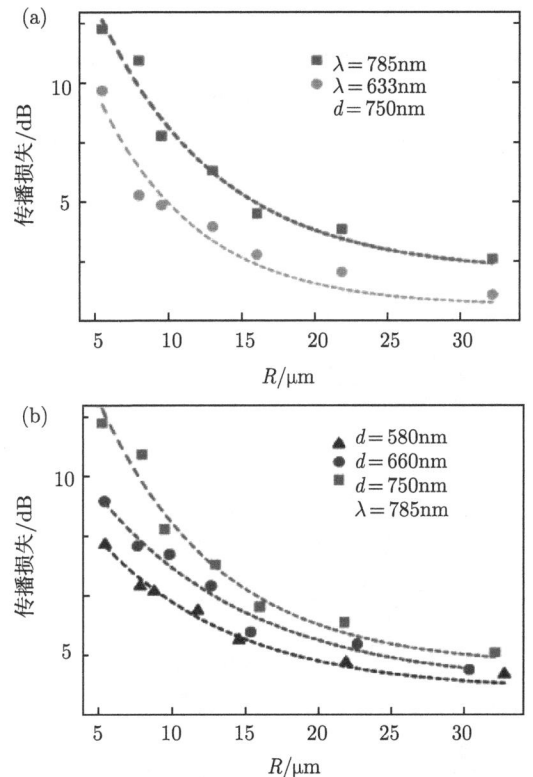

图 3.15 纯弯曲的传播损失作为纳米线曲率半径的函数

(a)Ag 纳米线直径 750nm, 激发波长 785nm 和 633nm; (b) 激发波长 785nm, 纳米线直径 580nm, 660nm, 750nm

3.7 金属纳米线上 SP 传播的电场显示

金属纳米线上激光的激发和端点光的发射都能由电子显微镜观察到, 如本章中引用的一些图. 要了解纳米线上传播的 SP 电场分布的细节, 通常有两种方法: ① 用扫描近场光学显微镜 (SNOM); ② 用荧光发射器覆盖在纳米线上, 如量子点或分子, 等离子体感应的荧光强度与局域场强度成正比, 所以荧光像能作为近场强度分布图. 两种方法比较, 前者比较精确, 分辨率能超越衍射极限; 后者比 SNOM 简单而又快速.

Ditlbacher 等首先用 SNOM 测量了 Ag 纳米线上 SP 的电场分布[11], 发现了这些模的非辐射特性, 以及极小的阻尼和长达 10μm 的传播长度. 图 3.16 是 SP 沿 18.6μm 长、直径 120nm 的 Ag 纳米线传播[11], (a) 是光激发的示意图, I 和 D 分别是输入和输出端. 实验发现电场沿线方向的激光垂直入射线的 I 端, 就能在纳米线中激发 SP. 如果入射激光的电场偏振垂直于线方向, 则不能激发. (b) 是显微镜的影像图, 左端亮点是聚焦的激发光, 箭头所指是右端散射出来的光. (c) 是 (b) 方格中的纳米线的 SNOM 影像图, 由图可见电场是周期振荡的, 波长为 414nm, 而激发光波长是 785nm. (d) 是 2μm 长的一段纳米线 (点虚线所示) 上的电场强度分布. 这种电场调制是由两端的镜面反射形成的驻波.

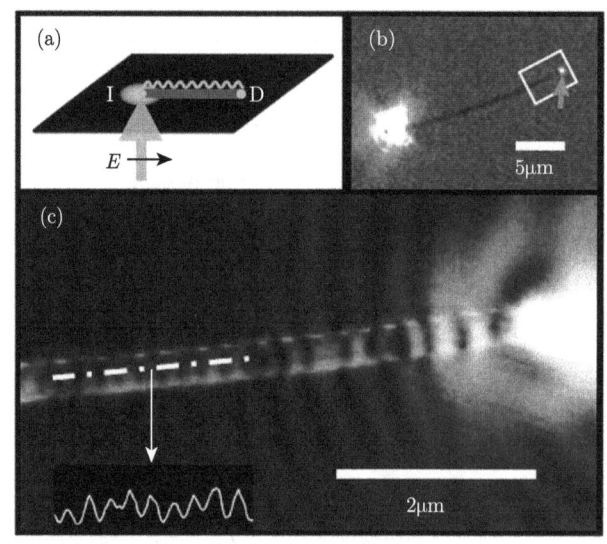

图 3.16　(a) 光激发的示意图; (b) 显微镜的影像图; (c) 纳米线的 SNOM 影像图

为了进一步分析纳米线中 SP 的传播性质, 用光谱研究线两端散射光的强度与激发光波长的关系. 图 3.17(a) 是用棱镜激发 Ag 纳米线的 SP, 线长 3.3μm, 直径 90nm. 纳米线由两种方法制造, 一种是化学方法制造的单晶纳米线, 另一种是电子束刻蚀方法制造的多晶纳米线, 它们的扫描电子显微镜图分别示于 (b) 和 (c) 中. (d) 是两条纳米线从末端散射光的强度与激发光波长的关系. 由图可见, 单晶纳米线的质量好, 而多晶纳米线的质量不好. 图上散射光强度随激发光波长的振荡反映了纳米线两端具有很平整的晶面 (对单晶纳米线), 整个纳米线形成了共振腔, 曲线具有明显的 Fabry-Berot 共振腔模的线形状, 这说明了 SP 在线两端的多重反射, 因此等离子体模的传播长度将远大于线的长度. 另一方面, 多晶纳米线的散射光强度就没有明显的调制, 这说明高质量单晶纳米线对得到长的 SP 传播长度的重要性.

从图 3.17(d) 得到的散射光强度的相对调制深度 $\Delta I/I_{min}$, 可以拟合出纳米线两端的反射率 R 和 SP 传播长度 l: $R=0.25$, $l=10.1$μm. 传播长度还与线直径有关.

徐红星等发展了另一种表征金属纳米线上 SP 电场分布状况的方法[12]. 理想

3.7 金属纳米线上 SP 传播的电场显示

的金属纳米线能很好地约束 SP 波的电磁场, 除了在两端破坏了对称性, 电磁波能散射出来. 但如果在纳米线中间吸附了一个金属量子点, 破坏了对称性, 那么电磁波也能从这个量子点上散射出来, 如 3.4 节. 徐等在 Ag 纳米线表面覆盖一层 30~50nm 厚的 Al_2O_3 层, 然后在上面放 CdSe/ZnS 核壳量子点, 它们在 SP 电场作用下能发出荧光, 与局域电场强度成正比.

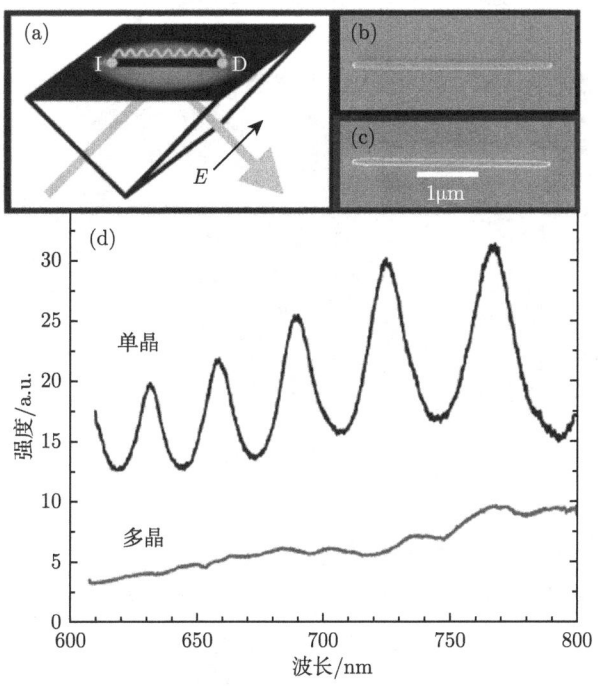

图 3.17 (a) 用棱镜激发 Ag 纳米线的 SP; (b) 化学方法制造的单晶纳米线的 SEM 图; (c) 电子束刻蚀方法制造的多晶纳米线的 SEM 图; (d) 两条纳米线从末端散射光的强度与激发光波长的关系

图 3.18 是由这种方法得到的 Ag 金属纳米线 SP 传播的影像. (a) 中 i 是纳米线的 SEM 像; ii 是在宽的外场激发下量子点的发光影像; iii~vi 是不同激发光的偏振方向 (见箭头) 下的量子点发光影像. 由于任意偏振方向激光的激发, 在纳米线中能产生不同模式的等离子体模, 每一种模的空间分布是非常不同的. 这些模式的干涉造成了沿纳米线的调制电场分布. 它决定于激发模式的相对强度和相对位相. 所以总的电场分布强烈依赖于激光输入的偏振方向. 在图 (a) iii 中激光的偏振方向平行于纳米线方向, 近场是对称地沿线分布, 其中可以看到振荡的节点. 随着偏振角增大, 逐渐偏离纳米线方向, 近场分布相对于纳米线变成不对称, 使得节点从线的一边移到另一边. 由此可见, 纳米线 SP 的电场分布可以由 "输入" 光的偏振角来

调制.

图 3.18(b) 是在同样情况下, Ag 纳米线下端附着一个 Ag 纳米粒子. 在图 (b) iii 和 iv 中, 激发光偏振角接近于 0, 附着的 Ag 纳米粒子正好位于最强的局域电场处, 因此有强的发光. 当偏振角垂直时, 在图 (b) 的 v 和 vi 中, Ag 纳米粒子位于电场的节点处, 或者最强电场转到纳米线的另一边, 因此不发光. 这种情形和前一种情形分别对应于 "ON" 态和 "OFF" 态. ON/OFF 之比可以高达 10.

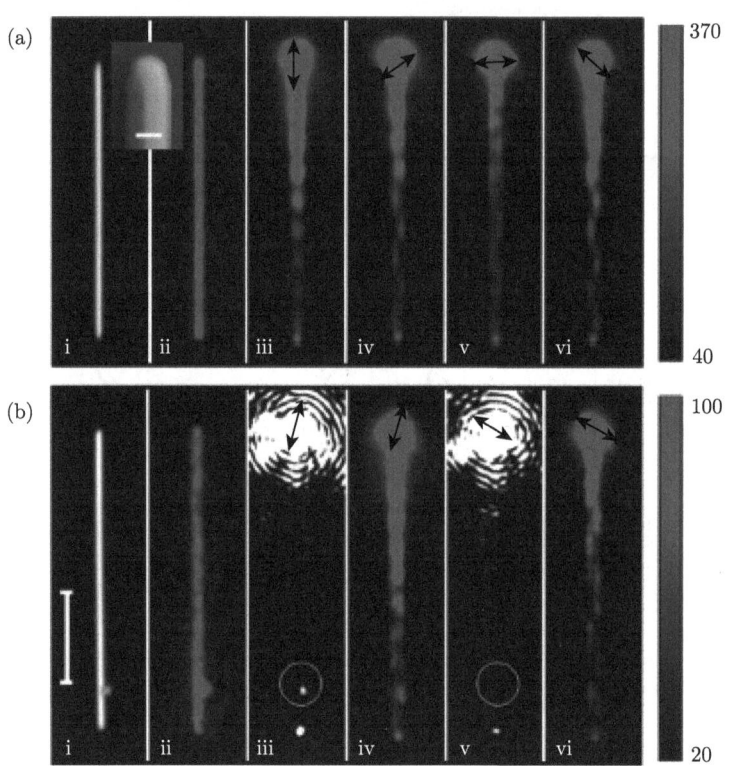

图 3.18 (a) 改变输入激光的偏振方向纳米线中电场分布的量子点发光影像图; (b) 同样情形下, 纳米线附着一个 Ag 纳米粒子的电场分布和 Ag 纳米粒子发光图

徐红星等用上述方法研究了各种 Ag 纳米线连接、交叉形成的纳米线回路中 SP 传播规律[12], 构造各种 "光学" 逻辑门. 图 3.19(a) 中有一个 Ag 纳米线与原来的一个纳米线 (I1) 相连, 作为另一个输入端 (I2). 实验发现, 输出端 O 发出的光强度与两个输入端输入光的相对相位密切相关, 如图 (b) 所示极大光与极小光强度之比能大于 10. (c) 中的 i 和 ii 对应于 O 端输出极大, iii 和 iv 对应于输出极小.

在计算上, 如果两个输入场 1 和 1 独立或同时造成了极大输出 1, 则这个三端器件代表了一个 OR 门. 相反地, 如果两个输入场同时输入, 造成了极小输出 OFF 态, 这时这个结构用作 XOR 门, 如图 3.19(c) 所显示的.

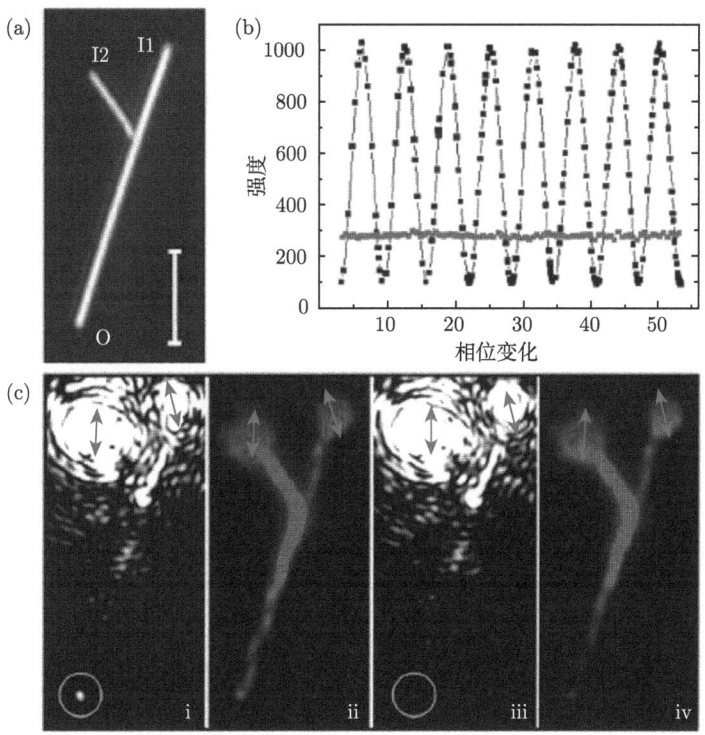

图 3.19 (a) 一个 Ag 纳米线与原来的一个纳米线 (I1) 相连, 作为另一个输入端 (I2); (b) 输出端 O 发出的光强度与两个输入端输入光的相对相位的关系; (c) 输出极大 (i, ii) 和输出极小 (iii, iv) 散射光影像和量子点影像

参 考 文 献

[1] Sarid D, Challener W. Modern Introduction to Surface Plasmons: Theory, Mathematica Modeling, and Applications. 北京: 北京大学出版社, 2013.
[2] Schröter U, Dereux A. Phys. Rev. B, 2001, 64: 125420.
[3] Bohren C F, Huffman D R. Absorption and Scattering of Light by Small Particles. New York: John Wiley & Sons, 1983.
[4] Wei H, Xu H X. Nanophotonics, 2012, 1: 155.
[5] Knight M W, Grady N K, Bardhan R, et al. Nano Lett., 2007, 7: 2346.
[6] Fang Z Y, Fan L R, Lin C F, et al. Nano Lett., 2011, 11: 1676.

[7] Zhang S P, Wei H, Bao K, et al. Phys. Rev. Lett., 2011, 107: 096801.
[8] Li Z P, Bao K, Fang Y R, et al, Nano Lett., 2010, 10: 1831.
[9] Ma Y G, Li X Y, Yu H K, et al. Opt. Lett., 2010, 35: 1160.
[10] Wang W H, Yang Q, Fan F R, et al. Nano Lett., 2011, 11: 1603.
[11] Ditlbacher H, Hohenau A, Wagner D, et al. Phys. Rev. Lett., 2005, 95: 257403.
[12] Wei H, Li Z P, Tian X R, et al. Nano Lett., 2011, 11: 471.

第4章 金属球的等离子体模

4.1 金属圆球的等离子体模 [1]

金属圆球, 或者更一般的金属粒子, 它们的表面等离子体模不能传播, 称为局域的等离子体模. 金属表面对外电磁场驱动的电子有一个约束力, 能产生共振, 造成了金属粒子内部和表面场的放大. 这种共振称为局域表面等离子激元. 曲率表面的另一个结果是这种等离子体共振能直接被光照射激发, 不需要满足相匹配条件, 如传播表面等离子激元所需要的那样. 一个古老的例子是几百年前做成的彩色玻璃, 是在玻璃中掺入小的金属粒子, 由于金属粒子能与日光中某一波长的光发生共振, 吸收了这一波长的光, 从而使玻璃具有颜色.

如果金属粒子的尺度远小于波长, 则可以用准静态近似. 这种近似对直径小于 100nm 的粒子是适用的. 假设一个均匀的金属小球放在外静电场中, 如图 4.1 所示 [1].

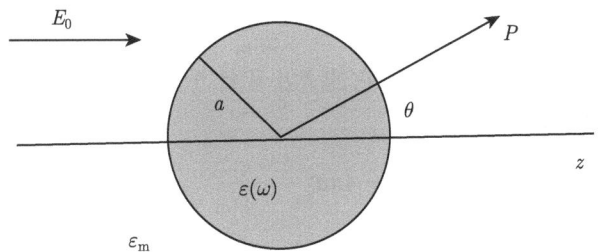

图 4.1 一个均匀的金属小球放在外静电场中示意图

在准静态近似下, 电场可以用一个静电势 Φ 描述, $\boldsymbol{E}=-\nabla\Phi$, Φ 满足 Laplace 方程, $\nabla^2\Phi=0$. 在图 4.1 所示的极坐标下, 假定势 Φ 是方位角对称的, 则 Laplace 方程的一般解为

$$\Phi(r,\theta) = \sum_{l=0}^{\infty} \left[A_l r^l + B_l r^{-(l+1)}\right] P_l(\cos\theta), \tag{4.1}$$

其中, $P_l(\cos\theta)$ 是 l 阶的 Legendre 多项式, θ 是极角. 由于势在原点为有限, 则球内和球外的势可分别写为

$$\begin{aligned}\Phi_{\text{in}}(r,\theta) &= \sum_{l=0}^{\infty} A_l r^l P_l(\cos\theta), \\ \Phi_{\text{out}}(r,\theta) &= \sum_{l=0}^{\infty} \left[B_l r^l + C_l r^{-(l+1)}\right] P_l(\cos\theta).\end{aligned} \tag{4.2}$$

系数 A_l, B_l, C_l 可由在无穷远处和球表面的边界条件确定. 在无穷远处要求 $\Phi \to -E_0 r\cos\theta$, 因此得到 $B_1 = -E_0$, 以及 $B_l = 0$ 对 $l \neq 1$. 其他的系数由在球面 $r = a$ 处的边界条件确定. 边界条件要求电场的切向分量和位移场的法向分量相等,

$$\left.\frac{\partial \Phi_{\text{in}}}{\partial \theta}\right|_{r=a} = \left.\frac{\partial \Phi_{\text{out}}}{\partial \theta}\right|_{r=a},$$
$$\varepsilon \left.\frac{\partial \Phi_{\text{in}}}{\partial r}\right|_{r=a} = \varepsilon_{\text{m}} \left.\frac{\partial \Phi_{\text{out}}}{\partial r}\right|_{r=a}, \tag{4.3}$$

其中, ε 和 ε_{m} 分别为金属和球外介质的介电函数. 应用边界条件 (4.3) 导致 $A_l = 0$ 和 $C_l = 0$ 对 $l \neq 1$. 计算系数 A_1 和 C_1, 得到势

$$\Phi_{\text{in}} = -\frac{3\varepsilon_{\text{m}}}{\varepsilon + 2\varepsilon_{\text{m}}} E_0 r \cos\theta,$$
$$\Phi_{\text{out}} = -E_0 r \cos\theta + \frac{\varepsilon - \varepsilon_{\text{m}}}{\varepsilon + 2\varepsilon_{\text{m}}} E_0 a^3 \frac{\cos\theta}{r^2}. \tag{4.4}$$

(4.4) 式中的球外势可以看作两个势的叠加, 一个是外场势, 一个是由位于球中心的偶极矩产生的,

$$\Phi_{\text{out}} = -E_0 r \cos\theta + \frac{\boldsymbol{p} \cdot \boldsymbol{r}}{4\pi\varepsilon_0 \varepsilon_{\text{m}} r^3},$$
$$\boldsymbol{p} = 4\pi\varepsilon_0 \varepsilon_{\text{m}} a^3 \frac{\varepsilon - \varepsilon_{\text{m}}}{\varepsilon + 2\varepsilon_{\text{m}}} \boldsymbol{E}_0. \tag{4.5}$$

因此外场在球内产生一个偶极矩, 它的大小正比于外场 E_0, 方向与外场一致. 由 $\boldsymbol{p} = \varepsilon_0 \varepsilon_{\text{m}} \alpha \boldsymbol{E}_0$ 定义极化率 α, 得到

$$\alpha = 4\pi a^3 \frac{\varepsilon - \varepsilon_{\text{m}}}{\varepsilon + 2\varepsilon_{\text{m}}}. \tag{4.6}$$

按照 Drude 模型, 金属的介电函数

$$\varepsilon(\omega) = 1 - \frac{\omega_{\text{p}}^2}{\omega^2 + i\gamma\omega}, \tag{4.7}$$

其中, ω_{p} 是金属的等离子体频率, γ 是衰减系数. 将 (4.7) 式代入 (4.6) 式, 就得到极化率 α 的实部和虚部. 图 4.2 是 Ag 粒子的极化率实部和虚部作为频率 ω 的函数[1].

由图 4.2 可见, 极化率随 ω 有个共振, 共振条件为

$$\text{Re}[\varepsilon(\omega)] = -2\varepsilon_{\text{m}}. \tag{4.8}$$

共振频率为 $\omega_0 \approx \omega_{\text{p}}/\sqrt{1 + 2\varepsilon_{\text{m}}}$. 如果周围介质为空气, $\varepsilon_{\text{m}} = 1$, 则共振频率为 $\omega_0 = \omega_{\text{p}}/\sqrt{3}$, 共振峰的宽度为 γ. 当周围介质的 ε_{m} 增加时, 共振频率红移. 因此金属纳米粒子可以用作周围介质变化的光学传感器.

4.1 金属圆球的等离子体模

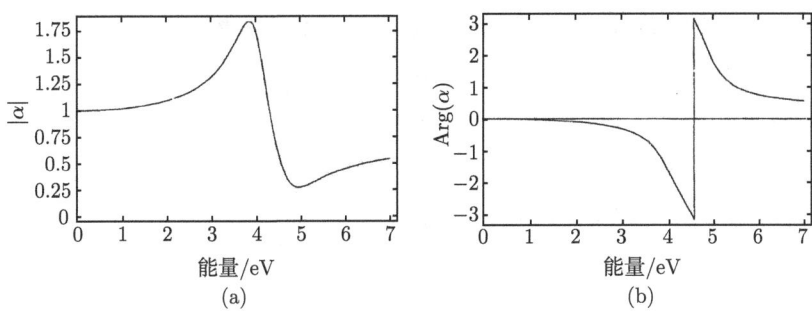

图 4.2 Ag 粒子的极化率实部和虚部作为频率 ω 的函数

由势 (4.4) 和 (4.5) 式可以计算球内和球外的电场,

$$\boldsymbol{E}_{\text{in}} = \frac{3\varepsilon_{\text{m}}}{\varepsilon + 2\varepsilon_{\text{m}}}\boldsymbol{E}_0, \tag{4.9a}$$

$$\boldsymbol{E}_{\text{out}} = \boldsymbol{E}_0 + \frac{3\hat{\boldsymbol{n}}(\hat{\boldsymbol{n}}\cdot\boldsymbol{p}) - \boldsymbol{p}}{4\pi\varepsilon_0\varepsilon_{\text{m}}r^3}. \tag{4.9b}$$

其中, $\hat{\boldsymbol{n}}$ 是坐标 $\boldsymbol{r}$ 处的法向单位矢量. 由 (4.9) 式可见, 在满足 (4.8) 式的共振频率处, 球内和球外的激发电场同样也共振增强. 这种电场可以看作是由一个振荡的偶极矩发出的.

附 (4.9b) 式的证明.

由 (4.5) 式, 利用

$$\nabla(\boldsymbol{f}\cdot\boldsymbol{g}) = \boldsymbol{f}\times(\nabla\times\boldsymbol{g}) + (\boldsymbol{f}\cdot\nabla)\boldsymbol{g} + \boldsymbol{g}\times(\nabla\times\boldsymbol{f}) + (\boldsymbol{g}\cdot\nabla)\boldsymbol{f},$$

$$\nabla\left(\frac{\boldsymbol{p}\cdot\boldsymbol{r}}{r^3}\right) = \boldsymbol{p}\times\nabla\times\left(\frac{\boldsymbol{r}}{r^3}\right) + (\boldsymbol{p}\cdot\nabla)\frac{\boldsymbol{r}}{r^3},$$

$$\nabla\times\left(\frac{\boldsymbol{r}}{r^3}\right) = 0,$$

$$(\boldsymbol{p}\cdot\nabla)\frac{\boldsymbol{r}}{r^3} = \frac{1}{r^3}(\boldsymbol{p}\cdot\nabla)\boldsymbol{r} + \boldsymbol{r}(\boldsymbol{p}\cdot\nabla)\left(\frac{1}{r^3}\right),$$

$$(\boldsymbol{p}\cdot\nabla)\boldsymbol{r} = \left(p_x\frac{\partial}{\partial x} + p_y\frac{\partial}{\partial y} + p_z\frac{\partial}{\partial z}\right)(x\boldsymbol{i} + y\boldsymbol{j} + z\boldsymbol{k}) = p_x\boldsymbol{i} + p_y\boldsymbol{j} + p_z\boldsymbol{k} = \boldsymbol{p},$$

$$\boldsymbol{r}(\boldsymbol{p}\cdot\nabla)\left(\frac{1}{r^3}\right) = -\frac{3\boldsymbol{r}}{r^4}(\boldsymbol{p}\cdot\nabla)r = -\frac{3\boldsymbol{r}}{r^4}\left(\frac{\boldsymbol{p}\cdot\boldsymbol{r}}{r}\right) = -\frac{3\boldsymbol{n}(\boldsymbol{p}\cdot\boldsymbol{n})}{r^3},$$

$$(\boldsymbol{p}\cdot\nabla)\frac{\boldsymbol{r}}{r^3} = -\frac{3\boldsymbol{n}(\boldsymbol{p}\cdot\boldsymbol{n}) - \boldsymbol{p}}{r^3}.$$

证毕.

以上结果是在准静态近似下得到的, 也就是不考虑电场的空间时间变化, $k=0$,

$\omega=0$. 下面考虑空间和时间的变化. 引入随时间振荡的矢势

$$\boldsymbol{A}(\boldsymbol{r}) = \frac{\mu_0}{4\pi} \frac{\mathrm{e}^{\mathrm{i}kr}}{r} \int \boldsymbol{J}(\boldsymbol{r}') \mathrm{d}\boldsymbol{r}'. \tag{4.10}$$

分部积分后得到

$$\int \boldsymbol{J} \mathrm{d}\boldsymbol{r} = -\int \boldsymbol{r}'(\nabla' \cdot \boldsymbol{J}) \mathrm{d}\boldsymbol{r} = -\mathrm{i}\omega \int \boldsymbol{r}' \rho(\boldsymbol{r}') \mathrm{d}\boldsymbol{r}. \tag{4.11}$$

其中利用了连续性方程

$$\nabla \cdot \boldsymbol{J} = \mathrm{i}\omega\rho. \tag{4.12}$$

因此矢势就等于

$$\begin{aligned} \boldsymbol{A}(\boldsymbol{r}) &= -\frac{\mathrm{i}\mu_0\omega}{4\pi} \boldsymbol{p} \frac{\mathrm{e}^{\mathrm{i}kr}}{r}, \\ \boldsymbol{p} &= \int \boldsymbol{r}' \rho(\boldsymbol{r}') \mathrm{d}\boldsymbol{r}'. \end{aligned} \tag{4.13}$$

由矢势可以求得磁场和电场,

$$\begin{aligned} \boldsymbol{H} &= \frac{1}{\mu_0} \nabla \times \boldsymbol{A}, \\ \boldsymbol{E} &= \frac{\mathrm{i}Z_0}{\varepsilon_\mathrm{m} k} \nabla \times \boldsymbol{H}, \quad Z_0 = \sqrt{\frac{\mu_0}{\varepsilon_0}}. \end{aligned} \tag{4.14}$$

由 (4.13) 式求得

$$\boldsymbol{H} = \frac{ck^2}{4\pi} (\hat{\boldsymbol{n}} \times \boldsymbol{p}) \frac{\mathrm{e}^{\mathrm{i}kr}}{r} \left(1 - \frac{1}{\mathrm{i}kr}\right), \tag{4.15a}$$

$$\boldsymbol{E} = \frac{1}{4\pi\varepsilon_0\varepsilon_\mathrm{m}} \left\{ k^2 (\hat{\boldsymbol{n}} \times \boldsymbol{p}) \times \hat{\boldsymbol{n}} \frac{\mathrm{e}^{\mathrm{i}kr}}{r} + [3\hat{\boldsymbol{n}}(\hat{\boldsymbol{n}} \cdot \boldsymbol{p}) - \boldsymbol{p}] \left(\frac{1}{r^3} - \frac{\mathrm{i}k}{r^2}\right) \mathrm{e}^{\mathrm{i}kr} \right\}. \tag{4.15b}$$

附 (4.15a) 式的证明.

$$\begin{aligned} \boldsymbol{H} &= \frac{1}{\mu_0} \nabla \times \boldsymbol{A} = -\frac{\mathrm{i}\omega}{4\pi} \nabla \times \left(\boldsymbol{p} \frac{\mathrm{e}^{\mathrm{i}kr}}{r}\right) \\ &= -\frac{\mathrm{i}\omega}{4\pi} \nabla \left(\frac{\mathrm{e}^{\mathrm{i}kr}}{r}\right) \times \boldsymbol{p} \\ &= -\frac{\mathrm{i}\omega}{4\pi} \left[\frac{1}{r} \nabla \left(\mathrm{e}^{\mathrm{i}kr}\right) + \mathrm{e}^{\mathrm{i}kr} \nabla \left(\frac{1}{r}\right)\right] \\ &= -\frac{\mathrm{i}\omega}{4\pi} \left[\frac{\mathrm{e}^{\mathrm{i}kr}}{r} (\mathrm{i}k) \boldsymbol{n} - \frac{\mathrm{e}^{\mathrm{i}kr}}{r^2} \boldsymbol{n}\right] \times \boldsymbol{p} \\ &= \frac{ck^2}{4\pi} (\boldsymbol{n} \times \boldsymbol{p}) \frac{\mathrm{e}^{\mathrm{i}kr}}{r} \left(1 - \frac{1}{\mathrm{i}kr}\right). \end{aligned}$$

4.1 金属圆球的等离子体模

(4.15b) 式的证明.
$$E = \frac{\mathrm{i}Z_0}{\varepsilon_m k} \nabla \times H,$$

$$\text{Coefficient} = \frac{\mathrm{i}Z_0}{\varepsilon_m k} \frac{ck^2}{4\pi} = \mathrm{i}\sqrt{\frac{\mu_0}{\varepsilon_0}} \frac{ck}{4\pi\varepsilon_m} = \frac{\mathrm{i}k}{4\pi\varepsilon_0\varepsilon_m}$$

$$\nabla \times \left[(\boldsymbol{n} \times \boldsymbol{p}) \frac{\mathrm{e}^{\mathrm{i}kr}}{r} \left(1 - \frac{1}{\mathrm{i}kr}\right) \right]$$
$$= \nabla \left[\frac{\mathrm{e}^{\mathrm{i}kr}}{r} \left(1 - \frac{1}{\mathrm{i}kr}\right) \right] \times (\boldsymbol{n} \times \boldsymbol{p}) + \frac{\mathrm{e}^{\mathrm{i}kr}}{r} \left(1 - \frac{1}{\mathrm{i}kr}\right) \nabla \times (\boldsymbol{n} \times \boldsymbol{p}).$$

其中第 1 项 I 为
$$\nabla \left[\frac{\mathrm{e}^{\mathrm{i}kr}}{r} \left(1 - \frac{1}{\mathrm{i}kr}\right) \right]$$
$$= \nabla \left(\frac{\mathrm{e}^{\mathrm{i}kr}}{r} \right) \cdot \left(1 - \frac{1}{\mathrm{i}kr}\right) + \frac{\mathrm{e}^{\mathrm{i}kr}}{r} \nabla \left(1 - \frac{1}{\mathrm{i}kr}\right)$$
$$= \left[\frac{\mathrm{e}^{\mathrm{i}kr}}{r} (\mathrm{i}k) \boldsymbol{n} - \frac{\mathrm{e}^{\mathrm{i}kr}}{r^2} \boldsymbol{n} \right] \left(1 - \frac{1}{\mathrm{i}kr}\right) + \frac{\mathrm{e}^{\mathrm{i}kr}}{r} \frac{1}{\mathrm{i}kr^2} \boldsymbol{n}$$
$$= \frac{\mathrm{e}^{\mathrm{i}kr}}{r} (\mathrm{i}k) \left(1 - \frac{1}{\mathrm{i}kr}\right)^2 \boldsymbol{n} + \frac{\mathrm{e}^{\mathrm{i}kr}}{r} \frac{1}{\mathrm{i}kr^2} \boldsymbol{n}.$$

乘以系数 $(\mathrm{i}k)$ 和 $(\boldsymbol{n} \times \boldsymbol{p})$,
$$\mathrm{I} = \frac{\mathrm{e}^{\mathrm{i}kr}}{r} k^2 \left(1 - \frac{1}{\mathrm{i}kr}\right)^2 (\boldsymbol{n} \times \boldsymbol{p}) \times \boldsymbol{n} - \frac{\mathrm{e}^{\mathrm{i}kr}}{r} \frac{1}{r^2} (\boldsymbol{n} \times \boldsymbol{p}) \times \boldsymbol{n}$$
$$= \frac{\mathrm{e}^{\mathrm{i}kr}}{r} \left[k^2 \left(1 - \frac{1}{\mathrm{i}kr}\right)^2 - \frac{1}{r^2} \right] \cdot [\boldsymbol{p} - (\boldsymbol{n} \cdot \boldsymbol{p}) \boldsymbol{n}].$$

第 2 项 II 为
$$\frac{\mathrm{e}^{\mathrm{i}kr}}{r} \left(1 - \frac{1}{\mathrm{i}kr}\right) \nabla \times (\boldsymbol{n} \times \boldsymbol{p})$$
$$= \frac{\mathrm{e}^{\mathrm{i}kr}}{r} \left(1 - \frac{1}{\mathrm{i}kr}\right) [(\boldsymbol{p} \cdot \nabla) \boldsymbol{n} - (\nabla \cdot \boldsymbol{n}) \boldsymbol{p}].$$

$$(\boldsymbol{p} \cdot \nabla) \boldsymbol{n} = (\boldsymbol{p} \cdot \nabla) \frac{\boldsymbol{r}}{r} = \frac{1}{r} (\boldsymbol{p} \cdot \nabla) \boldsymbol{r} + \left[(\boldsymbol{p} \cdot \nabla) \left(\frac{1}{r}\right) \right] \boldsymbol{r}$$
$$= \frac{\boldsymbol{p}}{r} - \frac{1}{r^2} [(\boldsymbol{p} \cdot \nabla)(r)] \boldsymbol{r} = \frac{\boldsymbol{p}}{r} - \frac{(\boldsymbol{p} \cdot \boldsymbol{n}) \boldsymbol{n}}{r},$$

$$\nabla \cdot \boldsymbol{n} = \nabla \cdot \left(\frac{\boldsymbol{r}}{r}\right) = \frac{1}{r} (\nabla \cdot \boldsymbol{r}) - \frac{1}{r^2} \nabla(r) \cdot \boldsymbol{r} = \frac{3}{r} - \frac{1}{r} = \frac{2}{r}.$$

乘以系数 (ik),
$$\mathbb{II} = \frac{ikr}{r}\left(ik - \frac{1}{r}\right)\frac{1}{r}\left[-\boldsymbol{p} - (\boldsymbol{p}\cdot\boldsymbol{n})\boldsymbol{n}\right].$$

因此
$$\boldsymbol{E} = \frac{\mathbb{I} + \mathbb{II}}{4\pi\varepsilon_0\varepsilon_m}$$
$$= \frac{1}{4\pi\varepsilon_0\varepsilon_m}\left\{k^2(\boldsymbol{n}\times\boldsymbol{p})\times\boldsymbol{n}\frac{e^{ikr}}{r} + [3\boldsymbol{n}(\boldsymbol{n}\cdot\boldsymbol{p}) - \boldsymbol{p}]\left(\frac{1}{r^3} - \frac{ik}{r^2}\right)e^{ikr}\right\}.$$

证毕.

在近场区域, $kr \ll 1$, 得到
$$\boldsymbol{E} = \frac{3\hat{\boldsymbol{n}}(\hat{\boldsymbol{n}}\cdot\boldsymbol{p}) - \boldsymbol{p}}{4\pi\varepsilon_0\varepsilon_m r^3},$$
$$\boldsymbol{H} = \frac{i\omega}{4\pi}(\hat{\boldsymbol{n}}\times\boldsymbol{p})\frac{1}{r^2}. \tag{4.16}$$

由 (4.16) 式可见, 磁场比电场小 $\sqrt{\varepsilon_0/\mu_0}(kr)$ 的量级, 在准稳近似下, 磁场为零. 在远场区域, $kr \gg 1$,
$$\boldsymbol{H} = \frac{ck^2}{4\pi}(\hat{\boldsymbol{n}}\times\boldsymbol{p})\frac{e^{ikr}}{r},$$
$$\boldsymbol{E} = \sqrt{\frac{\mu_0}{\varepsilon_0}}\frac{1}{\varepsilon_m}\boldsymbol{H}\times\hat{\boldsymbol{n}}. \tag{4.17}$$

这是熟知的球面波的形式.

极化率 α((4.6) 式) 共振增大的另一个结果是: 金属纳米粒子散射和吸收光同时增强. 在纳米粒子附近, 有一个入射场 $\boldsymbol{E}_i$, 一个散射场 $\boldsymbol{E}_s$, 如图 4.3 所示[2].

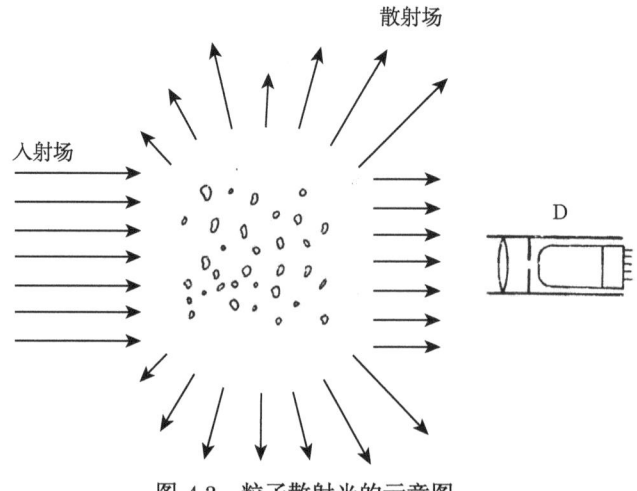

图 4.3 粒子散射光的示意图

4.2 散射和消光截面 [2]

在离粒子较远的空间中构造一个虚的球面, 在这球面上的 Poyting 矢量为

$$S = \frac{1}{2}\mathrm{Re}\left(E_2 \times H_2^*\right) = S_\mathrm{i} + S_\mathrm{s} + S_\mathrm{ext},$$
$$S_\mathrm{i} = \frac{1}{2}\mathrm{Re}\left(E_\mathrm{i} \times H_\mathrm{i}^*\right), \quad S_\mathrm{s} = \frac{1}{2}\mathrm{Re}\left(E_\mathrm{s} \times H_\mathrm{s}^*\right), \quad (4.18)$$
$$S_\mathrm{ext} = \frac{1}{2}\mathrm{Re}\left(E_\mathrm{i} \times H_\mathrm{s}^* + E_\mathrm{s} \times H_\mathrm{i}^*\right).$$

其中, E_2 和 H_2 是总的电场和磁场, 包括入射场 i 和粒子的散射场 s, 则通过球面进入球内的电磁能量 (也就是吸收能量) 为

$$W_\mathrm{a} = -\int_A S \cdot \hat{e}_r \mathrm{d}A. \quad (4.19)$$

由 (4.19) 式, W_a 可以写成 3 项之和, $W_\mathrm{a} = W_\mathrm{i} - W_\mathrm{s} + W_\mathrm{ext}$, 其中

$$W_\mathrm{i} = -\int_A S_\mathrm{i} \cdot \hat{e}_r \mathrm{d}A, \quad W_\mathrm{s} = \int_A S_\mathrm{s} \cdot \hat{e}_r \mathrm{d}A, \quad W_\mathrm{ext} = -\int_A S_\mathrm{ext} \cdot \hat{e}_r \mathrm{d}A. \quad (4.20)$$

对入射场, Poyting 矢量对球面的积分为零 (图 4.3), 因此 $W_\mathrm{i}=0$. 所以 W_ext 等于能量吸收率和散射率之和, 代表了消光率,

$$W_\mathrm{ext} = W_\mathrm{a} + W_\mathrm{s}. \quad (4.21)$$

将 W_a、W_s、W_ext 分别除以入射辐照度 (incident irradiance)I_i, 就得到吸收截面 C_a、散射截面 C_s 和消光截面 C_ext.

假设入射光沿 z 方向照射在坐标原点的粒子, 见图 4.4. 在远场区域, 散射场等于 [2]

$$E_\mathrm{s} \sim \frac{\mathrm{e}^{\mathrm{i}k(r-z)}}{-\mathrm{i}kr} X E, \quad H_\mathrm{s} \sim \frac{k}{\omega\mu} e_r \times E_\mathrm{s}. \quad (4.22)$$

其中, X 称为入射 x-偏振电场 $E_\mathrm{i} = E e_x$ 的矢量散射振幅, 它与振幅散射矩阵元 S_j 的关系如下:

$$X = (S_2 \cos\phi + S_3 \sin\phi) e_{||\mathrm{s}} + (S_4 \cos\phi + S_1 \sin\phi) e_{\perp\mathrm{s}}. \quad (4.23)$$

其中, ϕ 是散射面与 x-z 平面的夹角,

$$e_{||\mathrm{s}} = e_\theta, \quad e_{\perp\mathrm{s}} = -e_\phi, \quad e_{\perp\mathrm{s}} \times e_{||\mathrm{s}} = e_r. \quad (4.24)$$

见图 4.4. 定义振幅散射矩阵,

$$\begin{pmatrix} E_{\|s} \\ E_{\perp s} \end{pmatrix} = \frac{e^{ik(r-z)}}{-ikr} \begin{pmatrix} S_2 & S_3 \\ S_4 & S_1 \end{pmatrix} \begin{pmatrix} E_{\|i} \\ E_{\perp i} \end{pmatrix}. \tag{4.25}$$

其中, $E_{\|s}$, $E_{\perp s}$, $E_{\|i}$, $E_{\perp i}$ 分别为散射场和入射场沿图 4.4 所示方向的分量.

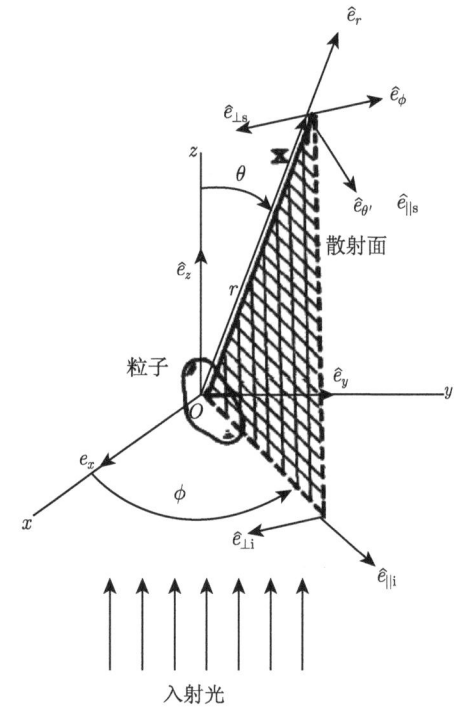

图 4.4 入射光被一个粒子的散射

附 (4.23) 式的证明.

假设入射光是 x 方向偏振的 (不失普遍性), 则

$$\boldsymbol{E}_i = E\boldsymbol{e}_x,$$
$$E_{\|i} = E\cos\phi, \quad E_{\perp i} = E\sin\phi.$$

由 (4.25) 式, 有

$$E_{\|s} = \frac{e^{ik(r-z)}}{-ikr}(S_2\cos\phi + S_3\sin\phi)E,$$

$$E_{\perp s} = \frac{e^{ik(r-z)}}{-ikr}(S_4\cos\phi + S_1\sin\phi)E,$$

$$\boldsymbol{E}_s = \frac{e^{ik(r-z)}}{-ikr}\boldsymbol{X}E,$$

4.2 散射和消光截面

$$X = (S_2 \cos\phi + S_3 \sin\phi) e_{\|s} + (S_4 \cos\phi + S_1 \sin\phi) e_{\perp s}.$$

证毕.

可以证明, 在一般情况下 (见文献 [2], 112 页)

$$\begin{pmatrix} E_{\|s} \\ E_{\perp s} \end{pmatrix} = \frac{e^{ik(r-z)}}{-ikr} \begin{pmatrix} S_2 & 0 \\ 0 & S_1 \end{pmatrix} \begin{pmatrix} E_{\|i} \\ E_{\perp i} \end{pmatrix}. \tag{4.26}$$

由 (4.17) 式,

$$E_s = \frac{e^{ikr}}{-ikr} \frac{ik^3}{4\pi\varepsilon_0} e_r \times (e_r \times p) = \frac{e^{ik(r-z)}}{-ikr} XE,$$

$$E = E_0 e^{ikz}, \quad p = \varepsilon_0 \alpha E_0 e_x, \tag{4.27}$$

$$X = \frac{ik^3}{4\pi} \alpha e_r \times (e_r \times e_x).$$

利用几何关系,

$$e_x = \sin\theta\cos\phi\, e_r + \cos\theta\cos\phi\, e_\theta - \sin\phi\, e_\phi. \tag{4.28}$$

得到

$$\begin{aligned} X &= S_2 \cos\phi\, e_\theta - S_1 \sin\phi\, e_\phi \\ &= -\frac{ik^3}{4\pi}\alpha \left(\cos\theta\cos\phi\, e_\theta - \sin\phi\, e_\phi\right). \end{aligned} \tag{4.29}$$

$$S_1 = -\frac{ik^3\alpha}{4\pi}, \quad S_2 = -\frac{ik^3\alpha}{4\pi}\cos\theta.$$

入射场

$$E_i = E e_x, \quad H_i = \frac{k}{\omega\mu} E e_y. \tag{4.30}$$

由 (4.19) 式~(4.21) 式, 和 (4.30) 式, 计算散射概率和截面,

$$\begin{aligned} S_s &= \frac{1}{2}\mathrm{Re}\left[E_s \times H_s^*\right] \\ &= \frac{1}{2}\mathrm{Re}\left[E_s \times \frac{k}{\omega\mu}(e_r \times E_s^*)\right] \\ &= \frac{k}{2\omega\mu}\frac{E^2|X|^2}{k^2 r^2}. \end{aligned} \tag{4.31}$$

$$\begin{aligned} W_s &= \frac{kE^2}{2\omega\mu}\int_\Omega \frac{|X|^2}{k^2}\mathrm{d}\Omega = I_i \int_\Omega \frac{|X|^2}{k^2}\mathrm{d}\Omega, \\ I_i &= \frac{1}{2}E_i \times H_i^* = \frac{kE^2}{2\omega\mu}. \end{aligned} \tag{4.32}$$

其中, I_i 是入射光强度. 散射截面

$$C_s = \frac{W_s}{I_i} = \int_\Omega \frac{|\boldsymbol{X}|^2}{k^2} d\Omega. \tag{4.33}$$

由 (4.29) 式, 有

$$|\boldsymbol{X}|^2 = S_2^2 \cos^2\phi + S_1^2 \sin^2\phi.$$

代入 (4.33) 式, 对 $d\phi$ 积分, 得到

$$C_s = \frac{\pi}{k^2} \int_0^\pi \left[S_1^2 + S_2^2 \right] \sin\theta d\theta. \tag{4.34}$$

其中, S_1 和 S_2 由 (4.29) 式给出, 极化率 α 由 (4.6) 式给出, 经计算得到

$$C_s = \frac{k^4}{6\pi}|\alpha|^2 = \frac{8\pi}{3} k^4 a^6 \left| \frac{\varepsilon - \varepsilon_m}{\varepsilon + 2\varepsilon_m} \right|^2. \tag{4.35}$$

消光 Poynting 矢量由 (4.18) 式给出. 由 (4.22) 式和 (4.30) 式, 可知

$$\boldsymbol{E}_i \times \boldsymbol{H}_s^* = E\boldsymbol{e}_x \times \left(\frac{k}{\omega\mu}\right)(\boldsymbol{e}_r \times \boldsymbol{E}_s^*)$$

$$= E\left(\frac{k}{\omega\mu}\right) \frac{e^{-ik(r-z)}}{ikr} E^* \boldsymbol{e}_x \times (\boldsymbol{e}_r \times \boldsymbol{X}^*)$$

$$= |E|^2 \left(\frac{k}{\omega\mu}\right) \frac{e^{-ik(r-z)}}{ikr} \left[(\boldsymbol{e}_x \cdot \boldsymbol{X}^*)\boldsymbol{e}_r - (\boldsymbol{e}_x \cdot \boldsymbol{e}_r)\boldsymbol{X}^* \right]$$

$$W_{\text{ext}} = \frac{k}{2\omega\mu} |E|^2 \operatorname{Re}\left\{ \frac{e^{-ikr}}{ikr} \int_A e^{ikz} \boldsymbol{e}_x \cdot \boldsymbol{X}^* dA \right\}. \tag{4.36}$$

另一项,

$$\boldsymbol{E}_s \times \boldsymbol{H}_i^* = \frac{e^{ik(r-z)}}{-ikr} E\boldsymbol{X} \times \left(\frac{k}{\omega\mu}\right) E^* \boldsymbol{e}_y$$

$$= \frac{e^{ik(r-z)}}{-ikr} |E|^2 \left(\frac{k}{\omega\mu}\right) \boldsymbol{X} \times \boldsymbol{e}_y. \tag{4.37}$$

为了计算散射截面, 需要计算 (4.37) 式在 $\boldsymbol{e}_r$ 方向上的投影,

$$(\boldsymbol{X} \times \boldsymbol{e}_y) \cdot \boldsymbol{e}_r = -\boldsymbol{e}_r \cdot (\boldsymbol{e}_y \times \boldsymbol{X})$$

$$= -(\boldsymbol{e}_r \times \boldsymbol{e}_y) \cdot \boldsymbol{X}. \tag{4.38}$$

利用几何关系

$$\begin{aligned}
\boldsymbol{e}_r &= \sin\theta\cos\phi\boldsymbol{e}_x + \sin\theta\sin\phi\boldsymbol{e}_y + \cos\theta\boldsymbol{e}_z, \\
\boldsymbol{e}_\theta &= \cos\theta\cos\phi\boldsymbol{e}_x + \cos\theta\sin\phi\boldsymbol{e}_y - \sin\theta\boldsymbol{e}_z, \\
\boldsymbol{e}_\phi &= -\sin\phi\boldsymbol{e}_x + \cos\phi\boldsymbol{e}_y.
\end{aligned} \tag{4.39}$$

4.2 散射和消光截面

得到

$$-(\boldsymbol{e}_r \times \boldsymbol{e}_y) \cdot \boldsymbol{X} = (\cos\theta \boldsymbol{e}_x - \sin\theta\cos\phi \boldsymbol{e}_z) \cdot \boldsymbol{X}.$$

$$\begin{aligned}W_{\text{ext}} = -\frac{k}{2\omega\mu}|E|^2 \Bigg\{ &\frac{\text{e}^{-ikr}}{ikr}\int_A \text{e}^{ikz}\boldsymbol{e}_x \cdot \boldsymbol{X}^* \text{d}A \\ &- \frac{\text{e}^{ikr}}{ikr}\int_A \text{e}^{-ikz}\cos\theta \boldsymbol{e}_x \cdot \boldsymbol{X}\text{d}A \\ &+ \frac{\text{e}^{ikr}}{ikr}\int_A \text{e}^{-ikz}\sin\theta\cos\phi \boldsymbol{e}_z \cdot \boldsymbol{X}\text{d}A \Bigg\}.\end{aligned} \quad (4.40)$$

(4.40) 式中的第 3 项由于对 ϕ 积分等于 0, 第 1 和第 2 项能够利用下列积分计算,

$$\begin{aligned}&\int_{-1}^{1}\text{e}^{ikr\mu}f(\mu)\text{d}\mu \\ &= \frac{\text{e}^{ikr}f(1) - \text{e}^{-ikr}f(-1)}{ikr} + O\left(\frac{1}{k^2r^2}\right), \\ &\mu = \cos\theta.\end{aligned} \quad (4.41)$$

$$\begin{aligned}&\frac{\text{e}^{-ikr}}{ikr}\int_A \text{e}^{ikz}\boldsymbol{e}_x \cdot \boldsymbol{X}^* \text{d}A \\ &= \frac{\text{e}^{-ikr}}{ikr}\frac{r^2}{ikr}\int_0^{2\pi}\text{d}\phi\left[\text{e}^{ikr}(\boldsymbol{e}_x \cdot \boldsymbol{X}^*)_{\theta=0} - \text{e}^{-ikr}(\boldsymbol{e}_x \cdot \boldsymbol{X}^*)_{\theta=\pi}\right] \\ &= -\frac{2\pi}{k^2}\int_0^{2\pi}\text{d}\phi(\boldsymbol{e}_x \cdot \boldsymbol{X}^*)_{\theta=0}.\end{aligned}$$

$$\begin{aligned}&-\frac{\text{e}^{ikr}}{ikr}\int_A \text{e}^{-ikz}\boldsymbol{e}_x \cdot \boldsymbol{X}\text{d}A \\ &= -\frac{\text{e}^{ikr}}{ikr}\frac{r^2}{-ikr}\int_0^{2\pi}\text{d}\phi\left[\text{e}^{-ikr}(\boldsymbol{e}_x \cdot \boldsymbol{X})_{\theta=0} - \text{e}^{ikr}(\boldsymbol{e}_x \cdot \boldsymbol{X})_{\theta=\pi}\right] \\ &= -\frac{2\pi}{k^2}\int_0^{2\pi}\text{d}\phi(\boldsymbol{e}_x \cdot \boldsymbol{X})_{\theta=0}.\end{aligned} \quad (4.42)$$

所以

$$\begin{aligned}W_{\text{ext}} &= I_i\frac{2}{k^2}\int_0^{2\pi}\text{d}\phi\text{Re}\left\{(\boldsymbol{X} \cdot \boldsymbol{e}_x)_{\theta=0}\right\}, \\ C_{\text{ext}} &= \frac{W_{\text{ext}}}{I_i} = \frac{2}{k^2}\int_0^{2\pi}\text{d}\phi\text{Re}\left\{(\boldsymbol{X} \cdot \boldsymbol{e}_x)_{\theta=0}\right\}.\end{aligned} \quad (4.43)$$

由 (4.21) 式可知, 消光截面 C_{ext} 可以写为吸收截面 C_a 和散射截面 C_s 之和,

$$C_{\text{ext}} = C_a + C_s. \quad (4.44)$$

一般 $C_{\text{ext}} > 0$, 但是在激光辐射的情况下 $C_{\text{ext}} < 0$.

由 (4.43) 式, 有

$$(X \cdot e_x)_{\theta=0} = \left[S_2 \cos\theta \cos^2\phi + S_1 \sin^2\phi\right]_{\theta=0}$$
$$= S_2 \cos^2\phi + S_1 \sin^2\phi. \tag{4.45}$$

由 (4.29) 式和 (4.43) 式, 得到消光截面,

$$C_{\text{ext}} = k\text{Im}(\alpha) = \pi a^2 4x \text{Im}\left\{\frac{\varepsilon - \varepsilon_0}{\varepsilon + 2\varepsilon_0}\right\}. \tag{4.46}$$

其中, $x=ka$. 当散射比吸收小时, 在 (4.44) 式中可以忽略散射截面, 因此吸收截面就等于消光截面 (见文献 [2], 140 页).

图 4.5 是用 (4.46) 式计算的 Ag 纳米球在空气 (黑线) 和二氧化硅 (灰线) 中的消光截面随光子能量的变化 [1]. 由图可见, 共振能量分别在 3.5eV 和 3eV 左右.

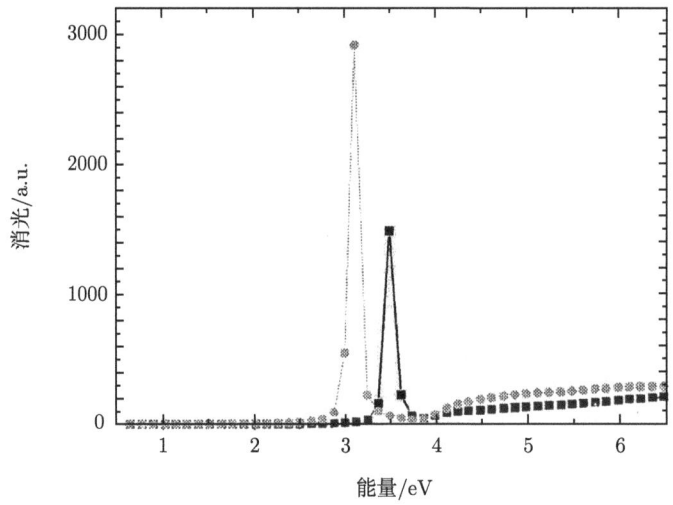

图 4.5 计算的 Ag 纳米球在空气 (黑线) 和二氧化硅 (灰线) 中的消光截面随光子能量的变化

4.3 Mie 理论

在上一节中计算散射和吸收截面时, 需要将入射平面波在球坐标中用球谐函数展开. 此外以上的准稳态近似只对尺寸较小的粒子 (小于 100nm) 有效. 对较大的粒子, 需要考虑在粒子的尺度上场的相位变化. Mie[3] 在 1908 年发展了一个电磁场

4.3 Mie 理论

被小球散射和吸收的一般理论, 将内部场和散射场用一组矢量谐函数描述的正则模展开, 类似于第 3 章中的柱坐标下电磁场的本征模. 下面简单介绍 Mie 理论[2].

电磁场满足矢量波动方程,

$$\nabla^2 \boldsymbol{E} + k^2 \boldsymbol{E} = 0, \quad \nabla^2 \boldsymbol{H} + k^2 \boldsymbol{H} = 0. \tag{4.47}$$

其中, $k^2 = \omega^2 \varepsilon \mu$, 以及是不发散的,

$$\nabla \cdot \boldsymbol{E} = 0, \quad \nabla \cdot \boldsymbol{H} = 0. \tag{4.48}$$

此外, $\boldsymbol{E}$ 和 $\boldsymbol{H}$ 不是独立的,

$$\nabla \times \boldsymbol{E} = \mathrm{i}\omega\mu \boldsymbol{H}, \quad \nabla \times \boldsymbol{H} = -\mathrm{i}\omega\varepsilon \boldsymbol{E}. \tag{4.49}$$

给定一个标量函数 ψ 和一个常数矢量 $\boldsymbol{c}$, 构造矢量函数 $\boldsymbol{M}$,

$$\boldsymbol{M} = \nabla \times (\boldsymbol{c}\psi). \tag{4.50}$$

可以证明, $\boldsymbol{M}$ 的散度也为 0,

$$\nabla \cdot \boldsymbol{M} = 0. \tag{4.51}$$

以及

$$\nabla^2 \boldsymbol{M} + k^2 \boldsymbol{M} = \nabla \times \left[\boldsymbol{c} \left(\nabla^2 \psi + k^2 \psi \right) \right]. \tag{4.52}$$

附 (4.52) 式的证明.

利用

$$\nabla \times (\nabla \times \boldsymbol{M}) = \nabla (\nabla \cdot \boldsymbol{M}) - \nabla^2 \boldsymbol{M} = -\nabla^2 \boldsymbol{M},$$
$$\nabla \times [\nabla \times (\nabla \times (\boldsymbol{c}\psi))] = \nabla \times [\nabla \times (\nabla \psi \times \boldsymbol{c})] = \nabla \times \left[(\boldsymbol{c} \cdot \nabla) \nabla \psi - \boldsymbol{c} \nabla^2 \psi \right],$$
$$\nabla \times [(\boldsymbol{c} \cdot \nabla) \nabla \psi] = \nabla \times \left[\frac{\partial}{\partial x_c} (\nabla \psi) \right] = \nabla \times \left[\nabla \left(\frac{\partial \psi}{\partial x_c} \right) \right] = 0,$$
$$\nabla^2 \boldsymbol{M} = \nabla \times \left[\boldsymbol{c} \nabla^2 \psi \right].$$

方程两边加上

$$k^2 \boldsymbol{M} = \nabla \times \left[k^2 \boldsymbol{c}\psi \right].$$

就得到 (4.52) 式.
证毕.

在 (4.52) 式中, 如果 ψ 是波动方程的解, 则 $\boldsymbol{M}$ 满足矢量波动方程 (4.47).

$$\nabla^2 \psi + k^2 \psi = 0. \tag{4.53}$$

还可以写 $M = -c \times \nabla\psi$, 因此 M 是垂直于矢量 c 的. 由 M 可以构造另一个矢量函数

$$N = \frac{\nabla \times M}{k}. \tag{4.54}$$

它具有零的散度, 并且同样满足矢量波动方程 (4.47). 反过来

$$M = \frac{\nabla \times N}{k}. \tag{4.55}$$

c 的选择是任意的, 但 Bohren 证明在球对称的情况下, 如果取极坐标 (r, θ, ϕ), 则可以取 $c=r$, M 同样满足矢量波动方程 (见文献 [2], 84 页).

先从满足球坐标中标量波动方程的函数出发 (见文献 [2], 87 页),

$$\begin{aligned}\psi_{emn} &= \cos m\phi P_n^m(\cos\theta) z_n(kr), \\ \psi_{omn} &= \sin m\phi P_n^m(\cos\theta) z_n(kr).\end{aligned} \tag{4.56}$$

其中, $z_n(kr)$ 是球 Bessel 函数. 由函数 (4.56) 产生的矢量球谐函数定义为

$$\begin{aligned}&M_{emn} = \nabla \times (r\psi_{emn}), \quad M_{omn} = \nabla \times (r\psi_{omn}), \\ &N_{emn} = \frac{1}{k}\nabla \times M_{emn}, \quad N_{omn} = \frac{1}{k}\nabla \times M_{omn}.\end{aligned} \tag{4.57}$$

可以证明, M 和 N 满足矢量的波动方程[2].

在球坐标中, 由 (4.56) 式求得 M 和 N 的分量形式,

$$\begin{cases} M_{emn} = \dfrac{-m}{\sin\theta}\sin m\phi P_n^m(\cos\theta) z_n(\rho)\hat{e}_\theta - \cos m\phi \dfrac{dP_n^m(\cos\theta)}{d\theta} z_n(\rho)\hat{e}_\phi, \\[6pt] M_{omn} = \dfrac{m}{\sin\theta}\cos m\phi P_n^m(\cos\theta) z_n(\rho)\hat{e}_\theta - \sin m\phi \dfrac{dP_n^m(\cos\theta)}{d\theta} z_n(\rho)\hat{e}_\phi, \\[6pt] N_{emn} = \dfrac{z_n(\rho)}{\rho}\cos m\phi\, n(n+1) P_n^m(\cos\theta)\hat{e}_r \\ \qquad\quad + \cos m\phi \dfrac{dP_n^m(\cos\theta)}{d\theta}\dfrac{1}{\rho}\dfrac{d}{d\rho}[\rho z_n(\rho)]\hat{e}_\theta \\ \qquad\quad - m\sin m\phi \dfrac{P_n^m(\cos\theta)}{\sin\theta}\dfrac{1}{\rho}\dfrac{d}{d\rho}[\rho z_n(\rho)]\hat{e}_\phi, \\[6pt] N_{omn} = \dfrac{z_n(\rho)}{\rho}\sin m\phi\, n(n+1) P_n^m(\cos\theta)\hat{e}_r \\ \qquad\quad + \sin m\phi \dfrac{dP_n^m(\cos\theta)}{d\theta}\dfrac{1}{\rho}\dfrac{d}{d\rho}[\rho z_n(\rho)]\hat{e}_\theta \\ \qquad\quad + m\cos m\phi \dfrac{P_n^m(\cos\theta)}{\sin\theta}\dfrac{1}{\rho}\dfrac{d}{d\rho}[\rho z_n(\rho)]\hat{e}_\phi. \end{cases} \tag{4.58}$$

(4.58) 式就是在球坐标下满足矢量波动方程的完备本征函数, 所有满足矢量波动方程的函数都能用它们展开.

4.3 Mie 理论

假设入射的平面波电场偏振沿 x 方向,

$$\begin{aligned}\boldsymbol{E}_\mathrm{i} &= E_0 \mathrm{e}^{\mathrm{i}kr\cos\theta}\hat{\boldsymbol{e}}_x, \\ \hat{\boldsymbol{e}}_x &= \sin\theta\cos\phi\hat{\boldsymbol{e}}_r + \cos\theta\cos\phi\hat{\boldsymbol{e}}_\theta - \sin\phi\hat{\boldsymbol{e}}_\phi.\end{aligned} \quad (4.59)$$

将 $\boldsymbol{E}_\mathrm{i}$ 用矢量球谐函数 (4.58) 展开

$$\boldsymbol{E}_\mathrm{i} = \sum_{m=0}^{\infty}\sum_{n=m}^{\infty} (B_{emn}\boldsymbol{M}_{emn} + B_{omn}\boldsymbol{M}_{omn} + A_{emn}\boldsymbol{N}_{emn} + A_{omn}\boldsymbol{N}_{omn}). \quad (4.60)$$

由于 $\boldsymbol{M}$ 和 $\boldsymbol{N}$ 各分量之间是正交的 [2],因此各展开系数可以由下式计算:

$$B_{emn} = \frac{\int_0^{2\pi}\int_0^{\pi} \boldsymbol{E}_\mathrm{i} \cdot \boldsymbol{M}_{emn}\sin\theta\mathrm{d}\theta\mathrm{d}\phi}{\int_0^{2\pi}\int_0^{\pi} |\boldsymbol{M}_{emn}|^2 \sin\theta\mathrm{d}\theta\mathrm{d}\phi}. \quad (4.61)$$

可以证明,$B_{emn} = A_{omn} = 0$,以及 $B_{omn} = A_{emn} = 0$,除了 $m=1$。因此 (4.60) 就简化为

$$\boldsymbol{E}_\mathrm{i} = \sum_{n=1}^{\infty} (B_{o1n}\boldsymbol{M}_{o1n} + A_{e1n}\boldsymbol{N}_{e1n}). \quad (4.62)$$

经过计算 [2],最后得到

$$\boldsymbol{E}_\mathrm{i} = E_0 \sum_{n=1}^{\infty} \mathrm{i}^n \frac{2n+1}{n(n+1)} (\boldsymbol{M}_{o1n} - \mathrm{i}\boldsymbol{N}_{e1n}). \quad (4.63)$$

入射磁场可以由 (4.63) 式取旋度 $\nabla \times \boldsymbol{E}$ 得到

$$\boldsymbol{H}_\mathrm{i} = \frac{-k}{\omega\mu} E_0 \sum_{n=1}^{\infty} \mathrm{i}^n \frac{2n+1}{n(n+1)} (\boldsymbol{M}_{e1n} + \mathrm{i}\boldsymbol{N}_{o1n}). \quad (4.64)$$

同样也可以将散射场 ($\boldsymbol{E}_\mathrm{s}, \boldsymbol{H}_\mathrm{s}$) 和球内场 ($\boldsymbol{E}_1, \boldsymbol{H}_1$) 用矢量球谐函数展开,它们的展开系数由下面的边界条件确定:

$$(\boldsymbol{E}_\mathrm{i} + \boldsymbol{E}_\mathrm{s} - \boldsymbol{E}_1) \times \hat{\boldsymbol{e}}_r = (\boldsymbol{H}_\mathrm{i} + \boldsymbol{H}_\mathrm{s} - \boldsymbol{H}_1) \times \hat{\boldsymbol{e}}_r = 0. \quad (4.65)$$

由入射场的展开形式 (4.63) 和 (4.64),以及边界条件 (4.65),就得到球内场的展开式

$$\begin{aligned}\boldsymbol{E}_1 &= \sum_{n=1}^{\infty} E_n (c_n \boldsymbol{M}_{o1n} - \mathrm{i}d_n \boldsymbol{N}_{e1n}), \\ \boldsymbol{H}_1 &= \frac{-k_1}{\omega\mu_1} \sum_{n=1}^{\infty} E_n (d_n \boldsymbol{M}_{e1n} - \mathrm{i}c_n \boldsymbol{N}_{o1n}), \\ E_n &= E_0 \mathrm{i}^n \frac{2n+1}{n(n+1)}.\end{aligned} \quad (4.66)$$

其中, k_1 和 μ_1 是球内的波矢和磁导率. 类似地可将散射场展开为

$$\begin{aligned}\boldsymbol{E}_\text{s} &= \sum_{n=1}^\infty E_n \left(\mathrm{i}a_n \boldsymbol{N}'_{\text{e}1n} - b_n \boldsymbol{M}'_{\text{o}1n}\right),\\ \boldsymbol{H}_\text{s} &= \frac{k}{\omega\mu}\sum_{n=1}^\infty E_n \left(\mathrm{i}b_n \boldsymbol{N}'_{\text{o}1n} + a_n \boldsymbol{M}'_{\text{e}1n}\right).\end{aligned} \qquad (4.67)$$

由于 $r=0$ 处, 场为有限值, 所以 $\boldsymbol{M}$ 和 $\boldsymbol{N}$ 中的径向函数 $z_n(\rho)$((4.56) 式) 是球 Bessel 函数 $j_n(\rho)$. 而散射场 (4.67) 中的 $\boldsymbol{M}'$ 和 $\boldsymbol{N}'$ 的径向函数是 $h_n^{(1)}(\rho)$. 有了以上基础, 就能计算金属小球的散射和吸收截面, 详细过程见文献 [2].

4.4 金属纳米球的光学性质

Mie 理论的例子 [4]. 用 Mie 理论计算直径 60 nm 的金属纳米粒子的消光系数作为波长的函数, 示于图 4.6[4]. 由图可见, Ag 粒子有较大的共振峰, 位于 370nm. Au 和 Cu 粒子具有较小的共振峰, 分别位于 500nm 和 560nm. 而 Al 粒子在图中的波长范围内没有共振峰. 图 4.6 的结果和图 4.5 的结果是一致的. 图 4.5 是由静电学的结果 (4.46) 式计算得到的, 而图 4.6 是由 Mie 理论计算得到的, 考虑了延迟效应. 同样是 Ag 粒子的共振峰, 图 4.5 是在 3.5eV(λ=0.354μm), 而图 4.5 中 Ag 粒子的共振峰位于 0.37μm, 基本符合. 静电近似对于直径小的粒子适用, 而对直径大的粒子就不再适用.

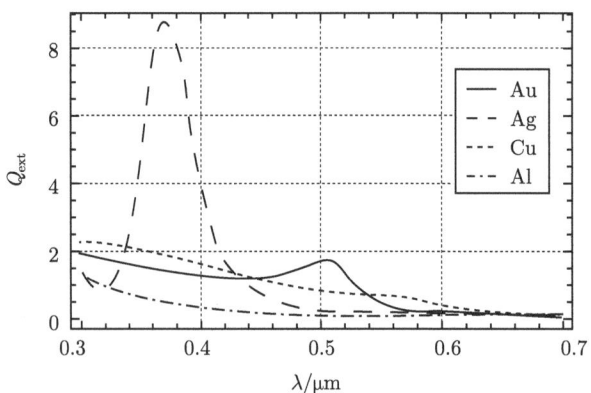

图 4.6 60nm 直径的 Au(实线)、Ag(长虚线)、Cu(短虚线) 和 Al(点虚线) 的消光系数作为波长的函数

假定入射平面波沿 z 方向, 偏振沿 x 方向. 在 60nm Ag 纳米球附近, 共振波长 367nm 的电场强度 $|E|^2$ 在 $x-y$, $x-z$ 平面上的分布示于图 4.7[4](Sarid, p.205). 由

这分布可以清楚地看到辐射的偶极性质. 由于共振, 在表面处的电场强度是入射场强度的两个数量级. 计算中取 Ag 的折射率为 0.189+1.622i.

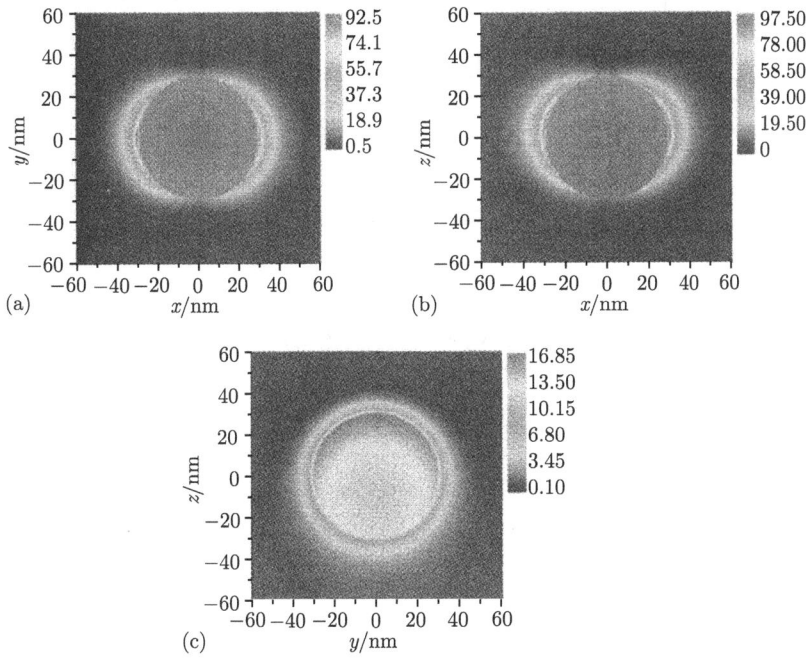

图 4.7 在 60nm Ag 纳米球附近, 共振波长 367 nm 的电场强度 $|E|^2$ 在 (a)$x-y$, (b)$x-z$, (c)$y-z$ 平面上的分布

对于较大直径的金属粒子, 由于电场的延迟效应, 穿过球的平面波能激发高阶的多极矩, 因此影响了共振频率 (波长). 图 4.8 是不同直径的 Ag 粒子的消光系数作为波长的函数[4], 直径 20nm(实线)、60nm(长虚线)、120nm(短虚线)、240nm(点虚线) 和 300nm(点线). 由图可见, 120nm 直径的 Ag 粒子在 440nm 处有一个偶极共振, 在 360nm 处还有一个四极共振, 并且随球直径增大而比例增大. 如直径 240nm Ag 粒子在 440nm 处的四极共振就大于在 680nm 处的宽偶极共振峰. 直径 300nm Ag 粒子具有 360 nm 的 16 极、400nm 的八极以及波长更长的四级、偶极共振峰.

图 4.8 中, 对直径较大的 Ag 粒子, 由于存在多极的共振, 所以消光系数一直延伸到较长的波长. 图 4.9 是不同直径的 Ag 粒子的近场系数作为波长的函数[4], 直径 20nm(实线)、60nm(长虚线)、120nm(短虚线)、240nm(点虚线)、和 300nm(点线). 由图可见, 对直径较小的粒子, 场强是非常强的, 它们对直径的依赖关系明显不同于消光系数.

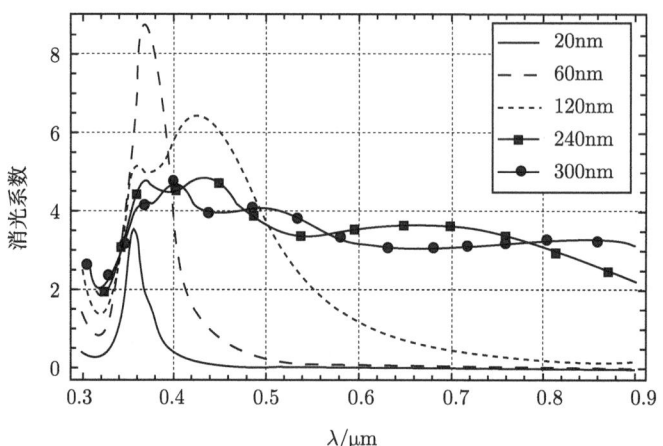

图 4.8 不同直径的 Ag 粒子的消光系数作为波长的函数 [4]

直径 20nm、60nm、120nm、240nm 和 300nm

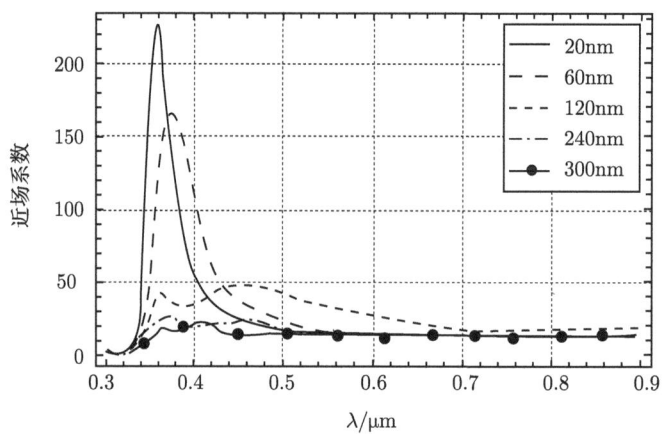

图 4.9 不同直径的 Ag 粒子的近场系数作为波长的函数 [4]

直径 20nm、60nm、120nm、240nm 和 300nm

在共振频率处金属球表面场的增强可以用静态模型下的粒子极化率 (4.6) 式加以解释. 由 (4.4) 式, 在金属球表面 $r=a$, $\theta=0$ 处的电场为

$$E_{\mathrm{sur}} = -\left(\frac{\partial \Phi}{\partial r}\right)_{r=a,\theta=0} = \left[1+\frac{2(\varepsilon-\varepsilon_{\mathrm{m}})}{\varepsilon+2\varepsilon_{\mathrm{m}}}\right]E_0$$

$$= \left[\frac{3\varepsilon}{\varepsilon+2\varepsilon_{\mathrm{m}}}\right]E_0. \tag{4.68}$$

其中, ε 和 ε_m 分别为金属和周围介质的介电函数, E_0 为入射光的电场. 金属的介电函数有实部和虚部, $\varepsilon = \varepsilon_1 + i\varepsilon_2$. 由 (4.68) 式得到共振条件是分母最小, $\varepsilon_1 = -2\varepsilon_m$, 也就是 (4.8) 式. 由实验测量得到的 Ag 的折射率[5] 的实部 (n) 和虚部 (κ) 可以计算它的介电函数的实部和虚部,

$$\varepsilon_1 = n^2 - \kappa^2, \quad \varepsilon_2 = 2n\kappa. \tag{4.69}$$

由此得到 Ag 纳米球在空气中 SP 的共振波长是 354nm, 相当于能量 3.5eV. 由文献 [5] 中表上可查到, 在能量 3.5eV 处, Ag 的折射率为 n=0.10+i1.419, 由 (4.69) 式算得 $\varepsilon_1 = -2.004, \varepsilon_2$=0.2838. ε_1 恰好是空气介电常数的 -2 倍. 将共振频率处的 ε_1 和 ε_2 代入 (4.68) 式, 就得到

$$E_{\text{res}} = \left|\frac{3\varepsilon_1}{i\varepsilon_2}\right| E_0 \approx 21 E_0. \tag{4.70}$$

共振电场强度约为入射电场强度的 20 倍.

4.5 金属纳米球等离子体模的阻尼

金属纳米球的等离子体模会通过辐射或非辐射过程衰减, 非辐射过程是局域 SP 在纳米球内激发电子–空穴对, 产生声子, 最后转化为热能, 由金属介电函数 (4.7) 式中的阻尼因子 γ 描述. 非辐射衰减可以看作由于单电子的散射, 电荷密度集体振荡的相位相关的损失. 对金和银, 退相时间约为 10fs, 它与 SP 共振时场增强的大小直接有关. 例如, 对金的球状纳米粒子 SP 共振发生在波长约 520nm, 或 2.4eV, 接近于从 d 带到 sp 导带的跃迁能量约 2.5eV. 这引起了共振衰减, 如图 4.10 所示[1]. 对铜, 由 d 带到 sp 带的跃迁能量较低约 2eV, 使得铜纳米球的共振阻尼效应更强. 选择合适的粒子形状或背景介质, 将 SP 共振能量移至低于 d 带跃迁的能量, 就能减小非辐射阻尼, 增强共振场.

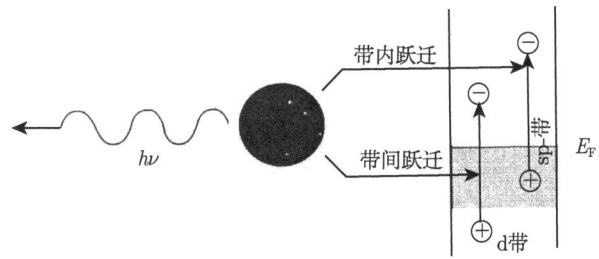

图 4.10 粒子 SP 的辐射 (左边) 和非辐射 (右边) 衰减过程

实验上难以直接测量退相时间 T_2 或均匀线宽,

$$\Gamma_{\text{hom}} = \frac{2\hbar}{T_2}. \tag{4.71}$$

因为测量的是纳米粒子的系综, 粒子大小的不同将产生非均匀加宽, 以及粒子-粒子相互作用、其他环境的影响等. 为避免非均匀加宽的影响, Klar 等[6] 用针尖光纤测量了在 TiO_2 介质 (n=2.19) 中单个 20nm 金粒子的均匀光谱, 实验装置如图 4.11 所示. 激光束通过光纤尖照射在 Au 纳米粒子上, 激发出 SP. 箭头表示由 Au 纳米粒子发出的散射光, 由背面的探测器测量. 在这个意义上, 纳米粒子就好像 SNOM 尖的 "天线".

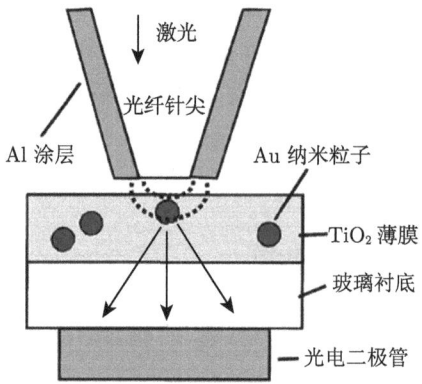

图 4.11 测量 Au 纳米粒子 SP 的实验装置

实验测量到的单个 Au 粒子的近场透射谱如图 4.12 所示[6], (a)~(c) 分别是 4

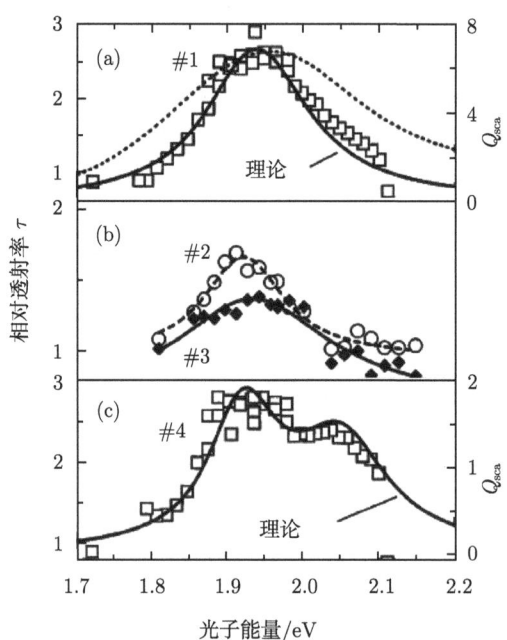

图 4.12 在 TiO_2 中 20nm 单个金粒子的实验透射效率

方块是实验值, 实线是由 Mie 理论计算的散射效率

4.5 金属纳米球等离子体模的阻尼

个不同粒子的透射谱,实线是由 Mie 理论计算得到的. 由图可见,实验测量的共振波长为 640nm(对应于能量 1.96eV),与 Mie 理论预言相符. 共振线宽确定了 SP 的退相时间. 在这个实验中,由粒子#1 的结果 (a) 得到谱线的均匀宽度为 $\Gamma_{\text{hom}} \sim 180\text{meV}$,由 (4.57) 式得到 $T_2 \sim 7\text{fs}$. 由图 (b) 得到 #2 和 #3 粒子的 Γ_{hom} 分别为 130meV 和 250meV. 差别可能是由粒子大小的变化引起的. 图 (c) 中透射谱的两个峰可能是由于两个粒子接近,辐射场耦合引起的. 这是 SP 通过辐射和非辐射衰减的基本时间标度.

图 4.13 和图 4.14 分别是 Sonnichsen 等 [7] 用暗场显微镜测量的不同直径的金和银纳米球 SP 的 Γ_{hom} 和 T_2 作为共振能量的函数,实线是由 Mie 理论计算的理论值. 由图可见,对金粒子,理论与实验符合很好. 而对银粒子,符合就差一些,特别是对小的银粒子,退相时间明显减小.

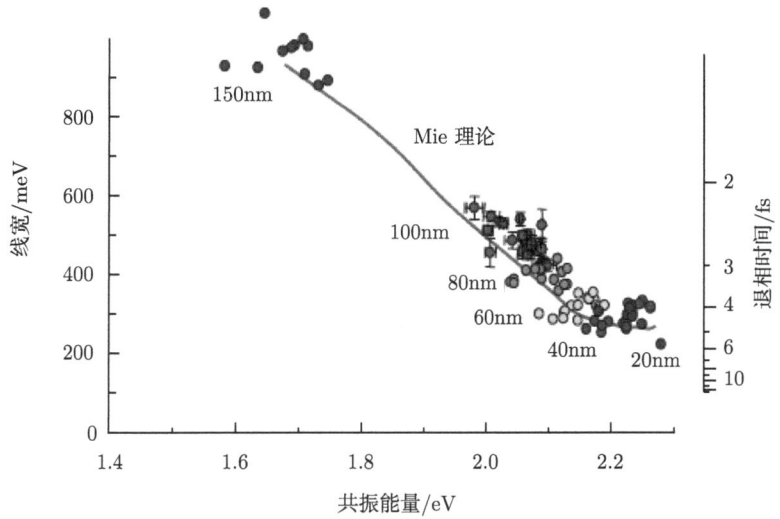

图 4.13 不同直径的 Au 纳米球 SP 的 Γ 和 T_2

实线是由 Mie 理论计算的理论值

假定辐射和非辐射过程对退相时间的贡献分别用 $T_{1,\text{r}}$ 和 $T_{1,\text{nr}}$ 表示,则共振光散射的量子效率可以表示为

$$\eta = \frac{T_{1,\text{r}}^{-1}}{T_{1,\text{r}}^{-1} + T_{1,\text{nr}}^{-1}}. \tag{4.72}$$

对较小的粒子,半径 $a < 10\text{nm}$,非辐射阻尼除了由带间跃迁引起以外,还与表面引起的阻尼有关,因为粒子的大小已经小于电子的平均自由程 (30~50nm 量级). Kreibig 等 [9] 提出,对小粒子,实验上观察到的线宽可以用下列经验公式描述:

$$\Gamma_{\text{obs}}(R) = \Gamma_0 + \frac{Av_F}{R}, \tag{4.73}$$

其中, Γ_0 是大粒子的线宽, R 是小球半径, v_F 是电子的费米速度, A 是一个量级为 1 的常数, 与散射过程的细节有关. 除了共振线宽的变化以外, 小粒子的共振能量也会发生红移或者蓝移, 决定于粒子表面的化学终端.

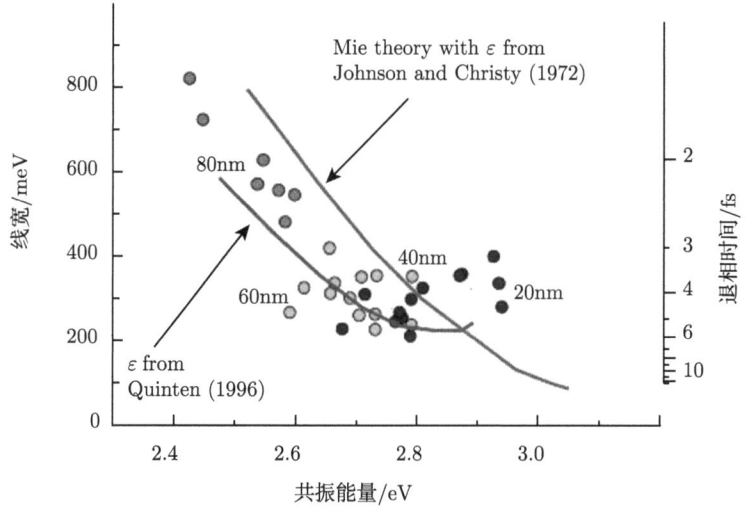

图 4.14 不同直径的 Ag 纳米球 SP 的 Γ 和 T_2

实线是由 Mie 理论计算的理论值

4.6 粒子等离子体模共振频率与周围介质的关系 [8]

金属粒子等离子体模的共振频率除了与粒子形状有关外, 还与周围介质有关. 共振条件为 (4.8) 式, 与介质的介电常数 ε_m 有关. 假定介质是一个增益介质, $\text{Im}[\varepsilon_m(\omega)] < 0$, 则有可能抵消金属小球对等离子体模的阻尼, 使得等离子体共振有一个显著的增强. 由 (4.9) 式, 金属球内部的极化场等于

$$\boldsymbol{E}_{\text{pol}} = \boldsymbol{E}_{\text{in}} - \boldsymbol{E}_0 = \frac{\varepsilon_m - \varepsilon}{\varepsilon + 2\varepsilon_m} \boldsymbol{E}_0. \tag{4.74}$$

由金属介电函数的 Drude 公式,

$$\varepsilon(\omega) = 1 - \frac{\omega_p^2}{\omega^2 + i\gamma\omega}. \tag{4.75}$$

可以将 $\varepsilon(\omega)$ 写成

$$\varepsilon(\omega) = 1 + \chi'(\omega) + i\chi''(\omega),$$

4.6 粒子等离子体模共振频率与周围介质的关系

$$\chi'(\omega) = \frac{-\omega_{\mathrm{p}}^2}{\omega^2 + \gamma^2}, \quad \chi''(\omega) = \frac{\gamma\omega_{\mathrm{p}}^2}{\omega^3\left(1 + \frac{\gamma^2}{\omega^2}\right)}. \tag{4.76}$$

因为 $\gamma^2/\omega^2 \ll 1$，可以将上式中金属的极化率写成

$$\chi'(\omega) = \frac{-\omega_{\mathrm{p}}^2}{\omega^2}, \quad \chi''(\omega) = \frac{\gamma\omega_{\mathrm{p}}^2}{\omega^3}. \tag{4.77}$$

将 (4.76) 式和 (4.77) 式代入 (4.74) 式的系数，得到

$$\frac{\varepsilon_{\mathrm{m}} - \varepsilon}{\varepsilon + 2\varepsilon_{\mathrm{m}}} = \frac{\varepsilon_{\mathrm{m}} - 1 + \frac{\omega_{\mathrm{p}}^2}{\omega^2} - \mathrm{i}\chi''}{2\varepsilon_{\mathrm{m}} + 1 - \frac{\omega_{\mathrm{p}}^2}{\omega^2} + \mathrm{i}\chi''}. \tag{4.78}$$

以前讨论的是一般介质，ε_{m} 是个常数. 由 (4.78) 式得到共振频率和共振极化场的强度为

$$\begin{aligned}\omega_0^2 &= \frac{\omega_{\mathrm{p}}^2}{2\varepsilon_{\mathrm{m}} + 1}, \\ \boldsymbol{E}_{\mathrm{pol}} &= \left(-\frac{3\mathrm{i}\varepsilon_{\mathrm{m}}\omega_{\mathrm{p}}}{(2\varepsilon_{\mathrm{m}} + 1)^{3/2}\gamma} - 1\right)\boldsymbol{E}_0.\end{aligned} \tag{4.79}$$

如果周围介质是增益介质，则 ε_{m} 是一个复数，其虚部是负的，写为

$$\varepsilon_{\mathrm{m}} = \varepsilon_{\mathrm{m}} - \mathrm{i}\chi'_{\mathrm{m}}(\omega). \tag{4.80}$$

则由 (4.78) 式，共振极化场为

$$\begin{aligned}\boldsymbol{E}_{\mathrm{pol}} &= \frac{\boldsymbol{E}_0}{\beta - 1}\left[\left(\frac{\beta}{2} + 1\right) + \frac{3\mathrm{i}\varepsilon_{\mathrm{m}}}{\chi''(\omega_0)}\right], \\ \beta &= \frac{2\chi'_{\mathrm{m}}(\omega_0)}{\chi''(\omega_0)}.\end{aligned} \tag{4.81}$$

当 $\chi'_{\mathrm{m}} = 0$，即 $\beta=0$ 时，(4.81) 式就回复到 (4.79) 式. 但如果 $\beta - 1 = 0$，则共振峰将进一步增强，出现奇点. 物理上，这是因为金属中的阻尼被增益介质与金属的界面处的束缚表面电荷的相反的力所抵消.

利用增益介质的增益系数 α 与介电函数负虚部 χ'_{m} 的关系，可以得到在奇点 $\beta=1$ 时的临界增益系数 α_{c}，

$$\alpha = \chi'_{\mathrm{m}}\left(\frac{\omega}{cn_{\mathrm{m}}}\right), \quad \alpha_{\mathrm{c}} = \frac{(2n_{\mathrm{m}}^2(\omega_0) + 1)\gamma}{2cn_{\mathrm{m}}(\omega_0)}. \tag{4.82}$$

其中，n_{m} 是增益介质的折射率，$n_{\mathrm{m}}^2 = \varepsilon_{\mathrm{m}}$. 取 $n_{\mathrm{m}}=1.3$，得到 Ag 和 Au 的 α_{c} 分别等于 $1.5\times10^3\mathrm{cm}^{-1}$ 和 $2.25\times10^3\mathrm{cm}^{-1}$. 一般用染料或半导体作为增益介质.

4.7 核壳结构的纳米粒子

一般的核壳结构粒子, 核部分是由介质组成的, 而壳为金属, 实验发现, 这种粒子的 SP 共振变化将非常大. Zhou 等用胶体的方法分两步制造了 Au_2S/Au 核壳纳米粒子[9]. 第一步先制成 Au_2S 纳米粒子, 第二步加 Na_2S 溶液将 Au_2S 分解, 从外到里, 变成纯 Au 的壳, 而 Au_2S 的核逐渐变小, 直至最后变成一个纯 Au 粒子. 图 4.15 是第二步中随着时间变化样品 A 的吸收谱作为波长的函数[9]. 由图可见, 吸收谱共有两个峰, 一个在 530nm, 是纯 Au 粒子的共振波长. 另一个峰来自于核、壳粒子, 峰值所在的波长取决于壳和核的相对大小. 在第二步的初期, Au 壳层还很薄, 如图中标的 2, 3, 4, 5, 共振峰红移. 随着时间的增加, 壳层变得越来越厚, 共振峰蓝移, 直至与第一个峰合并, 这时粒子变成纯 Au 粒子. 初期共振峰的红移归之于量子限制效应.

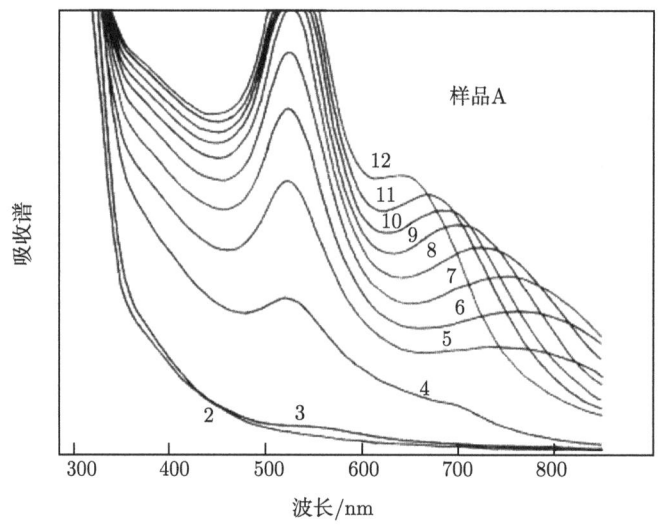

图 4.15 第二步中随着时间变化样品 A 的吸收谱作为波长的函数

利用静电模型可以计算核/壳粒子的极化率

$$p = \frac{(\varepsilon_s - \varepsilon_h)(\varepsilon_c + 2\varepsilon_s) + \Gamma(\varepsilon_c - \varepsilon_s)(\varepsilon_h + 2\varepsilon_s)}{(\varepsilon_c + 2\varepsilon_s)(2\varepsilon_h + \varepsilon_s) + \Gamma(\varepsilon_s - \varepsilon_h)(\varepsilon_c - \varepsilon_s)} a_s^3. \quad (4.83)$$

其中, $\Gamma = (a_c/a_s)^3$, $\varepsilon_c, \varepsilon_s, \varepsilon_h$ 分别是核、壳、周围介质的介电常数, a_c, a_s 分别是核和壳的半径. 用 (4.83) 式, 取适当的参数, 就能计算核/壳粒子共振峰的位置和大小.

这种材料体系的一个重要应用是表面增强拉曼散射 (SERS) 的进一步增强. SERS 的机制包括两部分, 一是金属粒子的局域场增强, 二是分子对金属电子响应的化学耦合. 后者的化学增强因子为 10^2 的量级. 基于这个增强因子和局域场增强因子, 一个血红素蛋白分子的 SERS 谱只用了 20μW 的激光功率和 200s 的测量时间就记录下来了.

4.8 核/壳结构纳米粒子激光器

Noginov 等首先在 Au 的核壳结构上实现了 SP 的受激发射[10](spaser). 结构如图 4.16 所示, 中心是一个 Au 核, 提供等离子体模, 被一个包含有机染料 Qregon Green 488(OG-488) 的硅土壳包围, 提供增益. Spaser 模的计算结果得到受激发射波长 525nm, 品质因子 $Q = 14.8$. 图 4.17(a) 是受激发射谱, 各曲线对应于不同的激发功率: ① 22.5mJ, ② 9mJ, ③ 4.5mJ, ④ 2mJ, ⑤ 1.25mJ. 插图是样品稀释 100 倍以后的受激发射谱. 激发光源是 5ns 的光学参量振荡器脉冲, 波长 $\lambda=488$nm. 图 4.17(b) 是输出功率与泵浦功率的关系, 插图是受激发射强度与自发辐射背景强度之比与泵浦功率的关系.

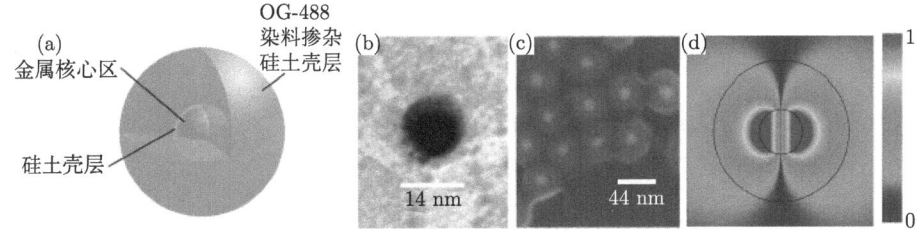

图 4.16 (a)Au/OG-488 染料掺杂硅土壳层结构, Au 核的直径 14 nm, 硅土壳层厚度 15 nm; (b) Au 核的 TEM 图; (c) 核壳结构的 SEM 图; (d) Spaser 模电场分布的计算结果, 大圆圈和小圆圈分别是壳和核

这一节中我们将计算这种核壳结构的介电函数、偶极矩和极化率, 讨论它的消光性质. 注意到, 对于激光器消光截面 $C_{\text{ext}} < 0$, 它的绝对值大小确定了激光器的效率.

由图 4.16(a) 可见, 核壳结构连同周围的环境可以分为 3 个区域: ①金属核心区, 具有半径 a 和介电函数 $\varepsilon_{\text{I}}(\omega)$; ② 增益介质区, 具有外半径 b 和介电函数 $\varepsilon_{\text{II}}(\omega)$; ③ 周围介质区, 一般是真空. 对于核心区的金属, 我们取 Drude 模型,

$$\varepsilon_{\text{I}}(\omega) = 1 - \frac{\omega_{\text{p}}^2}{\omega^2 + \mathrm{i}\gamma\omega}. \tag{4.84}$$

其中, ω_{p} 是金属中自由电子产生的等离子体频率, γ 是阻尼因子. 对增益介质,

$$\varepsilon_{\mathrm{II}}(\omega) = \varepsilon_1(\omega) + \mathrm{i}\varepsilon_2(\omega). \tag{4.85}$$

对一般介质, $\varepsilon_2(\omega)\sim\alpha(\omega)$, $\varepsilon_2(\omega)>0$ 代表光被介质吸收. 如果 $\varepsilon_2(\omega) < 0$, 表示介质发射光, 这种介质称为增益介质.

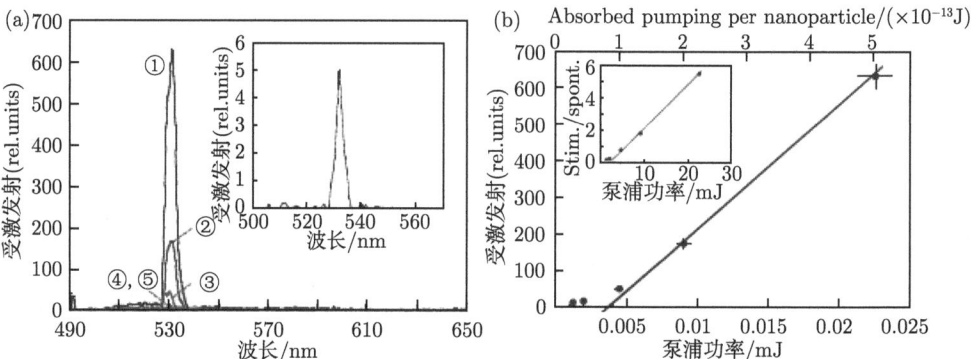

图 4.17 (a) 受激发射谱, 各曲线对应于不同的激发功率: ① 22.5mJ, ② 9mJ, ③ 4.5mJ, ④ 2mJ, ⑤ 1.25mJ; (b) 输出功率与泵浦功率的关系, 插图是受激发射强度与自发辐射背景强度之比与泵浦功率的关系

3 个区域中的静电势 Φ_i (i=I, II, III) 满足 Laplace 方程,

$$\begin{aligned}
\Phi_{\mathrm{I}} &= \sum_{l=0}^{\infty} A_l r^l P_l(\cos\theta), \\
\Phi_{\mathrm{II}} &= \sum_{l=0}^{\infty} \left(B_l r^l + C_l r^{-(l+1)}\right) P_l(\cos\theta), \\
\Phi_{\mathrm{III}} &= \sum_{l=0}^{\infty} \left(D_l r^l + E_l r^{-(l+1)}\right) P_l(\cos\theta).
\end{aligned} \tag{4.86}$$

其中, $P_l(\cos\theta)$ 是 l 阶的 Legendre 多项式, θ 是位置矢量 r 与 z 轴之间的夹角. 系数 A_l, B_l, C_l, D_l, E_l 可以由 $r \to \infty$ 和两个 $r=a$ 和 $r=b$ 的边界条件确定. 在 $r \to \infty$ 处要求 $\Phi_{\mathrm{III}} \to -E_0 z = -E_0 r\cos\theta$ 确定了 $D_1 = -E_0$ 和 $D_l=0$ 对 $l \neq 1$. 其他的系数则由在 $r=a$ 和 $r=b$ 处的边界条件确定.

边界条件要求在边界上电场的切向分量 $\partial\Phi/\partial\theta$ 位移场的法向分量 $\varepsilon\partial\Phi/\partial r$ 连续. 利用这些边界条件得到 $A_l = B_l = C_l = E_l=0$ 对 $l \neq 1$. 利用在 $r=a$ 和 $r=b$ 对 l=1 分量的边界条件, 得到

$$A_1 = B_1 + C_1 a^{-3},$$
$$\varepsilon_{\mathrm{I}} A_1 = \varepsilon_{\mathrm{II}}\left(B_1 - 2C_1 a^{-3}\right),$$

4.8 核/壳结构纳米粒子激光器

$$B_1 + C_1 b^{-3} = D_1 + E_1 b^{-3}, \tag{4.87}$$

$$\varepsilon_{\text{II}} \left(B_1 - 2C_1 b^{-3} \right) = \varepsilon_0 \left(D_1 - 2E_1 b^{-3} \right).$$

解线性方程组 (4.87) 得到

$$A_1 = \frac{D_1}{\Delta} \cdot 9\varepsilon_0 \varepsilon_{\text{II}} \left(\frac{b}{a} \right)^3,$$

$$B_1 = \frac{D_1}{\Delta} \cdot 3\varepsilon_0 \left(\varepsilon_{\text{I}} + 2\varepsilon_{\text{II}} \right) \left(\frac{b}{a} \right)^3, \tag{4.88}$$

$$C_1 = -\frac{D_1}{\Delta} 3\varepsilon_0 \left(\varepsilon_{\text{I}} - \varepsilon_{\text{II}} \right) b^3,$$

$$E_1 = -\frac{\Pi D_1}{\Delta} b^3.$$

其中

$$\Delta = \left(\varepsilon_{\text{I}} + 2\varepsilon_{\text{II}} \right) \left(\varepsilon_{\text{II}} + 2\varepsilon_0 \right) \left(\frac{b}{a} \right)^3 + 2 \left(\varepsilon_{\text{I}} - \varepsilon_{\text{II}} \right) \left(\varepsilon_{\text{II}} - \varepsilon_0 \right),$$

$$\Pi = \left(\varepsilon_{\text{I}} + 2\varepsilon_{\text{II}} \right) \left(\varepsilon_{\text{II}} - \varepsilon_0 \right) \left(\frac{b}{a} \right)^3 + \left(\varepsilon_{\text{I}} - \varepsilon_{\text{II}} \right) \left(2\varepsilon_{\text{II}} + \varepsilon_0 \right). \tag{4.89}$$

球外的势

$$\Phi_{\text{III}} = -E_0 r \cos\theta + \frac{\Pi}{\Delta} E_0 b^3 \frac{\cos\theta}{r^2} = -E_0 r \cos\theta + \frac{\boldsymbol{p} \cdot \boldsymbol{r}}{4\pi\varepsilon_0 r^3}. \tag{4.90}$$

其中, $\boldsymbol{p}$ 可以看作由外电场在球中心产生的偶极矩,

$$\boldsymbol{p} = 4\pi\varepsilon_0 b^3 \left(\frac{\Pi}{\Delta} \right) \boldsymbol{E}_0. \tag{4.91}$$

引入极化率 α, 由 $\boldsymbol{p} = \varepsilon_0 \alpha \boldsymbol{E}_0$ 定义, 得到

$$\alpha = 4\pi b^3 \frac{\Pi}{\Delta}. \tag{4.92}$$

由 (4.92) 式得到这个核/壳结构的消光截面

$$C_{\text{ext}} = k \text{Im} \left(\alpha \right) = \pi b^2 4x \text{Im} \left(\frac{\Pi}{\Delta} \right). \tag{4.93}$$

其中, $x = kb$.

对于一个单个的半导体增益球, 介电函数 $\varepsilon = \varepsilon_1 + i\varepsilon_2$, 在激光频率处 $\varepsilon_2 < 0$. 由 (4.46) 式,

$$C_{\text{ext}} = k \text{Im} \left(\alpha \right) = \pi a^2 4x \text{Im} \left\{ \frac{\varepsilon - \varepsilon_0}{\varepsilon + 2\varepsilon_0} \right\}.$$

得到

$$\text{Im}\left\{\frac{\varepsilon-\varepsilon_0}{\varepsilon+2\varepsilon_0}\right\} = \text{Im}\left\{\frac{\varepsilon_1+\mathrm{i}\varepsilon_2-\varepsilon_0}{\varepsilon_1+\mathrm{i}\varepsilon_2+2\varepsilon_0}\right\}$$

$$= \frac{3\varepsilon_2\varepsilon_0}{(\varepsilon_1+2\varepsilon_0)^2+\varepsilon_2^2} < 0. \tag{4.94}$$

因此 $C_{\text{ext}} < 0$, 这意味着在这个频率上, 增益球并不消光, 而是发射光, C_{ext} 的绝对值代表受激发射光的强度.

对于金属/增益介质核/壳球形结构, 消光截面由 (4.93) 式和 (4.89) 式给出, 令

$$\begin{aligned}\varepsilon_{\text{I}} &= \varepsilon_{\text{p}} + \mathrm{i}\varepsilon_\gamma, \\ \varepsilon_{\text{II}} &= \varepsilon_1 + \mathrm{i}\varepsilon_2.\end{aligned} \tag{4.95}$$

分别是金属和增益介质的介电函数的实部和虚部, 则可以求得这个核/壳系统的消光截面, 虽然计算繁琐了一些.

从实验 [10] 得出, 44nm 直径的核/壳纳米粒子用增益介质能完全克服局域 SP 的损耗, 实现 Spaser. 这时压缩的光学频率振荡能容纳在纳米微腔中, 产生 SP 共振. 表面等离子体振荡与波长为 531nm 光学模的外耦合使得核/壳粒子成为最小的纳米激光器.

金属介电函数的实部和虚部除了由 Drude 模型给出外, 还可以由实验直接得到. 实验已经测到了 Cu, Ag, Au 的复折射率 $n(\omega)+\mathrm{i}\kappa(\omega)$[5] 作为光子能量的函数列表给出, 利用

$$\varepsilon_1 = n^2 - \kappa^2, \quad \varepsilon_2 = 2n\kappa. \tag{4.96}$$

计算得到的 3 种金属介电函数的实部和虚部作为光子能量的函数示于图 1.1. 由图可见, 由于金属内部电子的带间跃迁, 它们与 Drude 模型给出的相差较远, 特别是在可见光区域. 由图可见, 在激光波长和能量 λ=531nm, E=2.335eV, Au 的介电函数的实部和虚部分别为 $\varepsilon_{\text{p}} = -3.946, \varepsilon_\gamma = 2.580$. 对染料掺杂的硅土, $\varepsilon_1 = 10, \varepsilon_2 = -30$.

参 考 文 献

[1] Maier S A. Plasmonics: Fundamentals and Applications. Springer, 2007.

[2] Bohren C F, Huffman D R. Absorption and Scattering of Light by Small Particles. John Wiley & Sons, 1983.

[3] Mie G. Ann. Phys., 1908, 25: 377.

[4] Sarid D, Challener W. Modern Introduction to Surface Plasmonics. 北京: 北京大学出版社, 2013.

[5] Johnson P B, Christy R W. Phys. Rev. B, 1972, 6: 4370.

[6] Klar T, Perner M, Grosse S, et al. Phys. Rev. Lett., 1998, 80: 4249.
[7] Sonnichsen C, Franzl T, Wilk T, et al. New Journal of Physics, 2002, 4: 1.
[8] Lawandy N M. Appl. Phys. Lett., 2004, 85: 5040.
[9] Zhou H S, Honma I, Komlyama H, et al. Phys. Rev. B, 1994, 50: 12052.
[10] Noginov M A, Zhu G, Belgrave A M, et al. Nature, 2009, 460: 1110.

第5章 平面波展开方法计算光子晶体能带和等离子体模色散关系

5.1 一维介质/介质 (D/D) 超晶格 TM 模的色散关系[1,2]

设 D/D 超晶格的周期方向为 z, A 和 B 两种材料的介电常数分别为 ε_1 和 ε_2, 厚度为 a 和 b, 周期为 $d = a+b$. 电磁波的传播方向为 x 方向. 先考虑 TM 模, 也就是磁场沿 y 方向. 由于在 z 方向的周期性, 磁场可以用平面波展开

$$\boldsymbol{H}(\boldsymbol{r}) = \sum_G C_G \mathrm{e}^{\mathrm{i}[\beta x + (k+G)z]} \boldsymbol{i}_y, \tag{5.1}$$

本章讨论的电磁波与时间的关系都是 $\sim \mathrm{e}^{-\mathrm{i}\omega t}$, 所以不再明显写出, 其中, β 和 k 分别为 x 和 z 方向的波矢, $\boldsymbol{i}_y$ 是沿 y 方向的单位矢量, 假设场在 y 方向是均匀的

$$G = 2\pi n/d, \quad n = 0, \pm 1, \pm 2, \cdots \tag{5.2}$$

由麦克斯韦方程

$$\nabla \times \left[\frac{1}{\varepsilon(\boldsymbol{r})} \nabla \times \boldsymbol{H}(\boldsymbol{r})\right] = \frac{\omega^2}{c^2} \boldsymbol{H}(\boldsymbol{r}). \tag{5.3}$$

其中, $\varepsilon(\boldsymbol{r})$ 是介电函数, 与空间坐标有关, 得到

$$\nabla \times \boldsymbol{H}(\boldsymbol{r}) = \mathrm{i} \sum_{G'} C_{G'} \mathrm{e}^{\mathrm{i}[\beta x + (k+G')z]} [\beta \boldsymbol{i}_z - (k+G') \boldsymbol{i}_x],$$

$$\frac{1}{\varepsilon(\boldsymbol{r})} = \sum_{G''} \kappa(G'') \mathrm{e}^{\mathrm{i}G''z},$$

$$\nabla \times \left[\frac{1}{\varepsilon(\boldsymbol{r})} \times \nabla \times \boldsymbol{H}(\boldsymbol{r})\right] = \sum_{G'G''} \kappa(G'') C_{G'} \mathrm{e}^{\mathrm{i}[\beta x + (k+G'+G'')z]}$$
$$\times [\beta^2 + (k+G'+G'')(k+G')]. \tag{5.4}$$

在方程 (5.3) 两边左乘 $\int \mathrm{e}^{-\mathrm{i}(k+G)z} \mathrm{d}z$, 得到久期方程

$$\sum_{G'} \kappa(G-G') [\beta^2 + (k+G)(k+G')] C_{G'} = \left(\frac{\omega}{c}\right)^2 C_G. \tag{5.5}$$

5.1 一维介质/介质 (D/D) 超晶格 TM 模的色散关系

方程 (5.5) 是厄米对称的.

取无量纲参数

$$\beta' = \beta\left(\frac{d}{2\pi}\right), \quad \Omega = \frac{\omega}{c} \cdot \frac{d}{2\pi}.$$

a/d=0.4, ε_1=2, ε_2=1, 由方程 (5.5) 得到的 TM 模的色散关系如图 5.1(a) 所示[1], 其中的 Γ, Z, L, X 点分别对应于布里渊区的 (0,0), (0,0.5), (0.5,0.5), (0.5,0) $(2\pi/d)$ 点.

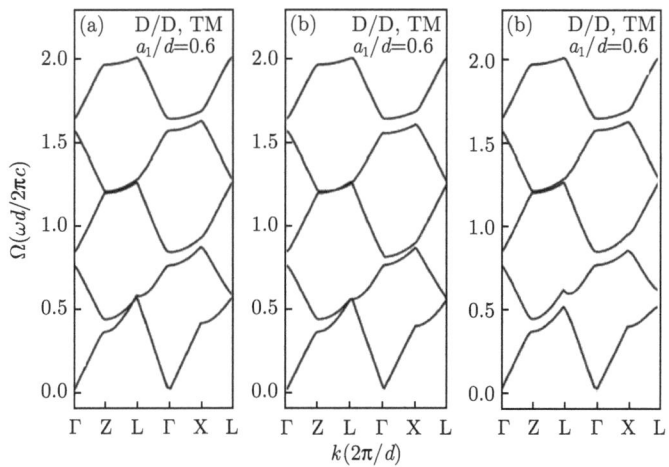

图 5.1 D/D 超晶格的色散关系, (a) TM 模, 利用久期方程 (5.5); (b) TM 模, 利用久期方程 (5.11); (c) TE 模, 利用久期方程 (5.15)

为了计算金属/介质 (M/D) 超晶格等离子体模的色散关系, 我们用另一种平面波展开方法来计算以上的 D/D 超晶格光子模的色散关系. 在这种方法中, 不取介电函数 $\varepsilon(\boldsymbol{r})$ 的倒数, 如 (5.3) 式所示. 由

$$\nabla \times \boldsymbol{H} = -\mathrm{i}\omega\varepsilon_0\varepsilon\boldsymbol{E}. \tag{5.6}$$

在方程 (5.6) 左边加算符 $(\nabla\times)$,

$$\nabla \times (\nabla \times \boldsymbol{H}) = \sum_G C_G \mathrm{e}^{\mathrm{i}[\beta x+(k+G)z]}\left[\beta^2 + (k+G)^2\right]\boldsymbol{i}_y. \tag{5.7}$$

磁场 $\boldsymbol{H}$ 的平面波展开由 (5.1) 式给出, 令

$$\boldsymbol{E} = \sum_G D_G \mathrm{e}^{\mathrm{i}[\beta x+(k+G)z]}[\beta \boldsymbol{i}_z - (k+G)\boldsymbol{i}_x],$$

$$\nabla \times \boldsymbol{E} = -\mathrm{i}\sum_G D_G \mathrm{e}^{\mathrm{i}[\beta x+(k+G)z]}\left[\beta^2 + (k+G)^2\right]\boldsymbol{i}_y$$

$$= \mathrm{i}\omega\mu_0 \sum_G C_G \mathrm{e}^{\mathrm{i}[\beta x+(k+G)z]} \boldsymbol{i}_y. \tag{5.8}$$

由 (5.8) 式中的第 2 个方程得到

$$D_G = -\frac{\omega\mu_0}{\beta^2+(k+G)^2} C_G. \tag{5.9}$$

在方程 (5.6) 右边加算符 $(\nabla\times)$,

$$\nabla \times [-\mathrm{i}\omega\varepsilon_0 \varepsilon(z) \boldsymbol{E}] = -\mathrm{i}\omega\varepsilon_0 \nabla \times \left\{ \sum_{G''} \varepsilon(G'') \mathrm{e}^{\mathrm{i}G''z} \right.$$
$$\left. \sum_{G'} D_{G'} \mathrm{e}^{\mathrm{i}[\beta x+(k+G')z]} [\beta \boldsymbol{i}_z - (k+G') \boldsymbol{i}_x] \right\}$$
$$= -\omega\varepsilon_0 \sum_{G'G''} \varepsilon(G'') D_{G'} \mathrm{e}^{\mathrm{i}[\beta x+(k+G'+G'')z]}$$
$$[\beta^2 + (k+G')(k+G'+G'')] \boldsymbol{i}_y. \tag{5.10}$$

令 (5.7) 式和 (5.10) 式相等, 并代入 (5.9) 式, 就得到久期方程

$$\left[\beta^2+(k+G)^2\right] C_G = \left(\frac{\omega}{c}\right)^2 \sum_{G'} \left[\frac{\beta^2+(k+G)(k+G')}{\beta^2+(k+G')^2}\right] \varepsilon(G-G') C_{G'} \tag{5.11}$$

这是一个实的非对称的一般的本征值方程, 可以由 Lapack 程序包求解. 与解同样本征值的久期方程 (5.5) 相比, 其中的介电函数的富氏分量不是以倒数形式出现的, 这就可以用来计算金属/介质超晶格的等离子体模的色散关系.

图 5.1(b) 是用久期方程 (5.11) 计算的 D/D 超晶格 TM 模的色散关系, 参数与图 5.1(a) 相同. 比较图 5.1(a) 和图 5.1(b), 发现两者符合得很好, 除了一些细节, 这是由取的平面波个数有限 (35) 导致的.

5.2 一维 D/D 超晶格 TE 模的色散关系[1,2]

电场沿 y 方向, 在 z 方向作平面波展开,

$$\boldsymbol{E} = \sum_G C_G \mathrm{e}^{\mathrm{i}[\beta x+(k+G)z]} \boldsymbol{i}_y. \tag{5.12}$$

磁场

$$\boldsymbol{H} = \frac{1}{\mathrm{i}\omega\mu_0} \nabla \times \boldsymbol{E} = \frac{1}{\omega\mu_0} \sum_G C_G \mathrm{e}^{\mathrm{i}[\beta x+(k+G)z]} [\beta \boldsymbol{i}_z - (k+G) \boldsymbol{i}_x]. \tag{5.13}$$

$$\nabla \times \boldsymbol{H} = -\frac{\mathrm{i}}{\omega\mu_0} \sum_G C_G \mathrm{e}^{\mathrm{i}[\beta x+(k+G)z]} \left[\beta^2 + (k+G)^2\right] \boldsymbol{i}_y$$
$$= -\mathrm{i}\omega\varepsilon_0 \varepsilon(z) \boldsymbol{E}. \tag{5.14}$$

由方程 (5.14) 得到久期方程

$$\left[\beta^2 + (k+G)^2\right] C_G = \left(\frac{\omega}{c}\right)^2 \sum_{G'} \varepsilon(G-G') C_{G'}. \tag{5.15}$$

方程 (5.15) 是一个实对称的带有重叠积分的方程.

参数为 $a_1=0.4$, $\varepsilon_1=2$, $\varepsilon_2=1$ 的 D/D 超晶格 TE 模的色散关系示于图 5.1(c). 比较图 5.1(c) 和图 5.1(a) 或 (b), 发现在参数相等的情况下, TE 模和 TM 模的光子带结构很相似.

5.3 金属/介质 (M/D) 超晶格 TE 模的色散关系[1,2]

假设超晶格的层 1 是金属, 层 2 是介质, 则层 1 的介电函数

$$\varepsilon_1 = \varepsilon_\infty - \frac{\omega_\mathrm{p}^2}{\omega^2}, \tag{5.16}$$

与频率 ω 有关, 其中 ω_p 是体等离子体频率, ε_∞ 是高频介电常数. 层 2 的介电函数是常数 ε_2. 超晶格介电函数的富氏分量, 由 (5.8) 式可得

$$\varepsilon(G) = \frac{1}{d} \int_{-d/2}^{d/2} \varepsilon(z) \mathrm{e}^{-\mathrm{i}Gz} \mathrm{d}z$$
$$= \begin{cases} \dfrac{1}{d}(\varepsilon_1 a + \varepsilon_2 b), & G=0 \\ \dfrac{2}{dG}(\varepsilon_1 - \varepsilon_2) \sin G\dfrac{a}{2}, & G \neq 0. \end{cases} \tag{5.17}$$

将 (5.16) 式和 (5.17) 式代入 (5.15) 式, 就得到 M/D 超晶格 TE 模的色散关系

$$\left[\beta^2 + (k+G)^2\right] C_G + \frac{\omega_\mathrm{p}^2}{c^2} \sum_{G'} \varepsilon''(G-G') C_{G'} = \frac{\omega^2}{c^2} \sum_{G'} \varepsilon'(G-G') C_{G'}, \tag{5.18}$$

其中

$$\varepsilon'(G) = \begin{cases} \varepsilon_\infty \dfrac{a}{d} + \varepsilon_2 \dfrac{b}{d}, & G=0 \\ \dfrac{1}{n\pi}(\varepsilon_\infty - \varepsilon_2) \sin \dfrac{n\pi a}{d}, & G \neq 0. \end{cases} \tag{5.19}$$

$$\varepsilon''(G) = \begin{cases} \dfrac{a}{d}, & G=0 \\ \dfrac{1}{n\pi} \sin \dfrac{n\pi a}{d}, & G \neq 0. \end{cases}$$

参数为 $a_1=0.5$, $\varepsilon_\infty=1$, $\varepsilon_2=2$, $\Omega_p=\omega_p d/2\pi c=1$ 的 M/D 超晶格 TE 模的色散关系示于图 5.2(a).

由图 5.2(a) 和图 5.1(c) 的比较可见, M/D 超晶格与 D/D 超晶格 TE 模色散关系最大的区别就是 M/D 超晶格的最低 2 个带很 "平坦", 当波矢趋于 0 时, 频率为常数 ($\Omega>0.4$), 不趋于 0. 同时第 1 带与 $\omega=0$ 之间, 以及第 2 带与第 1 带之间有很大的带隙. 这 2 个带的频率都小于 $\Omega_p=1$, 金属的介电常数是负数.

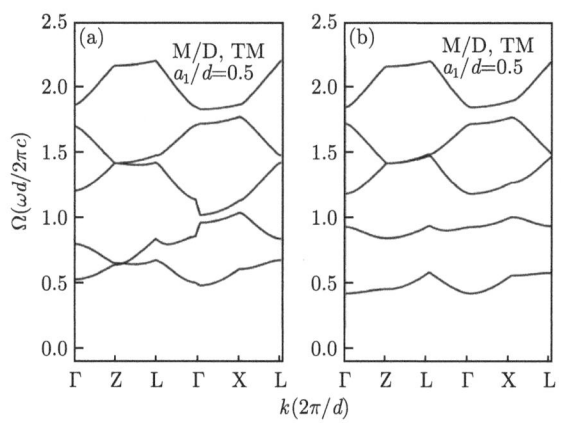

图 5.2 M/D 超晶格的色散关系, (a)TM 模; (b)TE 模

5.4 金属/介质 (M/D) 超晶格 TM 模的色散关系[1,2]

利用 D/D 超晶格计算 TM 模色散关系的久期方程 (5.11), 代入金属的介电函数 (5.16), 就得到 M/D 超晶格 TM 模色散关系的久期方程

$$\left[\beta^2+(k+G)^2\right]C_G+\left(\frac{\omega_p}{c}\right)^2\sum_{G'}\left[\frac{\beta^2+(k+G)(k+G')}{\beta^2+(k+G')^2}\right]\varepsilon''(G-G')C_{G'}$$
$$=\left(\frac{\omega}{c}\right)^2\sum_{G'}\left[\frac{\beta^2+(k+G)(k+G')}{\beta^2+(k+G')^2}\right]\varepsilon'(G-G')C_{G'} \tag{5.20}$$

其中, ε' 和 ε'' 由 (5.19) 式给出.

由 (5.20) 式计算的, 参数为 $a_1/d=0.5$, $\varepsilon_\infty=1$, $\varepsilon_2=2$, $\Omega_p=\omega_p d/2\pi c=1$ 的 M/D 超晶格 TM 模的色散关系示于图 5.2(b).

由图 5.2(b) 可见, M/D 超晶格 TM 模的色散关系与 M/D 超晶格 TE 模的色散关系 (图 5.2(a)) 有类似的地方, 当波矢趋于 0 时, 频率为常数 ($\Omega_p>0.4$), 不趋于 0, 但最低 2 条色散曲线不 "平坦", 所以不存在能隙.

5.5 超晶格中电磁波能量分布[1,2]

平面波展开方法不仅能给出频率色散, 而且能给出相应模的电磁波. 时间平均的 Poyting 矢量 $S_{kn}(\boldsymbol{r})$, 即电磁能量的传播率为

$$S_{kn}(\boldsymbol{r}) = \frac{1}{2}\text{Re}\left[E_{kn}(\boldsymbol{r}) \times H_{kn}^*(\boldsymbol{r})\right]. \tag{5.21}$$

时间平均的电磁能量密度 $U_{kn}(\boldsymbol{r})$ 为

$$U_{kn}(\boldsymbol{r}) = \frac{1}{4}\left[\varepsilon_0\varepsilon(\boldsymbol{r})\left|E_{kn}(\boldsymbol{r})\right|^2 + \mu_0\left|H_{kn}(\boldsymbol{r})\right|^2\right]. \tag{5.22}$$

波包传播的群速度定义为

$$v_g = \frac{\partial \omega}{\partial k}, \tag{5.23}$$

而能量传播的速度定义为

$$v_e = \frac{\langle S_{kn}(\boldsymbol{r})\rangle}{\langle U_{kn}(\boldsymbol{r})\rangle}. \tag{5.24}$$

5.5.1 TM 模的电磁能量分布

由 (5.1) 式

$$\boldsymbol{H}(\boldsymbol{r}) = \sum_G C_G \mathrm{e}^{\mathrm{i}[\beta x + (k+G)z]}\boldsymbol{i}_y,$$

和 (5.5) 式

$$\begin{aligned}\boldsymbol{E}(\boldsymbol{r}) &= -\frac{1}{\mathrm{i}\omega\varepsilon_0\varepsilon(\boldsymbol{r})}\nabla \times \boldsymbol{H}(\boldsymbol{r}) \\ &= -\frac{1}{\omega\varepsilon_0\varepsilon(\boldsymbol{r})}\sum_G C_G \mathrm{e}^{\mathrm{i}[\beta x + (k+G)z]}[\beta\boldsymbol{i}_z - (k+G)\boldsymbol{i}_x].\end{aligned} \tag{5.25}$$

得到

$$\begin{cases}|\boldsymbol{H}(\boldsymbol{r})|^2 = \left[\sum_G C_G \cos(\beta x + (k+G)z)\right]^2 + \left[\sum_G C_G \sin(\beta x + (k+G)z)\right]^2, \\ |\boldsymbol{E}(\boldsymbol{r})|^2 = \frac{1}{[\omega\varepsilon_0\varepsilon(z)]^2}\Bigg\{\beta^2|\boldsymbol{H}(\boldsymbol{r})|^2 \\ \qquad\qquad + \left[\sum_G C_G(k+G)\cos(\beta x + (k+G)z)\right]^2 \\ \qquad\qquad + \left[\sum_G C_G(k+G)\sin(\beta x + (k+G)z)\right]^2\Bigg\}\end{cases}$$
$$\tag{5.26}$$

代入 (5.22) 式就得到

$$U_{kn}(\boldsymbol{r}) = \frac{1}{4}\left[\left(\frac{2\pi c}{\omega d}\right)^2 \frac{1}{\varepsilon(z)}\sum(E) + \sum(H)\right]. \tag{5.27}$$

其中,$\sum(E)$ 和 $\sum(H)$ 分别代表 (5.26) 式中的求和部分,$\sum(E)$ 中 β 和 $k+G$ 的单位 $2\pi/d$ 已经移到前面因子中去了.

图 5.3(a) 是用 (5.27) 式计算的 D/D 超晶格 TM 模的电磁能量分布, 参数是中间层的介电常数, $\varepsilon_1=2$, 厚度 $a_1/d=0.4$, 相邻层的 $\varepsilon_2=1$. 由图可见, 除了基模, 电磁场的能量主要集中在介电常数较大的介质中.

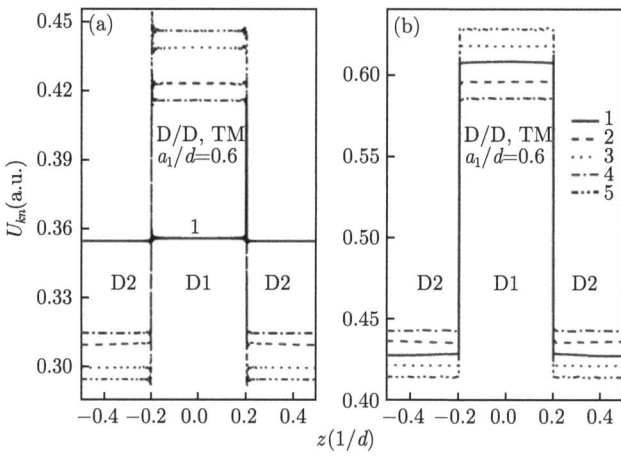

图 5.3 (a) D/D 超晶格 TM 模的电磁能量分布; (b) D/D 超晶格 TE 模的电磁能量分布

5.5.2 TE 模的电磁能量分布

由 (5.12) 式和 (5.13) 式得到,

$$|\boldsymbol{E}(\boldsymbol{r})|^2 = \left[\sum_G C_G \cos(\beta x + (k+G)z)\right]^2 + \left[\sum_G C_G \sin(\beta x + (k+G)z)\right]^2,$$

$$|\boldsymbol{H}(\boldsymbol{r})|^2 = \frac{1}{(\omega\mu_0)^2}\Bigg\{\beta^2|\boldsymbol{E}(\boldsymbol{r})|^2$$

$$+ \left[\sum_G C_G(k+G)\cos(\beta x + (k+G)z)\right]^2$$

$$+ \left[\sum_G C_G(k+G)\sin(\beta x + (k+G)z)\right]^2\Bigg\} \tag{5.28}$$

代入 (5.22) 式就得到

$$U_{kn}(\mathbf{r}) = \frac{1}{4}\left[\varepsilon(z)\sum(E) + \left(\frac{2\pi c}{\omega d}\right)^2\sum(H)\right]. \quad (5.29)$$

图 5.3(b) 是用 (5.29) 式计算的 D/D 超晶格 TE 模的电磁能量分布, 参数是中间层的介电常数, $\varepsilon_1=2$, 厚度 $a_1/d=0.4$, 相邻层的 $\varepsilon_2=1$. 由图可见, 所有模的电磁场的能量主要集中在介电常数较大的介质中.

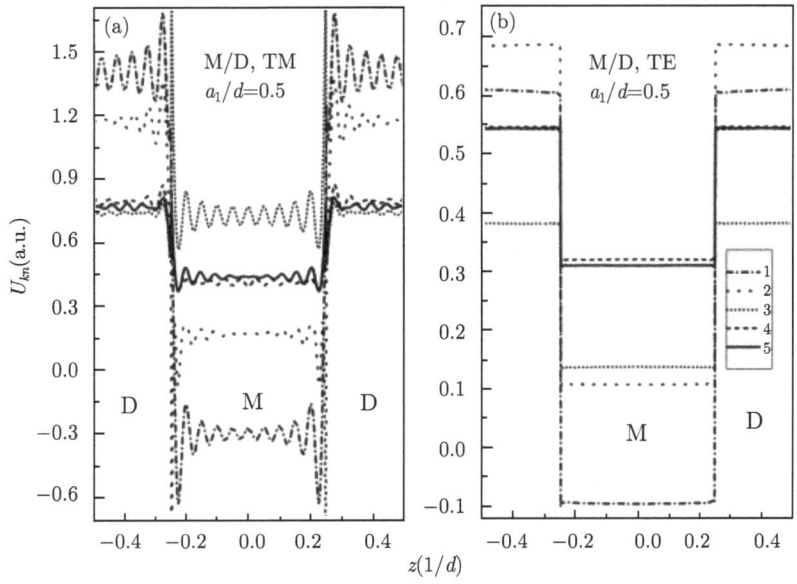

图 5.4 M/D 超晶格最低 5 个本征模的电磁能量分布,(a)TM 模; (b)TE 模

图 5.4(a) 和 (b) 是用 (5.27) 式计算的 M/D 超晶格 TM 模和 TE 模的电磁能量分布, 参数是: $\varepsilon_\infty = 1$, $\varepsilon_2 = 2$, $a_1 d = 0.5$, $k_x = k = 0.1$. 由图可见, 电磁场的能量主要集中在介电介质 (D) 中. 对 TM 模, 电磁场能量振荡, 并且随离界面的距离逐渐衰减, 因此是表面等离子体波. 而对 TE 模, 没有电磁能量的衰减, 因此不是表面等离子体波. 还注意到在金属层中第 1 个模的能量是负的, 因为它的本征频率 Ω 小于 Ω_p, 导致了电磁能量的吸收.

5.6 二维 D/D 超晶格, TM 模[2,3]

5.6.1 锯齿状二维超晶格

考虑如图 5.5 左图所示的锯齿状二维超晶格, 沿 y 方向是均匀的, 生长方向为

z 方向, 两介电层的边界沿 x 方向为锯齿状. 超晶格的周期为 d, 锯齿的周期为 b, 锯齿的高度和宽度分别由坐标 z_1, z_2 和 x_1(以坐标原点为中心) 表示.

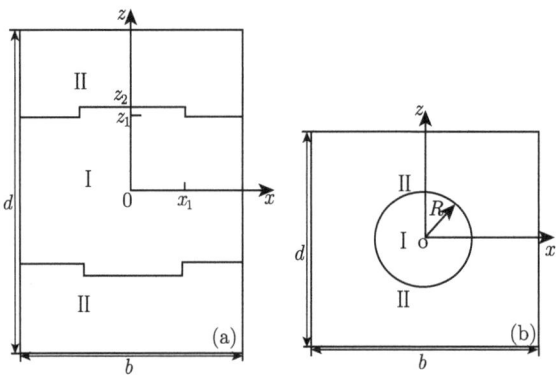

图 5.5 二维超晶格示意图

这时介电常数是 z 和 x 的函数, 按平面波展开

$$\varepsilon(z,x) = \sum_{m,n} \varepsilon(m,n) e^{i(G_m z + F_n x)},$$

$$G_m = \frac{2\pi m}{d}, \quad F_n = \frac{2\pi n}{b}. \tag{5.30}$$

介电函数的平面波展开系数,

$$\varepsilon(m,n) = \frac{1}{bd} \int_{-\frac{d}{2}}^{\frac{d}{2}} dz \int_{-\frac{b}{2}}^{\frac{b}{2}} dx \varepsilon(z,x) e^{-i(G_m z + F_n x)}$$

$$= \left\{ \varepsilon_1 \left[\frac{2z_1}{d}\left(1 - \frac{2x_1}{b}\right) + \frac{2z_2}{d} \cdot \frac{2x_1}{b} \right] \right.$$

$$\left. + \varepsilon_2 \left[\left(1 - \frac{2z_1}{d}\right)\left(1 - \frac{2x_1}{b}\right) + \left(1 - \frac{2z_2}{d}\right)\frac{2x_1}{b} \right], \quad m = n = 0 \right.$$

$$= \left\{ \frac{1}{\pi n} \sin \frac{2\pi n x_1}{b} (\varepsilon_1 - \varepsilon_2) \frac{2}{d}(z_2 - z_1), \quad m = 0, \, n \neq 0 \right.$$

$$= \left\{ \frac{1}{\pi m}(\varepsilon_1 - \varepsilon_2) \left[\left(\frac{2x_1}{b}\right) \sin \frac{2\pi m z_2}{d} + \left(1 - \frac{2x_1}{b}\right) \sin \frac{2\pi m z_1}{d} \right], \right.$$

$$\quad m \neq 0, \, n = 0$$

$$= \left\{ \frac{1}{\pi^2 mn}(\varepsilon_1 - \varepsilon_2) \frac{2\pi n x_1}{b} \left[\sin \frac{2\pi m z_2}{d} - \sin \frac{2\pi m z_1}{d}\right], \right.$$

$$\quad m \neq 0, \, n \neq 0 \tag{5.31}$$

5.6 二维 D/D 超晶格, TM 模

对 TM 模, 磁场对二维平面波展开,

$$
\begin{aligned}
\boldsymbol{H} &= \sum_{G,F} C_{GF} \mathrm{e}^{\mathrm{i}[(k_x+F)x+(k+G)z]} \boldsymbol{i}_y, \\
\nabla \times \boldsymbol{H} &= \mathrm{i} \sum_{G,F} C_{GF} \mathrm{e}^{\mathrm{i}[(k_x+F)x+(k+G)z]} \cdot [(k_x+F)\boldsymbol{i}_z - (k+G)\boldsymbol{i}_x].
\end{aligned}
\tag{5.32}
$$

由麦克斯韦方程

$$
\nabla \times \left[\frac{1}{\varepsilon(\boldsymbol{r})} \nabla \times \boldsymbol{H}(\boldsymbol{r}) \right] = \frac{\omega^2}{c^2} \boldsymbol{H}(\boldsymbol{r}). \tag{5.33}
$$

介电函数的倒数

$$
\frac{1}{\varepsilon(z,x)} = \sum_{G,F} \kappa_{GF} \mathrm{e}^{\mathrm{i}(Gz+Fx)}. \tag{5.34}
$$

由 (5.32) 式和 (5.34) 式,

$$
\begin{aligned}
&\nabla \times \left[\frac{1}{\varepsilon(r)} \nabla \times \boldsymbol{H} \right] \\
&= -\sum_{G'F'} \sum_{G''F''} \kappa_{G''F''} C_{G'F'} \mathrm{e}^{\mathrm{i}[(k_x+F'+F'')x+(k+G'+G'')z]} \\
&\quad [(k+G'+G'')\boldsymbol{i}_z + (k_x+F'+F'')\boldsymbol{i}_x] \times [(k_x+F')\boldsymbol{i}_z - (k+G')\boldsymbol{i}_x] \\
&= \sum_{G'F'} \sum_{G''F''} \kappa_{G''F''} C_{G'F'} \mathrm{e}^{\mathrm{i}[(k_x+F'+F'')x+(k+G'+G'')z]} \\
&\quad [(k+G'+G'')(k+G') + (k_x+F'+F'')(k_x+F')] \boldsymbol{i}_y.
\end{aligned}
\tag{5.35}
$$

再由麦克斯韦方程 (5.33), 得到久期方程

$$
\sum_{G'F'} \kappa_{G-G',F-F'} C_{F'G'} [(k_x+F)(k_x+F') + (k+G)(k+G')] = \frac{\omega^2}{c^2} C_{GF}. \tag{5.36}
$$

取一维平面波的数目为 25, 所以久期方程的维数为 625. 参数取: $d/b=2.0$, $2z_1/d=0.4$, $2z_2/d=0.5$, $2x_1/b=0.5$, $\varepsilon_1=8.0$, $\varepsilon_2=1.0$, 计算得到的二维 D/D 超晶格的频率色散关系如图 5.6(a) 所示.

如果沿 x 方向没有锯齿状结构, 则二维超晶格变成一维超晶格. 与二维超晶格相同参数的一维超晶格的频率色散图如图 5.6(b) 所示. 比较图 5.6(a) 和图 5.6(b), 发现图 5.6(a) 的能带是图 5.6(b) 能带的折叠, 它是由 x 方向的锯齿产生的.

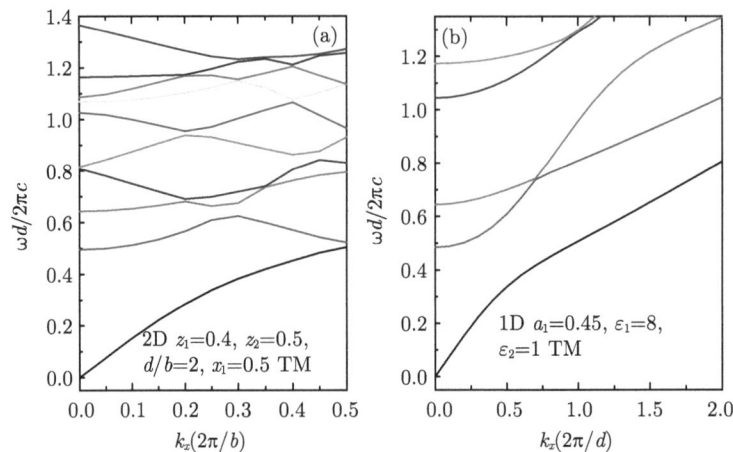

图 5.6 (a) 锯齿形二维超晶格 TM 模的频率色数图, 沿 z 方向的波矢 $k=0$; (b) 相应一维超晶格的频率色散图, 沿 z 方向的波矢 $k=0$

类似于一维超晶格, 为了计算金属/介质 (M/D) 超晶格等离子体模的色散关系, 我们用另一种平面波展开方法来计算二维 M/D 超晶格光子模的色散关系. 在这种方法中, 不取介电函数 $\varepsilon(\boldsymbol{r})$ 的倒数 (见 5.1 节). 类似于色散关系 (5.11) 的推导, 得到二维超晶格的色散关系,

$$\left[(k_x+F)^2+(k+G)^2\right]C_{GF}$$
$$=\left(\frac{\omega}{c}\right)^2\sum_{G'F'}\left[\frac{(k_x+F)(k_x+F')+(k+G)(k+G')}{(k_x+F')+(k+G')^2}\right]$$
$$\varepsilon_{G-G',F-F'}C_{G'F'}. \tag{5.37}$$

取与图 5.6(a) 相同的参数, 计算得到的二维超晶格频率色散关系与图 5.6(a) 相同.

5.6.2 圆柱或圆孔状二维超晶格, TM 模

见图 5.5 右图, 设沿 z 方向和沿 x 方向的周期分别为 d 和 b, 每个元胞中有一个圆柱或圆孔, 圆的半径为 R, 圆内和圆外的介电函数分别为 ε_1 和 ε_2. 介电函数的平面波展开系数为

$$\varepsilon(\boldsymbol{G})=\frac{1}{bd}\int d\boldsymbol{r}\varepsilon(\boldsymbol{r})e^{-i\boldsymbol{G}\cdot\boldsymbol{r}}$$
$$=\frac{1}{bd}\left[(\varepsilon_1-\varepsilon_2)\int_0^R\rho d\rho 2\pi J_0(G\rho)+\varepsilon_2\int_{-\frac{b}{2}}^{\frac{b}{2}}dx\int_{-\frac{d}{2}}^{\frac{d}{2}}dze^{-i\boldsymbol{G}\cdot\boldsymbol{r}}\right]$$

$$= \begin{cases} \varepsilon_1 X + \varepsilon_2 (1-X), & G=0 \\ (\varepsilon_1 - \varepsilon_2) \dfrac{2\pi}{bd} \displaystyle\int_0^R \rho d\rho J_0(G\rho), & G \neq 0 \end{cases} \tag{5.38}$$

其中, $X = \pi R^2/bd$, G 是倒格矢 $\boldsymbol{G}$ 的绝对值.

类似于锯齿状超晶格, 用两种方法计算频率色散关系. 第一种利用久期方程 (5.36), 也就是取介电函数的倒数, 计算程序为 PSNL1A. 取参数: $d/b = 0.9$, $r/d = 0.2$, $\varepsilon_1 = 8.0$, $\varepsilon_2 = 1.0$, 二维平面波的选取小于 $(\boldsymbol{k} + \boldsymbol{G})^2$ 的一个固定值, 例如, $25.5(2\pi/d)^2$. 计算的二维圆柱超晶格的频率色散关系如图 5.7(a) 所示, 其中 X 和 Y 分别为沿 x 和 y 方向的布里渊区边界点, M 是对角点.

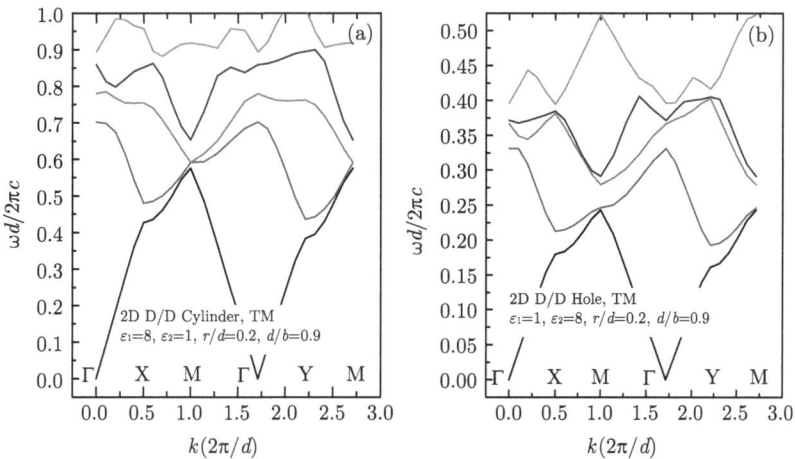

图 5.7 (a) 二维 D/D 圆柱超晶格 TM 模的频率色散关系; (b) 二维 D/D 圆孔超晶格 TM 模的频率色散关系

相应地, 二维圆孔超晶格 ($\varepsilon_1 = 1$, $\varepsilon_2 = 8$) 的频率色散关系如图 5.7(b) 所示. 比较图 5.7(a) 和图 5.7(b), 发现如果几何相同, 圆柱超晶格和圆孔超晶格的频率色散关系相似, 但绝对的频率相差很大.

第二种方法利用久期方程 (5.37), 也就是取介电函数 $\varepsilon(\boldsymbol{r})$, 计算结果类似于图 5.7, 不再列出.

5.7 二维 D/D 超晶格, TE 模[2,3]

5.7.1 锯齿状二维超晶格

类似于一维 D/D 超晶格 TE 模的色散关系 (5.15), 得到二维 D/D 超晶格 TE

模的色散关系

$$\left[(k_x+F)^2+(k+G)^2\right]C_{GF} = \left(\frac{\omega}{c}\right)^2 \sum_{G'F'} \varepsilon_{G-G',F-F'} C_{G'F'}. \tag{5.39}$$

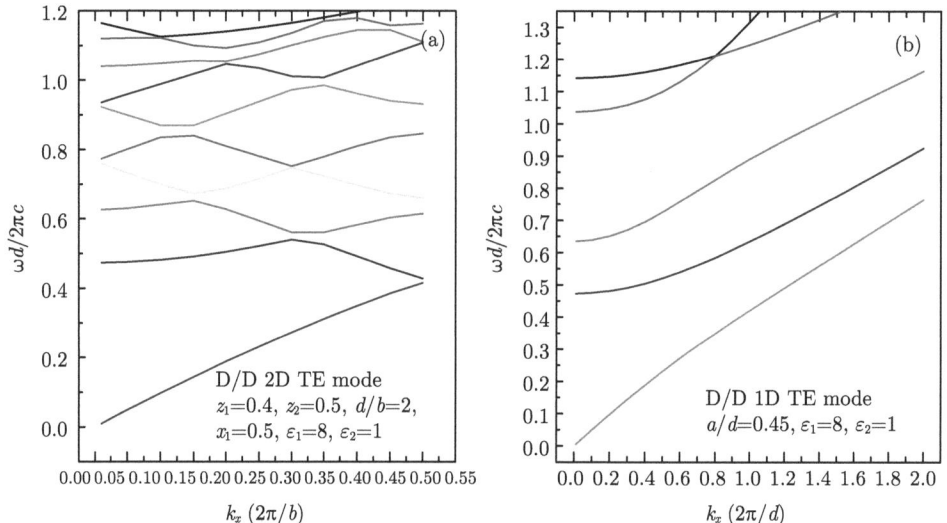

图 5.8 (a) 二维 D/D 锯齿状超晶格 TE 模的频率色散关系, 沿 z 方向波矢 $k=0$; (b) 相应一维超晶格的频率色散图, 沿 z 方向的波矢 $k=0$

参数取: d/b=2.0, $2z_1/d$=0.4, $2z_2/d$=0.5, $2x_1/b$=0.5, ε_1=8.0, ε_2=1.0, 计算得到的二维锯齿状超晶格的频率色散关系如图 5.8(a) 所示.

如果沿 x 方向没有锯齿状结构, 则二维超晶格变成一维超晶格. 与二维超晶格相同参数的一维超晶格的频率色散图如图 5.8(b) 所示. 比较图 5.8(a) 和图 5.8(b), 发现图 5.8(a) 的能带是图 5.8(b) 能带的折叠, 它是由在 x 方向的锯齿产生的.

5.7.2 圆柱或圆孔状二维 D/D 超晶格, TE 模

取参数: d/b=0.9, R/d=0.2, ε_1=8.0, ε_2=1.0, 以及 ε_1=1.0, ε_2=8.0, 计算的二维圆柱和圆孔超晶格的频率色散关系分别如图 5.9(a) 和图 5.9(b) 所示, 其中 X 和 Y 分别为沿 x 和 y 方向的布里渊区边界点, M 是对角点.

比较图 5.9(a) 和图 5.9(b), 同样圆孔超晶格的频率比圆柱超晶格的频率低得多, 而且两者结构不同.

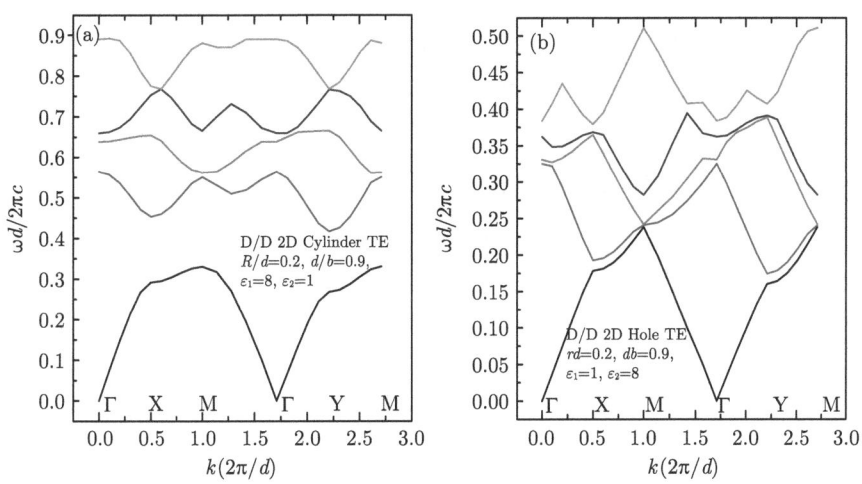

图 5.9 (a) 二维 D/D 圆柱超晶格 TE 模频率色散关系; (b) 二维 D/D 圆孔超晶格 TE 模的频率色散关系

5.8 二维 M/D 超晶格, TE 模[2,3]

5.8.1 锯齿状二维超晶格

金属的介电函数不是常数, 与频率有关,

$$\varepsilon_1 = \varepsilon_\infty - \frac{\omega_\mathrm{p}^2}{\omega^2}, \tag{5.40}$$

其中, ω_p 是体等离子体频率, ε_∞ 是高频介电常数. 将介电函数 (5.40) 的 2 项分别代入频率的久期方程 (5.39), 得到

$$\left[(k_x + F)^2 + (k + G)^2\right] C_{GF} + \left(\frac{\omega_\mathrm{p}}{c}\right)^2 \sum_{G'F'} \varepsilon''_{G-G',F-F'} C_{G'F'}$$

$$= \left(\frac{\omega}{c}\right)^2 \sum_{G'F'} \varepsilon'_{G-G',F-F'} C_{G'F'}. \tag{5.41}$$

其中, ε' 是由 ε_∞ 产生的, ε'' 是由频率有关项产生的, 也就是在介电函数的平面波展开系数 (5.31) 式或 (5.38) 式中, 以 (5.40) 式取代其中的 ε_1.

参数取: d/b=2.0, $2z_1/d$=0.4, $2z_2/d$=0.5, $2x_1/b$=0.5, ε_∞=1.0, ε_2=2.0, 计算得到的二维 M/D 锯齿状超晶格 TE 模的频率色散关系如图 5.10(a) 所示. 相应的一维 M/D 锯齿状超晶格 TE 模的频率色散关系如图 5.10(b) 所示. 显然前者是后者能带的折叠.

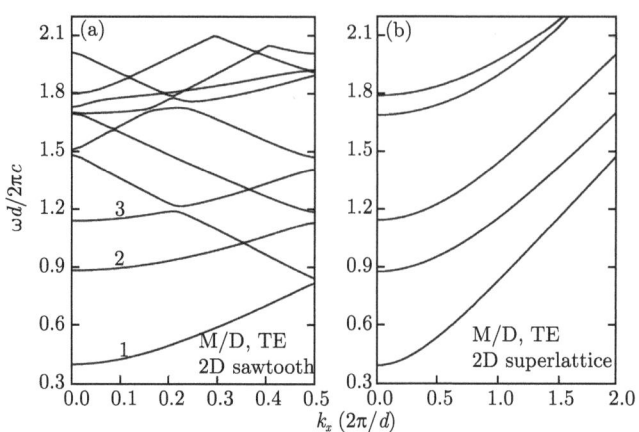

图 5.10 (a) 二维锯齿状 M/D 超晶格 TE 模的频率色散关系, 沿 z 方向波矢 $k=0$; (b) 相应一维 M/D 超晶格 TE 模的频率色散图, 沿 z 方向的波矢 $k=0$

5.8.2 圆柱或圆孔状二维 M/D 超晶格, TE 模

取参数: $d/b=0.9$, $R/d=0.2$, $\Omega_p=\omega_p d/2\pi c = 1$, $\varepsilon_\infty=1.0$, $\varepsilon_2=2.0$ 和 $\varepsilon_1=2.0$, $\varepsilon_\infty=1.0$ 计算的二维圆柱超晶格和圆孔超晶格的频率色散关系分别如图 5.11(a) 和图 5.11(b) 所示, 其中 X 和 Y 分别为沿 x 和 y 方向的布里渊区边界点, L 是对角点. 比较图 5.11(a) 和图 5.11(b), 发现金属中圆孔超晶格的频率比金属圆柱超晶格的频率高.

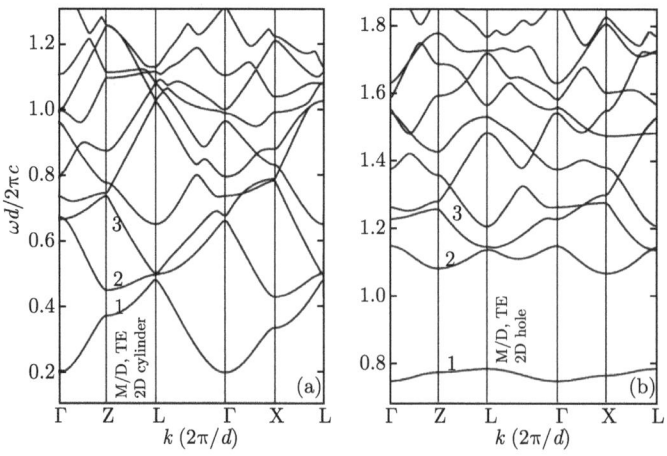

图 5.11 (a) 二维 M/D 圆柱超晶格 TE 模的频率色散关系; (b) 二维 M/D 圆孔超晶格 TE 模的频率色散关系

由图 5.11(a) 可见, 对圆柱超晶格, 在 $\omega=0$ 和第 1 个模之间有一个宽的带隙

$\Omega=0.194$. 在第一个模以上, 在全布里渊区内没有带隙, 但在某一特定的方向上仍有带隙, 如 $\Gamma-X$ 方向, 带隙为 $\Delta\Omega = 0.095$. 对圆孔超晶格, 在 $\omega = 0$ 和第 1 个模之间有一个更宽的带隙 $\Omega = 0.75$. 并且在第一个模以上, 在全布里渊区内还有第二个带隙 $\Delta\Omega = 0.307$. 第一和第二个光子带很 "平", 意味着群速度很小, 导致光学增强, 在光学器件中将有应用前景.

5.9 二维 M/D 超晶格, TM 模[2,3]

5.9.1 二维锯齿状超晶格

将金属的介电函数 (5.40) 分成两部分, 得到二维 M/D 超晶格, TM 模频率的久期方程

$$\left[(k_x+F)^2+(k+G)^2\right]C_{GF}$$
$$+\left(\frac{\omega_\mathrm{p}}{c}\right)^2\sum_{G'F'}\left[\frac{(k_x+F)(k_x+F')+(k+G)(k+G')}{(k_x+F')+(k+G')^2}\right]\varepsilon''_{G-G',F-F'}C_{G'F'}$$
$$=\left(\frac{\omega}{c}\right)^2\sum_{G'F'}\left[\frac{(k_x+F)(k_x+F')+(k+G)(k+G')}{(k_x+F')+(k+G')^2}\right]\varepsilon'_{G-G',F-F'}C_{G'F'}. \quad (5.42)$$

取参数: $d/b=2.0$, $z_1=0.4$, $z_2=0.5$, $x_1=0.5$, $\Omega_\mathrm{p}=\omega_\mathrm{p}d/2\pi c=1$, $\varepsilon_\infty=1.0$, $\varepsilon_2=2.0$, 计算的二维锯齿状 M/D 超晶格 TM 模的频率色散关系如图 5.12. 与相应的 TE 模频率色散关系图 5.10(a) 比较, TM 模和 TE 模的光子带是类似的, 最低 2 个带是相对平的, 并且 $\Omega < \Omega_p$, 说明这 2 个带金属的介电常数是负的. 这 2 个模的带隙分别为 $\Omega_1 = 0.538$ 和 0.395。

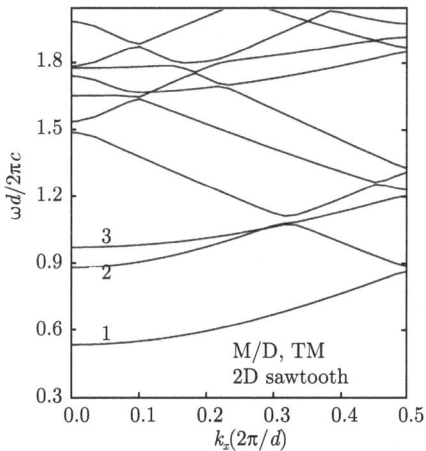

图 5.12 二维锯齿状 M/D 超晶格 TM 模的频率色散关系, 沿 z 方向波矢 $k = 0$

5.9.2 二维圆柱超晶格

取参数: $d/b=0.9$, $R/d=0.2$, $\Omega_p=\omega_p d/2\pi c=1$, $\varepsilon_\infty=1.0$, $\varepsilon_2=2.0$, 计算的二维圆柱和圆孔 $\varepsilon_\infty=1.0, \varepsilon=2.0$ M/D 超晶格 TM 模的频率色散关系如图 5.13(a) 和 (b) 所示.

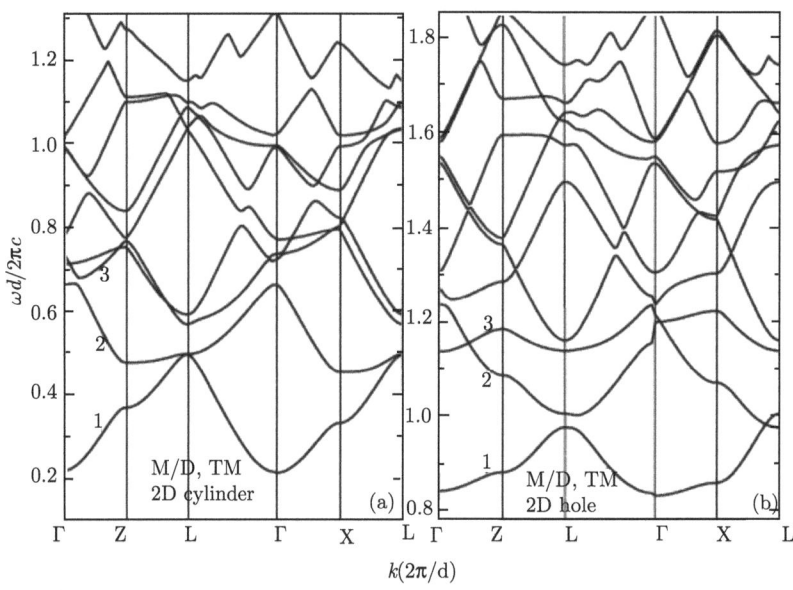

图 5.13 (a) 二维圆柱 M/D 超晶格; (b) 二维圆柱 M/D 超晶格的 TM 模的频率色散关系

由图 5.13 可见, 对圆柱超晶格, 光子带结构与 TE 模的图 5.11(a) 相似, 第 1 光子带与 $\omega=0$ 之间的带隙为 $\Omega_1=0.215$. 对圆孔超晶格, 第 1 光子带与 $\omega=0$ 之间的带隙为 $\Omega_1=0.84$. 与 TE 模的图 5.11(b) 不同, 第 1 光子带不平, 与第 2 光子带之间没有带隙. 关于二维金属/介电光子晶体的特性已经在文献 [4] 中进行了数值计算.

这一章介绍了作者提出的新的平面波展开方法, 用以计算 M/D 超晶格 (光子晶体) 的光子带结构. 用这种方法计算了一维和二维 (锯齿形、圆柱、圆孔) M/D 超晶格的光子带, 并与同结构的 D/D 超晶格的光子带做了比较. 结果表明, M/D 超晶格在 $\omega=0$ 与最低光子带之间有一个宽的禁带, 此外, 在一些特定情况下, 最低 2 个光子带是相对平的, 相应的群速度小. 这些特点使得 M/D 超晶格对光有更大的调控作用, 因此在未来的光子集成和隐形材料中具有广阔的应用前景.

参 考 文 献

[1] Zong Y X, Xia J B. Science China, Physics, Mechanics & Astronomy, 2015, 58: 2.

[2] Zong Y X, Xia J B. Band structure of metal/dielectric photonic crystals, in. Photonic Crystals, Characteristic, Performance and Applications, Ed. Goodwin B, Chapter 2. New York: Nova Publishers, Inc., 2016.

[3] Zong Y X, Xia J B. J. Phys. D., 2015, 48: 355103.

[4] Zong Y X, Xia J B, Wu H B. Chin. Phys. B, 2017, 26: 044208.

第6章 表面等离子体放大的受激发射理论

6.1 Spaser 的引言[1]

在第 4 章中提到, 如果将金属表面与增益介质 (或称有源介质) 结合起来, 会使得局域等离子体模在共振频率处得到进一步增强, 甚至出现奇点. 另一方面, 如果局域模的共振频率与增益介质的发射频率相等, 则将产生受激发射, 并且使激光的阈值大大降低. 也就是可以利用金属粒子的等离子体模共振制造有源器件. 这种现象称为受激发射的表面等离子体放大 (surface plasmon amplification by stimulated emission of radiation, Spaser).

Spaser 是纳米等离子体的一种激光器, 它是量子产生器和放大器, 但产生的光子被 SP 所代替. Spaser 包含了一个金属纳米粒子或者薄膜, 用作激光共振腔, 以及增益介质. 半导体纳米结构经常用作增益介质, 因为它有很好的光化学和电化学稳定性. 一个用半导体纳米结构作增益介质的 Spaser 例子是: InGaN/InN 核壳半导体纳米柱和 Ag 等离子体膜组成的激光器[2], 如图 6.1 所示. 图 6.1(a) 是该 Spaser 的结构示意图, 它的有源区是 InGaN 核与 InN 壳组成的 30nm 直径、170nm 长的纳米柱, 放在 Ag 外延薄膜上, 中间隔了 5nm 厚的 SiO_2 绝缘层. Ag 薄膜的单晶质量对降低激光器的阈值电流和增加输出是有助的. 表面等离子体模集中在介于 GaN 和 Ag 之间的 SiO_2 薄膜中, 这薄膜足够薄, 因此场能穿透到增益介质, 提供 Spaser 工作所需的反馈. 图 6.1(a) 的右图是计算的 Spaser 激光本征模的强度.

图 6.1(b) 是在功率 $8.3\text{kW}\cdot\text{cm}^{-2}$、频率高于 InGaN 带隙的光泵照射下, Spaser 的发射谱随温度的变化. 由图可见, 在室温下, 发射是自发辐射, 在 InGaN 带隙附近有一个宽的黄-绿带. 在 $T=120\text{K}$ 时, 出现了激射的第一个迹象, 在发射谱的绿边处出现一个 V 形凸起. 当温度降低到 $T=8\text{K}$ 时, 在 $\lambda \approx 500\text{nm}$ 处出现了一个尖而窄的峰, 这是激光的主要特征. 图 6.1(c) 是出射光的功率、谱线宽度与泵浦光功率的关系图, 前者是对数坐标, 后者是一般坐标. 由图可见, 当泵浦光功率达到阈值时, 出射光功率呈数量级的增加 (对数坐标), 谱线宽度变窄. 泵浦光功率超过阈值后, 出射光功率随泵浦光功率线性增加, 没有出现饱和. 温度越低, 阈值泵浦光功率越小.

图 6.1(d) 是 8K 下测量的低于和高于阈值泵浦光功率时的二级光子关联函数 $g^{(2)}(\tau)$. $g^{(2)}(\tau)$ 的定义为

6.1 Spaser 的引言

$$g^{(2)}(\tau) = \frac{\langle I(t+\tau)I(t)\rangle}{\langle I(t)\rangle^2}. \tag{6.1}$$

其中,τ 是延迟时间,$\langle \cdots \rangle$ 表示量子力学平均. 当泵浦光功率低于阈值时, Spaser 发

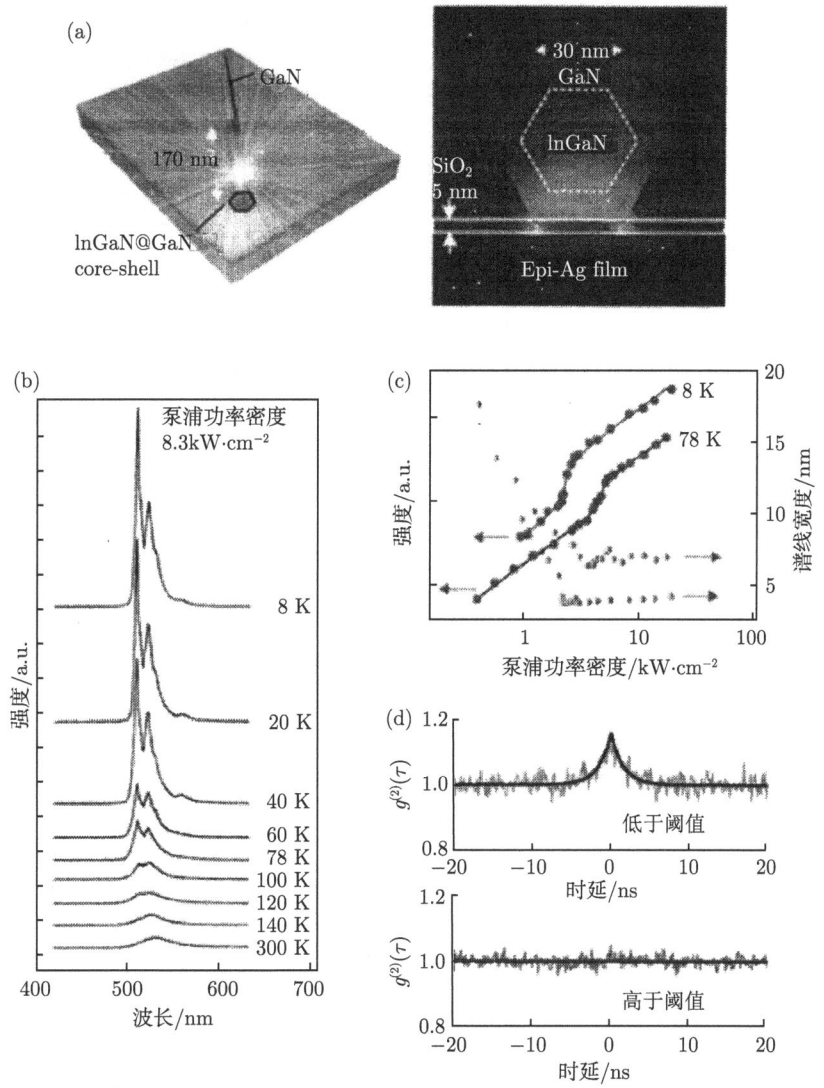

图 6.1 (a)Spaser 的结构示意图; (b) 在功率 8.3kW·cm^{-2}、频率高于 InGaN 带隙的光泵照射下, Spaser 的发射谱随温度的变化; (c) 出射光的功率、谱线宽度与泵浦光功率的关系图; (d) 8K 下测量的低于和高于阈值泵浦光功率时的二级光子关联函数 $g^{(2)}(\tau)$

射的光是不相干的, 光子好像是由许多独立的发射源发射的, 具有高斯统计. 在零延迟时间, $g^{(2)}(0)=2$, 因此出现一个峰. 相反, 当泵浦光功率大于阈值时, Spaser 发射的光是相干的, $g^{(2)}(0)=1$, 不出现峰. 原因在于在稳态的泵浦下 Spaser 保持常数的 plasmon 占据数. 在发射一个光子后, 这个占据数减小 1, 但非常快地, 在 100 fs 内, 它就恢复到发射以前的水平. 这种跃迁恢复过程太快了, 以致光探测忽略了它, 得到 $g^{(2)}(0)=$ 常数.

6.2 局域等离子体模的一般理论[1]

在第 4 章中, 我们讨论了金属圆球的局域等离子体模, 以及 Mie 理论. 但是一般情况下, 金属粒子的形状各种各样, 下面就讨论一般的有限金属体系的局域等离子体模理论. 假定金属体系的尺度足够小, $R \ll \lambda$, $R \leqslant l_s$, 其中 l_s 是金属趋肤深度,

$$l_s = \lambda \left[\mathrm{Re} \left(\frac{-\varepsilon_m^2}{\varepsilon_m + \varepsilon_d} \right)^{1/2} \right]^{-1}. \tag{6.2}$$

ε_m 和 ε_d 分别是金属和介质的介电函数, $\lambda = \lambda/(2\pi) = c/\omega$ 是约化的真空波长. 对单价金属 (Ag, Au, Cu, 碱金属等) 在整个光学范围, $l_s \approx 25\mathrm{nm}$. 在准静态近似下, 静电势 $\varphi(\boldsymbol{r})$ 满足下列方程:

$$\frac{\partial}{\partial \boldsymbol{r}} \varepsilon(\boldsymbol{r}) \frac{\partial}{\partial \boldsymbol{r}} \varphi(\boldsymbol{r}) = 0. \tag{6.3}$$

系统的介电函数在空间变化, 可以表示为

$$\varepsilon(\boldsymbol{r}) = \varepsilon_m(\omega) \Theta(\boldsymbol{r}) + \varepsilon_d [1 - \Theta(\boldsymbol{r})]. \tag{6.4}$$

其中, $\Theta(\boldsymbol{r})$ 称为系统的特征函数, 它在金属中等于 1, 在介质中等于 0.

考虑这系统被一个频率为 ω 的外场势 $\varphi_0(\boldsymbol{r})$ 激发, 它满足 Laplace 方程,

$$\frac{\partial^2}{\partial \boldsymbol{r}^2} \varphi_0(\boldsymbol{r}) = 0. \tag{6.5}$$

总的势为

$$\varphi(\boldsymbol{r}) = \varphi_0(\boldsymbol{r}) + \varphi_1(\boldsymbol{r}). \tag{6.6}$$

$\varphi_1(\boldsymbol{r})$ 为局域场的势. 将 (6.6) 式代入方程 (6.3), 并考虑 (6.4) 式和 (6.5) 式, 得到

$$\begin{aligned} &\frac{\partial}{\partial \boldsymbol{r}} \Theta(\boldsymbol{r}) \frac{\partial}{\partial \boldsymbol{r}} \varphi_1(\boldsymbol{r}) - s(\omega) \frac{\partial^2}{\partial \boldsymbol{r}^2} \varphi_1(\boldsymbol{r}) = -\frac{\partial}{\partial \boldsymbol{r}} \Theta(\boldsymbol{r}) \frac{\partial}{\partial \boldsymbol{r}} \varphi_0(\boldsymbol{r}), \\ &s(\omega) = \frac{\varepsilon_d}{\varepsilon_d - \varepsilon_m(\omega)} \quad \text{介质内} \\ &s(\omega) = \frac{\varepsilon_m(\omega)}{\varepsilon_d - \varepsilon_m(\omega)} \quad \text{金属内} \end{aligned} \tag{6.7}$$

6.2 局域等离子体模的一般理论

$s(\omega)$ 称为 Bergman 谱参量, 是 Bergman 首先引入的[3].

为解方程 (6.7), 需要引入一组 SP 的本征模, 其本征函数为 $\varphi_n(\boldsymbol{r})$, 本征值为 s_n, 满足下列方程:

$$\frac{\partial}{\partial \boldsymbol{r}} \Theta(\boldsymbol{r}) \frac{\partial}{\partial \boldsymbol{r}} \varphi_n(\boldsymbol{r}) - s_n \frac{\partial^2}{\partial \boldsymbol{r}^2} \varphi_n(\boldsymbol{r}) = 0. \tag{6.8}$$

其中, $\varphi_n(\boldsymbol{r})$ 在一个包围体系的大球表面 S 上满足边界条件

$$\begin{aligned}\varphi_n(\boldsymbol{r})|_{r\in S} &= 0, \\ \boldsymbol{n}(\boldsymbol{r}) \frac{\partial}{\partial \boldsymbol{r}} \varphi_n(\boldsymbol{r})|_{r\in S} &= 0\,.\end{aligned} \tag{6.9}$$

其中, $\boldsymbol{n}(\boldsymbol{r})$ 是垂直于 S 面的单位矢量. 边界条件 (6.9) 实际就是要求本征模也是局域模.

应用高斯定理到方程 (6.8) 和 (6.9), 就得到

$$s_n = \frac{\displaystyle\int_V \Theta(\boldsymbol{r}) \left|\frac{\partial}{\partial \boldsymbol{r}} \varphi_n(\boldsymbol{r})\right|^2 \mathrm{d}\boldsymbol{r}}{\displaystyle\int_V \left|\frac{\partial}{\partial \boldsymbol{r}} \varphi_n(\boldsymbol{r})\right|^2 \mathrm{d}\boldsymbol{r}}. \tag{6.10}$$

由 (6.10) 式可以直接得出所有本征值 s_n 都是实的, 并且

$$1 \geqslant s_n \geqslant 0. \tag{6.11}$$

SP 的本征函数也可以选取为实的, 因此准静态 SP 本征问题是时间反演的. 还可以证明, 本征函数是正交归一的,

$$\langle \varphi_n | \varphi_m \rangle = \delta_{mn}. \tag{6.12}$$

由方程 (6.7) 定义推迟的格林函数 $G^r(\boldsymbol{r}, \boldsymbol{r}'; \omega)$, 它满足下列方程:

$$\left[\frac{\partial}{\partial \boldsymbol{r}} \Theta(\boldsymbol{r}) \frac{\partial}{\partial \boldsymbol{r}} - s(\omega) \frac{\partial^2}{\partial \boldsymbol{r}^2}\right] G^r(\boldsymbol{r}, \boldsymbol{r}'; \omega) = \delta(\boldsymbol{r} - \boldsymbol{r}'). \tag{6.13}$$

将格林函数对本征函数 $\varphi_n(\boldsymbol{r})$ 展开, 就得到

$$G^r(\boldsymbol{r}, \boldsymbol{r}'; \omega) = \sum_n \frac{\varphi_n(\boldsymbol{r}) \varphi_n^*(\boldsymbol{r}')}{s(\omega) - s_n}. \tag{6.14}$$

由 (6.7) 式可见, (6.14) 式右端分母中的 $s(\omega)$ 取决于 $\boldsymbol{r}$ 所在的空间. 因此局域场等于

$$\varphi_1(\boldsymbol{r}) = -\int_V G^r(\boldsymbol{r}, \boldsymbol{r}'; \omega) \frac{\partial}{\partial \boldsymbol{r}'} \Theta(\boldsymbol{r}') \frac{\partial}{\partial \boldsymbol{r}'} \varphi_0(\boldsymbol{r}') \mathrm{d}\boldsymbol{r}'. \tag{6.15}$$

对 (6.15) 式右端分部积分, 得到

$$\varphi_1(\boldsymbol{r}) = \int_V \left[\frac{\partial}{\partial \boldsymbol{r}'} G^r(\boldsymbol{r}, \boldsymbol{r}'; \omega)\right] \Theta(\boldsymbol{r}') \frac{\partial}{\partial \boldsymbol{r}'} \varphi_0(\boldsymbol{r}') \mathrm{d}\boldsymbol{r}'. \tag{6.16}$$

由电势求电场

$$\boldsymbol{E}(\boldsymbol{r}) = -\frac{\partial \varphi(\boldsymbol{r})}{\partial \boldsymbol{r}}, \quad \boldsymbol{E}_0(\boldsymbol{r}) = -\frac{\partial \varphi_0(\boldsymbol{r})}{\partial \boldsymbol{r}}. \tag{6.17}$$

将 (6.16) 式对 $\boldsymbol{r}$ 微分, 就得到

$$E_\alpha(\boldsymbol{r}) = E_\alpha^{(0)}(\boldsymbol{r}) + \int_V G_{\alpha\beta}^r(\boldsymbol{r}, \boldsymbol{r}'; \omega) \Theta(\boldsymbol{r}) E_\beta^{(0)}(\boldsymbol{r}') \mathrm{d}\boldsymbol{r}',$$

$$G_{\alpha\beta}^r(\boldsymbol{r}, \boldsymbol{r}'; \omega) = \frac{\partial^2}{\partial r_\alpha \partial r_\beta'} G^r(\boldsymbol{r}, \boldsymbol{r}'; \omega). \tag{6.18}$$

其中, $\alpha, \beta = x, y, z$. 格林函数的一个重要性质是厄米对称性,

$$G_{\alpha\beta}^r(\boldsymbol{r}, \boldsymbol{r}'; \omega) = G_{\beta\alpha}^r(\boldsymbol{r}', \boldsymbol{r}; -\omega)^*. \tag{6.19}$$

每一个物理的本征模由格林函数 (6.14) 的相应的极点描述. 在这样的极点附近, 格林函数和局域场 (6.18) 变大, 描述了纳米体系的表面等离子体模共振. 这种共振的复频率可以由在复频率平面上相应的极点位置找到,

$$s(\omega_n - \mathrm{i}\gamma_n) = s_n. \tag{6.20}$$

其中, ω_n 是实频率, γ_n 是谱线宽度 (弛豫率). 虚部前的负号是由假定场的时间变化关系决定的

$$\boldsymbol{E}_n(\boldsymbol{r}, t) \propto \exp[-\mathrm{i}(\omega_n - \mathrm{i}\gamma_n)t] \propto \exp(-\gamma_n t). \tag{6.21}$$

随时间趋于无穷, 场指数也趋于零. 相应表面等离子体模的势函数是 $\varphi_n(\boldsymbol{r})$. 由方程 (6.8) 可见, 它仅由系统的几何决定, 而本征频率则由体系的材料组成决定, 见方程 (6.20).

对弱弛豫, $\gamma_n \ll \omega_n$, 实表面等离子体频率满足方程

$$\mathrm{Re}[s(\omega_n)] = s_n. \tag{6.22}$$

表面等离子体模的谱线宽度可以表示为

$$\gamma_n = \frac{\mathrm{Im}[s(\omega_n)]}{s_n'}, \quad s_n' = \left.\frac{\partial \mathrm{Re}[s(\omega)]}{\partial \omega}\right|_{\omega=\omega_n}. \tag{6.23}$$

写成频率的函数, 则为

$$
\begin{aligned}
s'(\omega) &= \frac{\varepsilon_{\mathrm{d}}}{[\varepsilon_{\mathrm{d}} - \varepsilon_{\mathrm{m}}(\omega)]^2} \mathrm{Re} \frac{\partial \varepsilon_{\mathrm{m}}(\omega)}{\partial \omega}, \\
\gamma(\omega) &= \frac{\mathrm{Im}\varepsilon_{\mathrm{m}}(\omega)}{\mathrm{Re} \dfrac{\partial \varepsilon_{\mathrm{m}}(\omega)}{\partial \omega}}.
\end{aligned}
\tag{6.24}
$$

由 (6.24) 式可见, 谱宽度 γ 是一个普适的频率的函数, 只与金属的介电函数有关, 而与系统的几何和本征模无关. 另一方面, 体系的几何决定了表面等离子体模的共振频率 ω_n.

要激发体系的共振等离子体模, 由 (6.20) 式, 外加场的频率 ω 必须满足

$$
0 \leqslant \mathrm{Re}\, s(\omega) \leqslant 1, \quad \mathrm{Im}\, s(\omega) \ll \mathrm{Re}\, s(\omega). \tag{6.25}
$$

以上条件等价于

$$
\begin{aligned}
&\varepsilon_{\mathrm{d}} > 0, \quad \mathrm{Re}\varepsilon_{\mathrm{m}}(\omega) < 0, \\
&\mathrm{Im}\varepsilon_{\mathrm{m}}(\omega) \ll |\mathrm{Re}\varepsilon_{\mathrm{m}}(\omega)|.
\end{aligned}
\tag{6.26}
$$

这正是产生等离子体共振的金属纳米体系满足的条件.

6.3 Spaser 理论

6.3.1 Spaser 系统的哈密顿量

在偶极近似下, 辐射场与一个具有二能级的增益介质的相互作用哈密顿量为

$$
H = H_{\mathrm{m}} + H_{\mathrm{r}} - e\boldsymbol{r} \cdot \boldsymbol{E}. \tag{6.27}
$$

其中, H_{m} 和 H_{r} 分别是增益介质和辐射场的哈密顿量, $\boldsymbol{r}$ 是电子的位置坐标. 在偶极近似下, 假定场在整个介质范围内是均匀的.

自由场的哈密顿量为

$$
H_{\mathrm{r}} = \sum_n \hbar \nu_n \left(a_n^+ a_n + \frac{1}{2} \right). \tag{6.28}
$$

其中, a_n^+ 和 a_n 分别为场的产生和湮灭算符. H_{m} 和 $\boldsymbol{r}$ 可以用介质的跃迁算符表示,

$$
\sigma_{ij} = |i\rangle\langle j|. \tag{6.29}
$$

其中，$|i\rangle$ 是介质的本征态，满足方程 $H_m|i\rangle = E_i|i\rangle$. 由于 $|i\rangle$ 是完备的，因此 $\Sigma_i |i\rangle\langle i|=1$. 由此得到

$$\begin{aligned} H_m &= \sum_i E_i |i\rangle\langle i| = \sum_i E_i \sigma_{ii}, \\ e\boldsymbol{r} &= \sum_{ij} e|i\rangle\langle i|\boldsymbol{r}|j\rangle\langle j| = \sum_{ij} \boldsymbol{P}_{ij}\sigma_{ij}. \end{aligned} \tag{6.30}$$

其中，$\boldsymbol{P}_{ij} = e\langle i|\boldsymbol{r}|j\rangle$ 是偶极跃迁矩阵元. 电场算符在偶极近似下，是在点原子的位置上计算

$$\boldsymbol{E} = \sum_n \hat{e}_n A_n (a_n + a_n^+), \quad A_n = \left(\frac{\hbar \nu_n}{2\varepsilon_0 V}\right)^{1/2}. \tag{6.31}$$

结合 (6.27) 式至 (6.31) 式，得到总哈密顿量

$$\begin{aligned} H &= \sum_n \hbar\nu_n a_n^+ a_n + \sum_i E_i \sigma_{ii} + \hbar \sum_{ij}\sum_n g_n^{ij} \sigma_{ij} (a_n + a_n^+), \\ g_n^{ij} &= -\frac{\boldsymbol{P}_{ij} \cdot \hat{e}_n A_n}{\hbar}. \end{aligned} \tag{6.32}$$

为简单起见，忽略了 (6.28) 式中的零点能，并且假定 $\boldsymbol{P}_{ij}$ 是实数.

考虑增益介质是一个二能级系统，这时 $\boldsymbol{P}_{ab} = (\boldsymbol{P}_{ba})^*$，$g^{ab} = g$，$g^{ba} = g^*$，$a$ 和 b 分别代表上、下能级. 哈密顿量 (6.32) 可以写为

$$H = \sum_n \hbar\nu_n a_n^+ a_n + (E_a\sigma_{aa} + E_b\sigma_{bb}) + \hbar \sum_n (g_n\sigma_{ab} + g_n^*\sigma_{ba})(a_n + a_n^+). \tag{6.33}$$

(6.33) 式中第 2 项可以改写为

$$E_a\sigma_{aa} + E_b\sigma_{bb} = \frac{1}{2}\hbar\omega(\sigma_{aa} - \sigma_{bb}) + \frac{1}{2}(E_a + E_b). \tag{6.34}$$

其中利用了 $(E_a - E_b) = \hbar\omega$ 和 $\sigma_{aa} + \sigma_{bb}=1$. 以后 (6.34) 式右边第 2 项的常数将忽略. 利用表示

$$\begin{aligned} \sigma_z &= \sigma_{aa} - \sigma_{bb} = |a\rangle\langle a| - |b\rangle\langle b|, \\ \sigma_+ &= \sigma_{ab} = |a\rangle\langle b|, \\ \sigma_- &= \sigma_{ba} = |b\rangle\langle a|. \end{aligned} \tag{6.35}$$

哈密顿量 (6.33) 可写为

$$H = \sum_n \hbar\nu_n a_n^+ a_n + \frac{1}{2}\hbar\omega\sigma_z + \hbar \sum_n (g_n\sigma_+ + g_n^*\sigma_-)(a_n + a_n^+). \tag{6.36}$$

在旋转波近似下，忽略 $a_n\sigma_-$ 和 $a_n^+\sigma_+$ 项，它们分别代表电子从上能级跃迁到下能级，同时又消灭一个光子，系统能量损失约 $2\hbar\omega$，以及电子从下能级跃迁到上能级，同时又产生一个光子，系统能量增加约 $2\hbar\omega$. 最后简化的哈密顿量为

$$H = \sum_n \hbar\nu_n a_n^+ a_n + \frac{1}{2}\hbar\omega\sigma_z + \hbar\sum_n \left(g_n\sigma_+ a_n + g_n^* a_n^+ \sigma_-\right). \tag{6.37}$$

6.3.2 密度矩阵

对一个量子力学系综，我们只需要知道该系统处于态 $|\psi\rangle$ 的概率 P_ψ，然后取系综平均. 物理量 O 的系综平均等于

$$\left\langle \langle O\rangle_{\text{QM}}\right\rangle_{\text{ensemble}} = \text{Tr}\left(O\rho\right). \tag{6.38}$$

其中，ρ 称为密度算符，定义为

$$\rho = \sum_\psi P_\psi |\psi\rangle\langle\psi|. \tag{6.39}$$

它具有性质

$$\text{Tr}\left(O\rho\right) = \text{Tr}\left(\rho O\right). \tag{6.40}$$

波函数满足 Schrödinger 方程，

$$\left|\dot\psi\right\rangle = -\frac{\text{i}}{\hbar} H |\psi\rangle. \tag{6.41}$$

由密度算符 ρ 的定义 (6.39)，有

$$\dot\rho = \sum_\psi P_\psi \left(\left|\dot\psi\right\rangle\langle\psi| + |\psi\rangle\left\langle\dot\psi\right|\right). \tag{6.42}$$

代入 (6.41) 式，得到

$$\dot\rho = -\frac{\text{i}}{\hbar}\left[H, \rho\right]. \tag{6.43}$$

这个密度算符的方程称为 Liouville 或者 von Neumann 方程，它比 Schrödinger 方程更普遍，因为用密度算符代替了态波函数，所以能给出量子力学的和统计的信息.

原子能级由于自发辐射或者碰撞等，有一定的寿命. 这有限的寿命可以唯象地在密度算符的方程 (6.43) 中加一个衰减项来描述. 定义一个弛豫算符 Γ，它满足

$$\langle n|\Gamma|m\rangle = \gamma_n \delta_{nm}. \tag{6.44}$$

考虑了弛豫，Liouville 方程就变为

$$\begin{aligned}\dot\rho &= -\frac{\text{i}}{\hbar}\left[H, \rho\right] - \frac{1}{2}\{\Gamma, \rho\}, \\ \{\Gamma, \rho\} &= \Gamma\rho + \rho\Gamma.\end{aligned} \tag{6.45}$$

一般弛豫过程是非常复杂的.

6.3.3 二能级系统 Spaser 的方程[4]

由哈密顿量 (6.37) 和密度算符方程 (6.45), 求得

$$\begin{aligned}
\dot{\rho}_{aa} &= -\gamma_a \rho_{aa} - \mathrm{i}\left[g_n \rho_{ba} a_n - g_n^* a_n^+ \rho_{ab}\right], \\
\dot{\rho}_{bb} &= -\gamma_b \rho_{bb} - \mathrm{i}\left[g_n \rho_{ab} a_n - g_n^* a_n^+ \rho_{ba}\right], \\
\dot{\rho}_{ab} &= -(\mathrm{i}\omega + \gamma_{ab})\rho_{ab} + \mathrm{i}g_n\left[(\rho_{aa} - \rho_{bb})a_n\right], \\
\dot{\rho}_{ba} &= (\mathrm{i}\omega - \gamma_{ba})\rho_{ba} - \mathrm{i}g_n^*\left[a_n^+(\rho_{aa} - \rho_{bb})\right].
\end{aligned} \tag{6.46}$$

令

$$\rho_{ab} = \bar{\rho}_{ab}\mathrm{e}^{-\mathrm{i}\nu t}, \quad \rho_{ba} = \bar{\rho}_{ba}\mathrm{e}^{\mathrm{i}\nu t}. \tag{6.47}$$

则 (6.46) 式中第 3、4 式可以写为

$$\begin{aligned}
\dot{\bar{\rho}}_{ab} &= -\left[\mathrm{i}(\omega - \nu) + \gamma_{ab}\right]\bar{\rho}_{ab} + \mathrm{i}\bar{g}_n(\rho_{aa} - \rho_{bb})a_n, \\
\dot{\bar{\rho}}_{ba} &= \left[\mathrm{i}(\omega - \nu) - \gamma_{ba}\right]\bar{\rho}_{ba} - \mathrm{i}\bar{g}_n^* a_n^+(\rho_{aa} - \rho_{bb}).
\end{aligned} \tag{6.48}$$

其中, $\bar{g}_n = g_n \mathrm{e}^{\mathrm{i}\nu t}$. 由 (6.46) 式可以得到

$$\begin{aligned}
\dot{n}_{ab} &= \dot{\rho}_{aa} - \dot{\rho}_{bb} = -2\mathrm{i}(\bar{g}_n \bar{\rho}_{ba} a_n - \bar{g}_n^* a_n^+ \bar{\rho}_{ab}) - \gamma_2(1 + n_{ab}) + g(1 - n_{ab}), \\
\gamma_2 &= \frac{1}{2}(\gamma_a + \gamma_b), \quad g = \frac{1}{2}(\gamma_a - \gamma_b).
\end{aligned} \tag{6.49}$$

γ_2 可以看作平均衰减率, g 可以看作外场 (电场或光场) 的泵浦率.

以下将 SP 的场作为经典场处理, 也就是将场算符 a_n 和 a_n^+ 看作一个常数 (c 数), 并且与时间的关系为

$$a_n = a_{n0}\exp(-\mathrm{i}\nu t). \tag{6.50}$$

a_{n0} 是时间的缓变函数, 则 (6.48) 式和 (6.49) 式简化为

$$\begin{aligned}
\dot{\bar{\rho}}_{ab} &= -\left[\mathrm{i}(\omega - \nu) + \gamma_{ab}\right]\bar{\rho}_{ab} + \mathrm{i}g_n(\rho_{aa} - \rho_{bb})a_{n0}, \\
\dot{\bar{\rho}}_{ba} &= \left[\mathrm{i}(\omega - \nu) - \gamma_{ba}\right]\bar{\rho}_{ba} - \mathrm{i}g_n^*(\rho_{aa} - \rho_{bb})a_{n0}, \\
\dot{n}_{ab} &= \dot{\rho}_{aa} - \dot{\rho}_{bb} = -2\mathrm{i}(g_n \bar{\rho}_{ba} - g_n^* \bar{\rho}_{ab})a_{n0} - \gamma_2(1 + n_{ab}) + g(1 - n_{ab}).
\end{aligned} \tag{6.51}$$

由哈密顿量 (6.37) 可求得 a_{n0} 的方程,

$$\dot{a}_{n0} = \left[\mathrm{i}(\nu - \nu_n) - \gamma_n\right]a_{n0} - \mathrm{i}\sum_p \bar{\rho}_{ba}^{(p)} g_n. \tag{6.52}$$

方程组 (6.51) 和 (6.52) 是高度非线性的, 每一个方程包含了一个二次非线性项: 等离子体场振幅 a_{n0} 与密度矩阵元 ρ_{ba} 或占据反演 n_{ab} 的乘积. 加起来, 这是一个 6 阶非线性. 这种非线性是 Spaser 方程的基本性质, 使得 Spaser 的激光总是一个实质非线性过程, 包含了非平衡相变和自发对称性破缺.

6.3.4 连续工作时的 Spaser 方程

当 Spaser 连续工作时, 方程 (6.51) 和 (6.52) 中左边对时间的微分项等于 0. 为了与文献 [1] 和 [3] 的符号一致, 方程 (6.51) 和 (6.52) 中的 ab 换成 $21, \omega, \nu, \nu_n$ 换成 $\omega_{21}, \omega_s, \omega_n$, g_n 换成 Ω_{12}, γ_{ba} 换成 Γ_{12}. 变量变换以后, 方程 (6.51) 和 (6.52) 变为

$$\dot{\bar{\rho}}_{12} = [\mathrm{i}(\omega_{12} - \omega_s) - \Gamma_{12}]\bar{\rho}_{12} - \mathrm{i}\Omega_{12}^* n_{21} a_{n0},$$

$$\dot{n}_{21} = \dot{\rho}_{22} - \dot{\rho}_{11} = -2\mathrm{i}(\Omega_{12}\bar{\rho}_{12} - \Omega_{12}^*\bar{\rho}_{21})a_{n0} - \gamma_2(1 + n_{21}) + g(1 - n_{21})$$

$$= 4\mathrm{Im}[\Omega_{12}\bar{\rho}_{12}a_{n0}] - \gamma_2(1 + n_{21}) + g(1 - n_{21}),$$

$$\dot{a}_{n0} = [\mathrm{i}(\omega_s - \omega_n) - \gamma_n]a_{n0} - \mathrm{i}\sum_p \bar{\rho}_{12}^{(p)}\Omega_{12}^{(p)}. \tag{6.53}$$

由 (6.53) 式可以求得

$$\begin{aligned}&(\omega_s - \omega_n + \mathrm{i}\gamma_n)^{-1} \times (\omega_s - \omega_{21} + \mathrm{i}\Gamma_{12})^{-1}|\Omega_{12}|^2 n_{21} = -1,\\ & n_{21} = (g - \gamma_2) \times \left\{g + \gamma_2 + 4N_n\Gamma_{12}|\Omega_{12}|^2/\left[(\omega_s - \omega_{21})^2 + \Gamma_{12}^2\right]\right\}^{-1}.\end{aligned} \tag{6.54}$$

其中, $N_n = (a_{n0})^2$ 是每一个 Spasing 模的光子数. 由 (6.54) 式第一式的虚部可求得 Spasing 模的频率

$$\omega_s = \frac{\gamma_n \omega_{21} + \Gamma_{12}\omega_n}{\gamma_n + \Gamma_{12}}. \tag{6.55}$$

由 (6.55) 式可见, Spasing 模的频率 ω_s 既不等于二能级能量之差 ω_{21}, 也不等于 SP 模的频率 ω_n, 而是介于两者之间, 好像是一个权重平均.

将 (6.55) 式代入 (6.54) 式, 就得到光子数 N_n 的联立方程

$$\begin{aligned}&\frac{(\gamma_n + \Gamma_{12})^2}{\gamma_n \Gamma_{12}\left[(\omega_{12} - \omega_n)^2 + (\gamma_n + \Gamma_{12})^2\right]} \times |\Omega_{12}|^2 n_{21} = 1,\\ & n_{21} = (g - \gamma_2) \times \left\{g + \gamma_2 + \frac{4N_n|\Omega_{12}|^2(\gamma_n + \Gamma_{12})^2}{\Gamma_{12}\left[(\omega_{12} - \omega_n)^2 + (\gamma_n + \Gamma_{12})^2\right]}\right\}^{-1}.\end{aligned} \tag{6.56}$$

因为 $n_{21} \leqslant 1$, 由方程 (6.56) 第一式直接得到 Spaser 存在的必要条件,

$$\frac{(\gamma_n + \Gamma_{12})^2}{\gamma_n \Gamma_{12}\left[(\omega_{12} - \omega_n)^2 + (\gamma_n + \Gamma_{12})^2\right]} \times |\Omega_{12}|^2 \geqslant 1. \tag{6.57}$$

在共振时, $\omega_n = \omega_{12}$, 上式变为

$$\frac{|\Omega_{12}|^2}{\gamma_n \Gamma_{12}} \geqslant 1. \tag{6.58}$$

上式的物理意义很清楚, 就是跃迁概率大于衰减率. 采用文献 [1],[3] 的符号

$$|\Omega_{12}|^2 = A_n^2 |d_{12}|^2 \frac{1}{\hbar^2} \int_V [1 - \Theta(\boldsymbol{r})] |\boldsymbol{E}_n(\boldsymbol{r})|^2 \mathrm{d}\boldsymbol{r},$$
$$A_n^2 = \frac{4\pi\hbar s_n}{\varepsilon_\mathrm{d} s_n'}. \tag{6.59}$$

利用 (6.7) 式、(6.10) 式和 (6.22) 式、(6.23) 式,

$$\mathrm{Im}s(\omega) = \frac{s_n^2}{\varepsilon_\mathrm{d}} \mathrm{Im}\varepsilon_m(\omega). \tag{6.60}$$

Spaser 存在条件 (6.58) 式可以写为

$$\frac{4\pi}{3} \frac{|\boldsymbol{d}_{12}|^2 n_\mathrm{c} [1 - \mathrm{Re}s(\omega)]}{\hbar \Gamma_{12} \mathrm{Re}s(\omega) \mathrm{Im}\varepsilon_m(\omega)} \geqslant 1. \tag{6.61}$$

其中, 分母 3 是考虑到偶极矩空间无规分布, 是对空间平均的结果. n_c 是介质中发色团 (chromophore) 的数目.

介质的增益为 (单位为: cm^{-1})

$$g = \frac{4\pi}{3} \frac{\omega}{c} \frac{\sqrt{\varepsilon_\mathrm{d}} |\boldsymbol{d}_{12}|^2 n_\mathrm{c}}{\hbar \Gamma_{12}}. \tag{6.62}$$

代入 (6.61) 式, 就得到 Spaser 的阈值增益,

$$g \geqslant g_\mathrm{th}, \quad g_\mathrm{th} = \frac{\omega}{c\sqrt{\varepsilon_\mathrm{d}}} \frac{\mathrm{Re}s(\omega)}{1 - \mathrm{Re}s(\omega)} \mathrm{Im}\varepsilon_m(\omega). \tag{6.63}$$

由 (6.63) 式可见, 阈值增益只依赖于系统的介电性质和 Spasing 频率, 不明显依赖于系统的几何. 图 6.2 所示的是由 (6.63) 式计算的银和金粒子包含在光学玻璃 (ε_d=2) 和半导体 (ε_d=10) 中的 Spaser 的阈值增益与频率的关系[1]. 直线代表 g_th=3×10^{3}cm^{-1}, 因此它很容易被银粒子的 Spaser 达到.

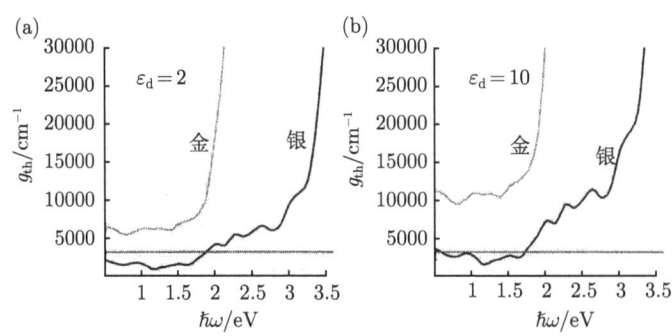

图 6.2 银和金粒子包含在光学玻璃 (ε_d=2) 和半导体 (ε_d=10) 中的 Spaser 的阈值增益与频率的关系 [1]

6.3 Spaser 理论

在连续工作 (CW) 的模式下, 可以解联立方程 (6.56) 求得每个 Spasing 模包含的 SP 数目 N_n 与泵浦率 $g(\text{s}^{-1})$ 的关系[1]. 对半径为 $R=12$nm 的银粒子, 取增益介质与 Spasing SP 模的失谐频率为 $\hbar(\omega_{21}-\omega_n)=-0.02$eV, 由 (6.56) 式求得的 N_n 和粒子数反演 n_{21} 作为 g 的函数分别如图 6.3(a) 和 (b) 所示. 图中不同的曲线对

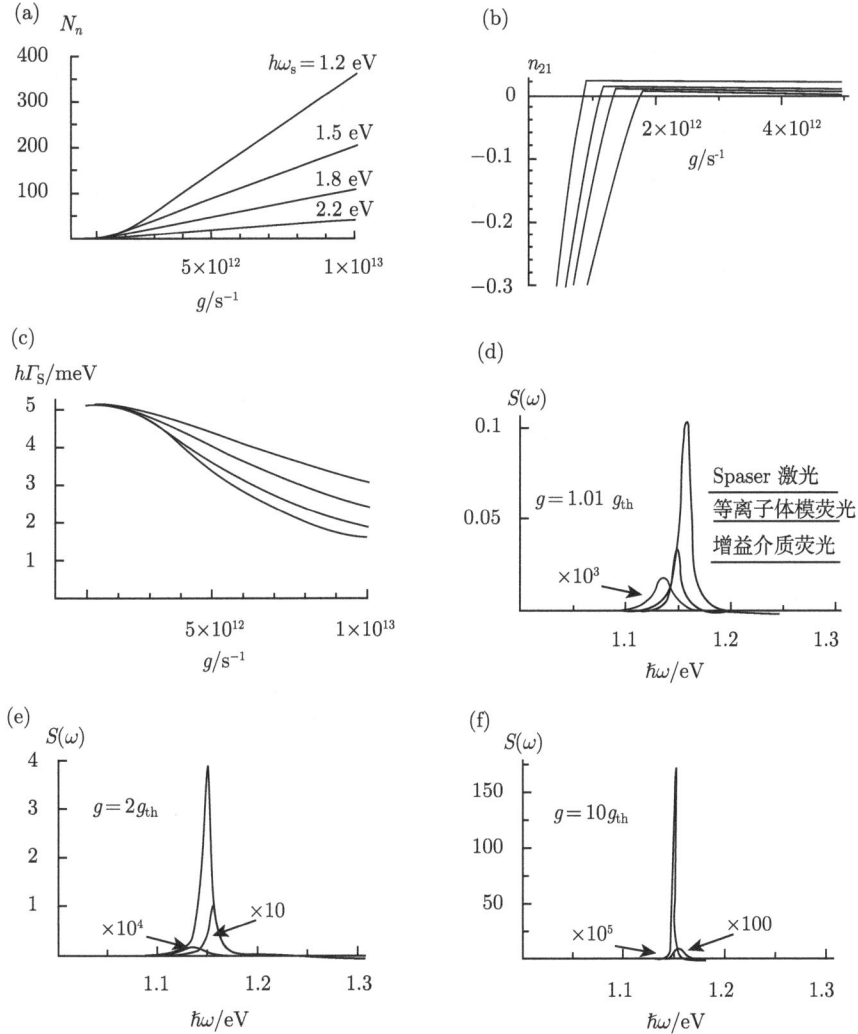

图 6.3 (a) 不同的偶极本征模频率 ω_n 下每个 Spasing 模包含的 SP 数目 N_n 与泵浦率 $g(\text{s}^{-1})$ 的关系; (b) 粒子数反演 n_{21} 作为 g 的函数; (c)Spasing 态宽度 $\hbar\Gamma_\text{s}$ 作为 g 的函数; (d)~(f) 不同 g 下 Spaser 线激光、孤立增益介质的自发辐射线以及 SP 增强辐射线的形状和强度作为频率的函数

应于不同的偶极本征模频率 ω_n. 由图 6.3(a) 可见, 阈值增益 $g_{th} \sim 10^{12}\text{s}^{-1}$. 泵浦率 g 高于阈值增益, N_n 随 g 的增加而线性地增加, 说明激发的每一个量子都加到有源介质, 使它具有高的概率发射一个 SP. 传统的激光器受激发射时, 要求光子数 $N_n \sim 10^{18} \sim 10^{20}$, 而 Spaser 与此不同, $N_n \leqslant 100$. 这是由于 Spaser 的体积 V_n 非常小, 因此具有非常强的反馈.

由图 6.3(b) 可见, 在增益 g 达到阈值前, 粒子数反演 n_{21} 随 g 的增加而增加, 并在 g 超过阈值时变为正. 当 g 再继续增加时, n_{21} 变为常数 (反演钉扎 clamping). 反演钉扎的水平是非常低的, $n_{21} \sim 0.01$, 这也是由于 Spaser 非常强的反馈.

当一个发光团的 SP 自发辐射变成 Spaser SP 模时, 它将导致 Spasing 态的相扩散, 使得 Spasing 态有一定的宽度 $\hbar\Gamma_s$. 图 6.3(c) 是不同的偶极本征模频率 ω_n 下 $\hbar\Gamma_s$ 作为 g 的函数. 由图可见, 当 g 等于 g_{th} 时, $\hbar\Gamma_s$ 等于 SP 线的 γ_n. 当 g 增加时, 也就是泵浦较强时, SP 在 Spasing 模中积累, $\hbar\Gamma_s \propto N_n^{-1}$ 而减小. $\hbar\Gamma_s$ 的减小反映了随着 SP 量子数的增加, Spasing 态具有较高的相干度.

偶极 SP 模发展成激光时, 在远场将是一条反常窄和强的辐射线. 这条线与孤立增益介质的自发辐射线以及它在 Spaser 中 SP 增强辐射线的形状和强度示于图 6.3(d)$\sim$(f). 注意到, 增益介质的辐射线相对于 SP 线的中心有 20meV 的红移, 说明 Spaser 线的谱行走 (spectral walk-off). 当 g 高于 g_{th} 百分之一时, Spaser 线在强度和宽度上与 SP 线相当. 当 g 是 g_{th} 两倍时, Spaser 线强度有很大增加, 但宽度仍和 SP 线相当. 当 g 是 g_{th} 一个数量级大时, Spaser 线强度增加, 宽度变得非常窄, 主导了辐射谱. 这是由于在这工作区域, 量子涨落是非常小的.

6.4 纳米线等离子体激光器

在第 4 章和这一章中主要讨论了纳米粒子的等离子体激光器, 这一节介绍纳米柱等离子体激光器. 张翔等将 CdS 纳米线放在 Ag 表面上, 中间隔了一层 5 nm 厚的 MgF_2 绝缘层, 制成了等离子体模激光器, 波长 λ=489 nm, 在可见光波段[5]. 模的大小比衍射极限点小 100 倍, 是一个典型的等离子体模激光器. 它的结构和光场分布如图 6.4 所示[5], (a) 是结构示意图, 插图是激射时的扫描电子显微镜图; (b) 是模拟的电场分布, 说明电场主要集中在纳米线下的 MgF_2 层中.

激光器直径 129 nm, MgF_2 层厚度 5 nm, 是用波长为 405 nm 的激光激励的. 随着泵浦功率的不断增加, 激光器发光由自发辐射、放大自发辐射, 一直到完全的激光辐射, 它的谱线如图 6.5(a) 所示[5], 4 条谱线分别对应于激发功率 21.25MW·cm^{-2}、32.50MW·cm^{-2}、76.25MW·cm^{-2}、131.25 MW·cm^{-2}. 左边是 3 个阶段发光的电子显微镜图. (b) 是输出光功率 (对数坐标) 与泵浦光峰强度的关系, 由图可见, 当泵浦光功率超过一临界值时, 输出光功率就非线性地增加, 产生激光. (c) 是谱线宽度

6.4 纳米线等离子体激光器

与纳米线长度倒数 $1/L$ 的关系, 由图可见, 纳米线越长, 谱线越窄.

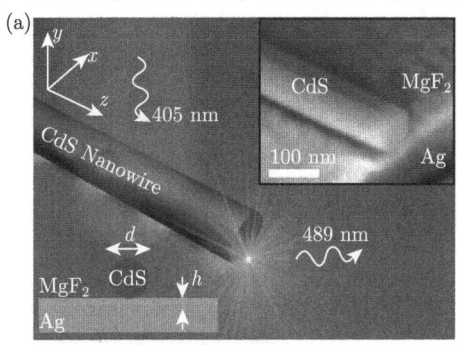

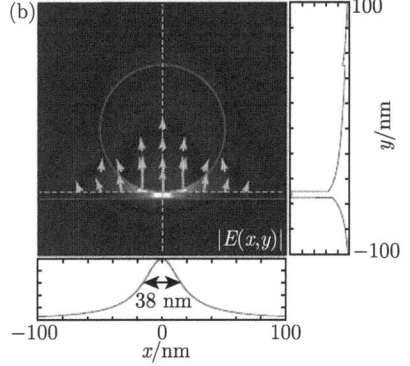

图 6.4 (a) CdS 纳米线等离子体激光器结构示意图, 插图是激射时的扫描电子显微镜图; (b) 模拟的电场分布

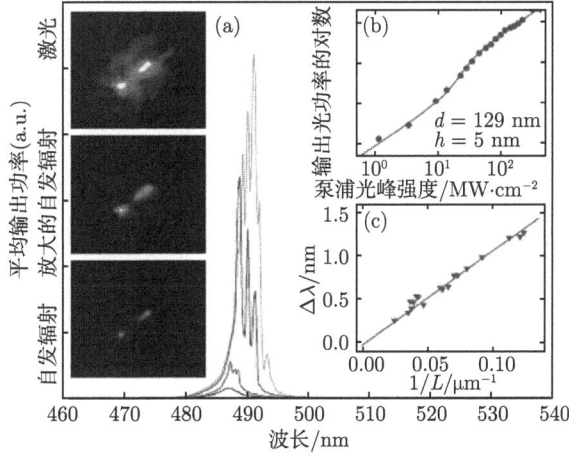

图 6.5 (a) 不同泵浦功率下激光器发射的谱线, 左图是 3 个阶段发光的电子显微镜图; (b) 输出光功率 (对数坐标) 与泵浦光峰强度的关系; (c) 谱线宽度与纳米线长度倒数 $1/L$ 的关系

文献 [5] 还讨论了这种纳米线等离子体激光器与通常的纳米线激光器 (称为光子激光器) 的差别. 两者差别主要在临界尺寸上, CdS 纳米线光子激光器直径的临界尺寸是 150 nm, 由于衍射极限, 小于 150nm 直径的纳米线就不能产生激光. 而纳米线等离子体激光器就不受这个限制, 直径小到 50 nm 的纳米线也能发出激光, 如图 6.4(b) 所示.

参 考 文 献

[1] Stockman M I.//Shahbazyan T V, Stockman M I. Plasmonics: Theory and Applications. Springer, 2013, p.1.
[2] Lu Y J, Kim J, Chen H Y, et al. Science, 2012, 337: 450.
[3] Bergman D L, Stockman M I. Phys. Rev. Lett., 2003, 90: 027402.
[4] Scully M O, Zubairy M S. Quantum Optics. Ch. 6, Cambridge, 1997.
[5] Oulton R F, Sorger V J, Zentgraf T, et al. Nature Lett., 2009, 461: 629.

第 7 章 二维电子气的等离子体激发和太赫兹器件

7.1 研究背景

高频电子器件已进入微米波时代. 短波长的电磁波可以改善雷达的空间分辨率, 透过暴雨和浓雾看清物体. 微米波成像系统能用作飞机雾中着落的导航仪或者海关的检查系统. 在无线通信系统中微米波对于增加传输的比特率是不可缺少的. 未来的网络将在家、办公室和公共场所都配置各种各样的信息处理和存储器件. 每条线的比特率是有线通信系统的量度 (metric), 而单位面积 (或体积) 的比特率是估价无线通信系统的一个重要因子. 为了增加无线通信系统的量度, 必须增加载体的频率和谱效率. 由于微米波带和将来的太赫兹波带的高频和方向性, 所以其发展是非常吸引人的.

单片集成电路是通信装备, 特别是可移动无线终端的不可缺少的部分. 要提高器件的功能 (如速度), 必须将器件的尺寸缩小. 但是目前器件工艺已经进入了几十纳米的范围, 要进一步缩小器件的尺寸将面临困难. 除了按照传统的方法解决问题外, 大量的努力已经建立在新原理基础上制造太赫兹器件. 其中等离子体基的器件最吸引人, 因为它能在室温下工作.

高频模拟集成电路和高速数字集成电路的发展情况如图 7.1 所示, 由图可见, 模拟电路的工作频率停留在 200GHz 已经 10 年了, 而数字电路的比特传率逐年上升, 达到了 $100 \text{Gbit} \cdot \text{s}^{-1}$. 尽管数字电路的比特传率迅速增加, 但在最近的将来, 直流太赫兹数字处理过程是不可能的. 这意味着太赫兹波带将用于无线通信系统的 RF 载体, 或者光纤通信系统中的中间频率.

图 7.1 是高频振荡器件和激光器的输出功率作为频率的函数, 从微波到光波. 由图可见, 在电子和光子振荡器之间存在一个间隙. 电子器件有碰撞雪崩及渡越时间二极管、耿氏器件和共振隧穿二极管, 光子器件有 III-V 族半导体激光器、铅盐半导体激光器和量子级联激光器. 高频电子器件中, InP 基的高电子迁移率晶体管 (HEMT) 的截止频率 f_T 达到 560GHz, InP 基的异质结双级晶体管的最高振荡频率 f_{max} 达到 600 GHz, 已经趋于饱和.

量子级联激光器是太赫兹激光器的一个成功的例子, 它由几十甚至上百个重复周期组成, 能带结构如图 7.2 所示. 利用电子子带间的跃迁发射光子, 光子的频率由子带间的能量差决定. 每个周期由激活区和弛豫区组成, 电子在激活区中由高能

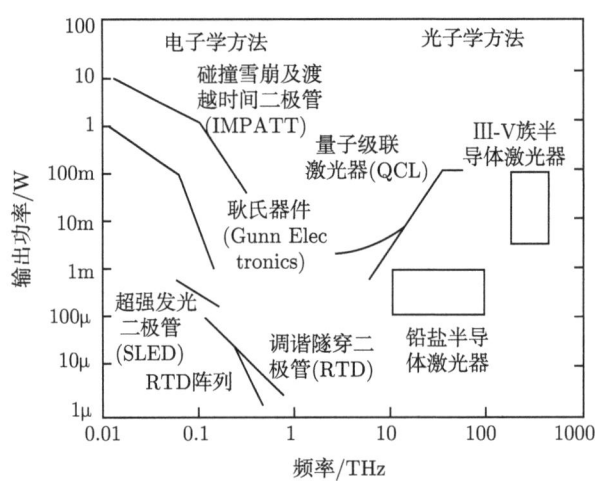

图 7.1　高频模拟集成电路和高速数字集成电路的发展情况

级向低能级跃迁,发出光子,然后在弛豫区中弛豫至下一个激活区的激发态,如此反复循环. 激活区越多, 发出光子越多. 量子级联激光器具有许多优点, 例如, 波长可调, 与所用材料带隙无直接关系; 光子辐射具有单向偏振性; 适合室温工作; 响应快; 等等. 但由于由许多层组成, 所以对器件生长工艺要求很严.

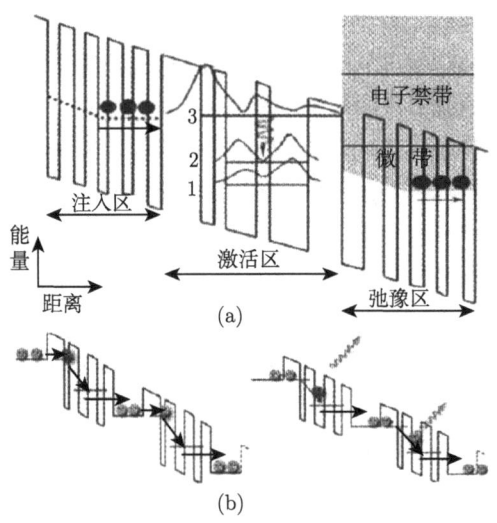

图 7.2　量子级联激光器的能带结构和子带能级跃迁示意图

利用不同半导体结构中的等离子体波效应产生太赫兹辐射的想法开始于二十世纪的五六十年代. 主要思想是在电子气系统偏离平衡态足够强的条件下, 利用等离子体波的自激发 (等离子体波不稳定性), 这是受到自然界和人为条件下的热气体等离子体的不稳定性的启发所产生的. 但是在三维半导体结构中等离子体不稳定性受到电子与杂质和声子的碰撞而压制, 而在二维电子气 (2DEG) 中由于电子与杂质空间分离, 电子具有高迁移率, 目前, 有望克服这一障碍. 在实际的二维电子气中电子等离子体波的特征频率正好落在太赫兹范围, 这使得实现等离子体波弱碰撞阻尼的条件成为可能. 在这种情况下, 2DEG 系统能产生与等离子体波的高品质因子相联系的显著的共振响应, 所以就能用作不同太赫兹器件中的共振腔 (resonator). 目前不同的实验组已经观察到由等离子体不稳定性和等离子体辅助的光电混频器 (photomixing) 产生的太赫兹辐射[1,2].

器件将两组交叉排列的栅极和一个垂直腔集成在一个半导体异质结 HEMT 中, 使得这个在亚微米至纳米尺度内人工构造的与结构有关的高度色散的等离子体系统能完成在太赫兹频率范围内发射、检测和高功能的信号处理, 如强度调制、混频等. 试验样品已经由 InGaP/InGaAs/GaAs 材料系统制造出来了, 成功地首次观察到室温下太赫兹的受激发射.

7.2 二维电子气等离子体模的激发的新机制

一个快电子束穿过一个周期性的金属结构, 会产生电磁波的辐射, 这个现象称为 Smith-Purcell 效应. 它构成了许多真空器件的基础, 如行波管、背波管等. 在这些器件中, 电子在真空中被外电场加速至 v_{dr}, 并穿过一个周期性金属结构, 如栅或螺旋丝, 导致了频率为 $f \sim v_{dr}/a$ 的电磁波的放大或产生, a 是栅的周期. 漂移速度 v_{dr} 由外加电压确定, 所以这类器件称为电压调制的放大器或产生器.

真空器件成功地工作在射频和微波领域. 但由于在真空中自由站立的非常小周期的金属线的力学强度的限制, 工作频率的进一步提高面临着严重的困难. 所以真空器件的工作频率一般达不到红外 (FIR) 区域.

在 20 世纪 70 年代, Si 金属氧化物半导体场效应管 (MOSFET) 和 GaAs/Al$_x$Ga$_{1-x}$As 异质结中二维电子系统 (2DES) 的等离子体振荡的实验研究积极地开展起来. 在很大一部分实验工作中 FIR 透射谱被用来检测 2D 等离激元, 如图 7.3 所示[3]. 其中栅的周期和 2D 电子的运动方向都在 x 方向, 系统在 y 方向是无限的. 对透射实验, 电子的漂移速度 $v_{dr}=0$, 入射电磁波强度 $I_0 \neq 0$. 对发射实验, $I_0=0$, $v_{dr} \neq 0$. 在这个实验中, 2D 等离激元通常是非辐射模, 它与电磁波通过位于 2D 层附近的金属栅相耦合.

在透射实验中, 强度为 I_0 的入射电磁波沿着 z 方向垂直入射至 2D 层, 电场方向垂直于栅条 (沿 x 方向). 测量穿过结构的透射波谱 $T(\omega)$, 看到明显的共振峰, 对应于 2D 等离激元的激发, 具有倒格矢 $\boldsymbol{G}_m=(2\pi m/a,0)$. 实验中电磁波的能量转化为 2D 等离激元的能量.

在发射实验中，一个强的直流电流沿着 x 方向通过 2D 层, $I_0=0$, $v_{dr}\neq 0$. 实验测量到发射的电磁波, 固态结构中栅的周期能做到小于 $1\mu m$, 因此 2D 等离激元的典型频率落在太赫兹 (FIR) 区域. 尽管这个想法很吸引人, 但从 2D 电子系统 (ES) 发出的辐射强度是非常小的, 难以做成固态器件.

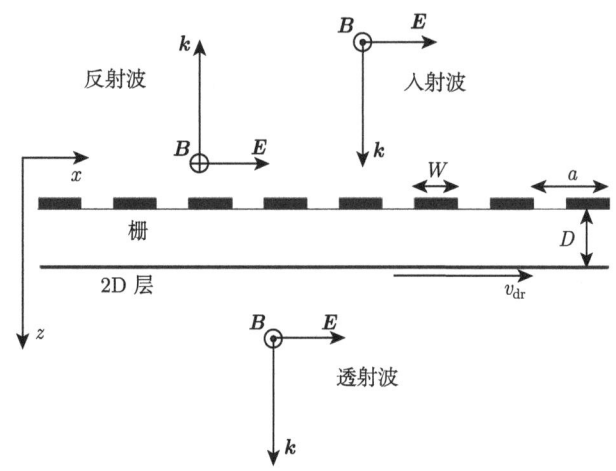

图 7.3 透射和发射实验的结构示意图

当直流电流通过有栅的电子系统时, 它的能量转化为电磁辐射的过程分两步. 首先它被电流驱动的等离子体不稳定性转化为束中的等离子体振荡能量, 然后储存在等离激元场中的能量被栅转化为电磁辐射. 当电子的漂移速度超过一个临界值 v_{th} 时, 系统中就发展等离子体不稳定性. v_{th} 大约等于束中电子的等离子体频率除以典型的栅格波矢 $G_1=2\pi/a$. 在真空器件中, 电子束的等离子体频率比固体中小得多, 电子很容易加速超过临界速度. 而在固体中, 超过临界速度比在真空器件中难得多, 因此第一个从栅耦合 2DES 得到光发射的尝试就失败了.

Dyakonov 和 Shur 提出利用电子气中电子的集体效应 (相当于流体) 产生等离子体波[4]. 本节介绍 Dyakonov 和 Shur 模型.

在一个弹道场效应晶体管中, 电子在渡越过程中虽然没有受到声子和/或杂质的碰撞, 但是高的电子浓度造成了许多电子-电子碰撞. 在这种情况下, 单个电子不能看作一个弹道电子, 而是作为一个整体的 2D 电子气, 它将显示有趣的流体力学行为. 可以证明, 弹道 FET 的静电流态是不稳定的. 这种不稳定性是在太赫兹频率的等离子体波发展的结果, 具有重要的应用前景.

图 7.4 是弹道场效应晶体管 (FET) 示意图[4]. 栅长度 L 远小于平均自由程 λ, 但大于电子-电子碰撞的平均自由程 λ_{ee}. 假定这个晶体管是 AlGaAs/InGaAs 高电子迁移率晶体管. 在 77K 和 300 K, InGaAs 层中 2D 电子气的动量弛豫时间分别为

7.2 二维电子气等离子体模的激发的新机制

$\tau_\mathrm{p} \approx 10^{-11}$s 和 3.5×10^{-13}s(杂质散射被抑制). 如果电子的漂移速度为 10^7cm·s^{-1}, 则对于 1μm, 0.1μm, 0.03μm 的栅长, 电子的渡越时间分别为 10^{-11}s, 10^{-12}s 和 3×10^{-13}s. 因此电子的渡越时间可以做到在 77 K 下小于动量弛豫时间, 甚至在 300 K 下. 但是对一个 2D 电子气典型的载流子面密度为 $n_\mathrm{s}=10^{12}$ cm^{-2}, 电子-电子碰撞的平均自由程为电子间的平均距离 10 nm, 因此电子气是高度非理想的, 在电子渡越时间内电子-电子碰撞数是大的. 另一方面, 电子气不是简并的, 因为在强简并电子气中, 由于泡利原理, 电子-电子碰撞是被抑制的. 在这种条件下, 电子像一个流体没有外摩擦地运动在通道内, 因此可以用流体力学方程描述电子的运动.

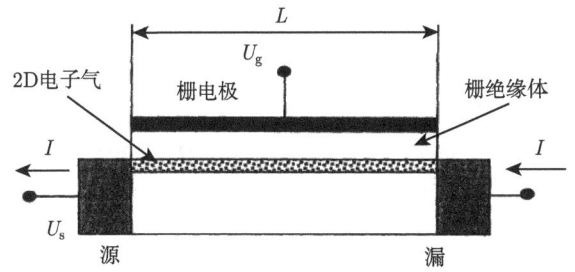

图 7.4 弹道 FET 结构示意图

在弹道 FET 中 (图 7.4) 栅电极与通道由一层栅绝缘体隔开 (如在典型的 HEMT 器件中的 AlGaAs, 一个掺杂或不掺杂的宽禁带半导体). FET 通道中的电子面密度由下式给出:

$$n_\mathrm{s} = \frac{CU}{e}. \tag{7.1}$$

其中, C 是单位面积的栅电容, $U = U_\mathrm{GC}(x) - U_\mathrm{T}$, $U_\mathrm{GC}(x)$ 是局域的栅–通道电压, U_T 是临界电压.

运动方程为

$$\frac{\partial v}{\partial t} + v\frac{\partial v}{\partial x} = -\frac{e}{m}\frac{\partial U}{\partial x}, \tag{7.2}$$

其中, $\partial U/\partial x$ 是通道中的纵向电场, $v(x,t)$ 是局域的电子速度, m 是电子的有效质量. 由方程 (7.1) 可得到电子的连续性方程

$$\frac{\partial U}{\partial t} + \frac{\partial (Uv)}{\partial x} = 0. \tag{7.3}$$

(7.1) 式和 (7.2) 式是 Dyakonov 和 Shur 模型的基本方程[4].

由 (7.1) 式可见, 栅压 U 是和通道中的电子面密度 n 相联系的, 因此用电子密

度 n 作变量更直观一些. 代替方程 (7.2) 式和 (7.3) 式, Crowne 写出了下列方程[5]:

$$\begin{aligned}
&\frac{\partial v}{\partial t} + v\frac{\partial v}{\partial x} = -\frac{s^2}{n_0}\frac{\partial n}{\partial x}, \\
&s = \sqrt{\frac{eU_0}{m}}, \\
&n_0 = \frac{CU_0}{e}, \\
&\frac{\partial n}{\partial t} + \frac{\partial (nv)}{\partial x} = 0.
\end{aligned} \quad (7.4)$$

其中, s 相当于 "声速", n_0 是稳态下的电子密度.

注意到方程 (7.2) 和 (7.3) 和浅水的流体力学方程是相同的, 它的物理原因是通道中的面电荷正比于 U, 而不像三维情况下由泊松方程控制. 在这流体力学类比中, v 对应于流体速度, eU/m 对应于 gh, h 是浅水的水平, g 是自由落体加速度. 令

$$\begin{aligned}
n(x,t) &= n_0 + n_1 e^{i(kx-\omega t)}, \\
v(x,t) &= v_0 + v_1 e^{i(kx-\omega t)}.
\end{aligned} \quad (7.5)$$

将 (7.5) 式代入方程 (7.4), 并对方程线性化, 只保留 n_1 和 v_1 的一次项, 得到方程

$$\begin{aligned}
&-i\omega v_1 + v_0 v_1 (ik) + \frac{s^2}{n_0}n_1 (ik) = 0, \\
&-i\omega n_1 + n_0 v_1 (ik) + v_0 n_1 (ik) = 0.
\end{aligned} \quad (7.6)$$

方程有解的条件为系数行列式为零. 求得波的色散关系

$$k = \frac{\omega}{v_0 \pm s}. \quad (7.7)$$

其中, ω 是频率, k 是波矢, $s = (eU_0/m)^{1/2}$ 是波速. v_0 是电子的恒定速度, 也就是恒定电流 $j = n_0 v_0 = CU_0 v_0/c$. 由 (7.7) 式可见, 等离子体波可以由电流所携带的. 这个波正是 FET 通道中的等离子体波, 实验已经在硅反型层上观察到这些波引起的红外吸收和弱红外发射[6].

Dyakonov 和 Shur 的工作[4] 在于将 HEMT 的有限几何处理成等离子体波的共振腔. 他们在 2DEG 的两端设定了微扰波的边界条件: 假定在源端 $(x=0)\,n_1(0)=0$, 而在漏端 $(x=L)$ 电流 $j_1(L) = n_1(L)v_0 + n_0 v_1(L)=0$. 这个边界条件相当于在源端是零阻抗, 而在漏端是无穷大阻抗. 类似于一个传输线, 一端是短路, 另一端是开路. 不同于传输线, 在这个系统中在相反方向传播的波速是不同的. 可以证明, 不

同的波速导致了稳态电子流对等离子体波产生的不稳定性. 令

$$n_1(x) = A_+ e^{ik_+ x} + A_- e^{ik_- x},$$
$$k_\pm = \frac{\omega}{v_0 \pm s}. \tag{7.8}$$

为了满足连续性方程, 必须有

$$j_1(x) = \frac{\omega}{k_+} A_+ e^{ik_+ x} + \frac{\omega}{k_-} A_- e^{ik_- x}. \tag{7.9}$$

利用边界条件 $n_1(0)=0$ 和 $j(L) = n_0 v_1(L) + v_0 U_1(L) = 0$, 得到方程

$$A_+ + A_- = 0,$$
$$\frac{\omega}{k_+} A_+ e^{ik_+ L} + \frac{\omega}{k_-} A_- e^{ik_- L} = 0. \tag{7.10}$$

由系数行列式为零得到

$$\exp\left(2i \frac{\omega L s}{s^2 - v_0^2}\right) = \frac{v_0 - s}{v_0 + s}. \tag{7.11}$$

方程 (7.11) 是一个复数方程, 因此频率 ω 是一个复数, 它的实部和虚部分别为

$$\omega' = \frac{|s^2 - v_0^2|}{Ls} \pi n,$$
$$\omega'' = \frac{s^2 - v_0^2}{2Ls} \ln\left|\frac{s + v_0}{s - v_0}\right|. \tag{7.12}$$

其中, n 是奇整数 (当 $|v_0| < s$), 偶整数 (当 $|v_0| > s$).

图 7.5 是无量纲的 ω 虚部 $2\omega'' L/s$ 作为 Mach 数 v_0/s 的函数[4]. 由图可见, 对正的 v_0, 当 $v_0 < s$ 时稳态流是不稳定的, 当 $v_0 > s$ 时稳态流是稳定的. 对负的 v_0(源和漏倒过来), 则当 $|v_0| > s$ 时稳态流是不稳定的, 当 $|v_0| < s$ 时稳态流是稳定的. 当 Mach 数 $v_0/s \ll 1$, $\omega'' = v_0/L$, 电子渡越时间的倒数.

实际上 $v_0 > s$ 是难以达到的, 因为由于发射光学声子, 电子的漂移速度通常在 $2\times 10^7 \text{cm} \cdot \text{s}^{-1}$ 时达到饱和. 要满足这个条件, U_0 不能超过 15 meV. 从物理上讲, 如果考虑波在每个边界上的反射, 不稳定性的原因是清楚的. 方程 (7.2) 和 (7.3) 线性化后的解表明, 反射不改变在 $x=0$ 处的振幅 (那里电压是固定的), 而在 $x = L$ 处 (那里电流是固定的), 反射和入射波的振幅之比为 $(s+v_0)/(s-v_0)$. 因此对 $v_0 < s$ 从边界上反射导致了波的放大. 令 $\tau = L/(s+v_0) + L/(s-v_0)$ 是波在通道中一个来回所需的时间. 在时间 t 内, 波振幅放大 $[(s+v_0)/(s-v_0)]^{t/\tau}$ 倍. 将 $[(s+v_0)/(s-v_0)]^{t/\tau}$ 等于 $\exp(\omega'' t)$, 就得到 (7.12) 第 2 式. 因此, 等离子体波产生的新机制是基于波在电流固定的边界上反射的放大作用.

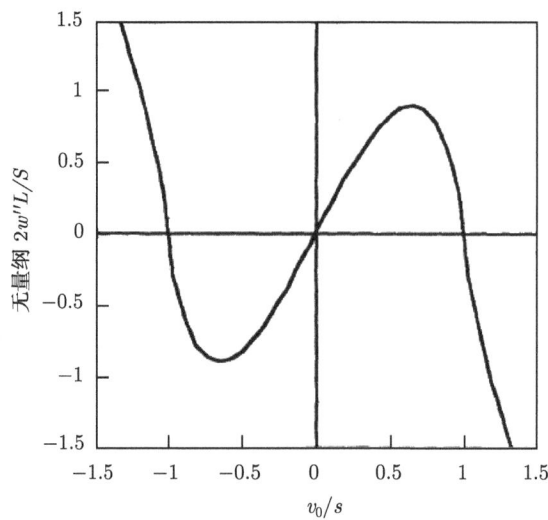

图 7.5 无量纲的 ω 虚部 $2\omega''L/s$ 作为 Mach 数 v_0/s 的函数

与波增长相反的有两个衰减机制：①与电子被声子或杂质散射有关的外摩擦；②电子流体的黏滞性引起的内摩擦. 外摩擦可以由在方程 (7.2) 右边加一项 $-v/\tau_\mathrm{p}$ 考虑, 结果在波的增量 ω'' 中加一项 $-1/2\tau_\mathrm{p}$. 因此只有在电子散射事件相对少的时候, 波才能增长. 电子的黏滞性 v 引起附加的阻尼, 具有减量 vk^2, k 是波矢. 因此黏滞性对阻尼高阶模特别有效. 比较基模的 ω'' 和 vk^2, 发现当雷诺数 $Re = Lv_0/v$ 远大于 1 时, 对 $v_0 \leqslant s$ 黏滞性的效应是小的.

在 77K 下, 电子面密度 $10^{12}\mathrm{cm\cdot s^{-1}}$ 时, 电子流体的黏滞性 $v_\mathrm{F}\lambda_\mathrm{ee}$ 为 $\hbar/m$ 的量级, 近似为 15 $\mathrm{cm^2\cdot s^{-1}}$. 对 $v_0=10^7\mathrm{cm\cdot s^{-1}}$ 和 $L=0.2$ μm, 电子流体的雷诺数估计为 $Re = mv_0L/\hbar \approx 12$. 假定 $\tau_\mathrm{p} \approx 10^{-11}$ s, 当 $v_0 > 10^6\mathrm{cm\cdot s^{-1}}$ 时, 增量 v_0/L 超过了减量 $1/2\tau_\mathrm{p}$. 对同样的样品, 黏滞性引起的减量为 $\nu(\pi/2L)^2$, 当速度 $v_0 > \pi^2\nu/4L \approx 1.8 \times 10^6\mathrm{cm\cdot s^{-1}}$ 时, 减量小于增量. 因此产生不稳定性的临界速度远小于 GaAs 中的峰速度.

等离子体振荡造成了通道电荷和栅极上镜像电荷的周期变化, 也就是偶极矩的周期变化. 这变化导致了电场辐射. 因为器件长度远小于对应于等离子体频率的电磁辐射的波长 λ_R. 因此弹道 FET 可以作为电磁辐射的点源或线源. 为了加大功率, 可以将许多这样的器件放在一个准光学阵列中. 极大辐射强度受栅压 U_0 限制. 储存在栅电容器中的能量为 CU_0^2WL, W 是器件的宽度. 这个能量将在大于电子渡越的时间 L/v_0 内被辐射. 因此极大的辐射功率估计为 $CU_0^2Wv_0\alpha^2$, 其中 $\alpha = U_1/U_0$, U_1 是波的振幅. 取 $d=35$ nm, $\varepsilon=13$, $U_0=0.5$V, $v_0 = 10^7\mathrm{cm\cdot s^{-1}}$, $W=100$μm, $L=0.2$μm, $\alpha=0.5$, 求得频率 $f = s/4L \approx 1.5$ THz, $s=1.15\times10^8\mathrm{cm\cdot s^{-1}}$, $n_\mathrm{s} \approx 10^{12}$ $\mathrm{cm^{-2}}$, $P=2$

mW. 这仅仅是估计的上限, 因为辐射效率很低 (依赖于天线设计和其他因素). 但是它确立了弹道 FET 在太赫兹频率范围内的应用前景. 这个器件将工作频率与电子渡越时间分离开了, 而可以由变化 U_0 在一个宽的频率范围内调节.

7.3 基于周期栅的 HEMT 等离子体振荡器件

7.3.1 太赫兹辐射器

图 7.6 是等离激元共振发射器的示意图[1,2]. 器件结构基于 HEMT, 外加了 (a) 交叉放置的两类栅极 G1 和 G2, 栅宽 100nm, 间隔微米至亚微米. (b) 在栅平面顶部和底部的 THz 镜之间有一个垂直腔结构. 这个结构可以用作 THz 天线, 或者放大器. 底面的 THz 镜是由透明金属组成的, 如 indium titanium oxide (ITO), 可以由背面光学双光子辐照产生等离激元的激发.

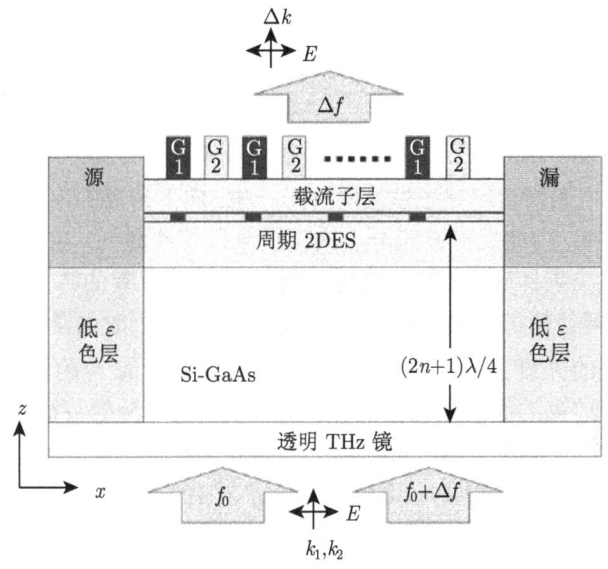

图 7.6 GaAs 基周期栅 HEMT 器件示意图

G1 栅的宽度是 300nm, G2 栅的宽度是 100nm, 间隔 100nm. 在等离激元腔中感应的电子密度在 G1 下方约为 10^{12} cm^{-2}, G2 下方为 $10^{10} \sim 10^{11}$ cm^{-2}. 栅的偏置电压 V_{G1} 和 V_{G2} 分别为 $V_{th}+2.2$V 和 $V_{th}+0.2$V, V_{th} 是临界电压. 当加上直流源漏电压 V_{DS} 时, 2D 电子加速, 产生一个恒定的源漏电流 I_{DS}. 由于周期的 2D 电子密度调制, 直流电流可以在每个等离激元腔中激发等离子体波. 如图 7.7 所示[2], 非对称的腔边界产生了等离子体波的反射, 以及密度的突变、电子的漂移速度引起的电流驱动的电流激元不稳定性, 导致了相干共振等离激元的激发. 栅极还用作太赫兹辐射天线,将非辐射的纵向等离激元模转化为辐射的横向电磁模.

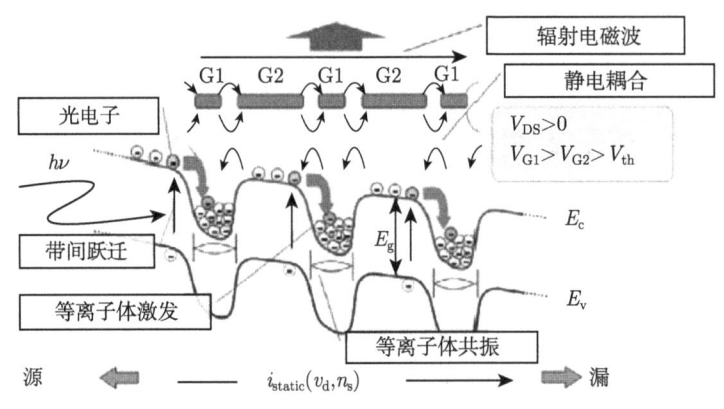

图 7.7 能带图和工作机制

当器件由激光照射激发时,产生的光电子主要集中在 G2 下方,具有许多未占据电子态的弱电荷区域,然后注入到 G1 下方的等离激元腔中. 在非对称的腔边界下,它们也能激发等离激元. 如果 G2 下方区域中的腔大小和载流子密度也满足共振条件,则激光辐照不仅能在 G1 下方,而且能在 G2 下方激发等离激元.

一旦太赫兹电磁波由等离子体波的种子产生,向下传播的电磁波在底部镜面反射至等离激元区域,因此反射波能再一次直接激发等离激元. 当等离激元共振频率满足共振腔的驻波条件时,太赫兹电磁辐射将以一种反复的方式增强等离激元共振. 所以如果腔增益超过腔损失时,垂直腔就相当于一个放大器.

与结构有关的关键参量示于图 7.8[1]. 基本参量是最初的等离激元共振频率 ω_{p2},它是周期栅约束的等离激元腔的特征频率. 连接部分的特征频率是 ω_{p3},格栅条也有它自己的特征频率 ω_{p1}. 所有这 3 个参数主要由栅宽度 W、层间距离 d 和载流子密度确定,还受栅周期 a,或填充因子 $f = W/a$ 影响. 最后一个参量 ω_L 对应于垂直腔共振. 若格栅是金属做的,类似于标准的 HEMT,则 ω_{p1} 比 ω_{p2} 高数量级,导致了发射和效率的降低. 为了改变这种状况,一个双层 HEMT 的上层由半导体材料组成的格栅是有利的.

HEMT 器件中二维电子态满足方程 (7.2) 和 (7.3),如果考虑电子的弛豫效应,则在 (7.2) 方程的右端加一项电子弛豫项 $-v/\tau$. Otsuji 等用有限差分时间畴 (FDTD) 方法分析了器件中的电磁流体动力学,用等离子体波,也就是位移 AC 电流输入 FDTD 模拟器[1]. 模拟的一个具体器件如图 7.9 所示,一共包括 9 对 G1,G2 栅,分别宽 100 nm 和 900 nm. 和二维电子气层相隔 100 nm,上面有 5μm 厚的空气层,下面是 8μm 厚的 Si-GaAs 层和 1 μm 厚的太赫兹波的反射镜,作为太赫兹波的谐振腔. 二维电子气的电子密度 $n_2 = 1.0 \times 10^{12} \mathrm{cm}^{-2}$,对应于基本等离子体频

率 ω_{p2}=3.4 THz.

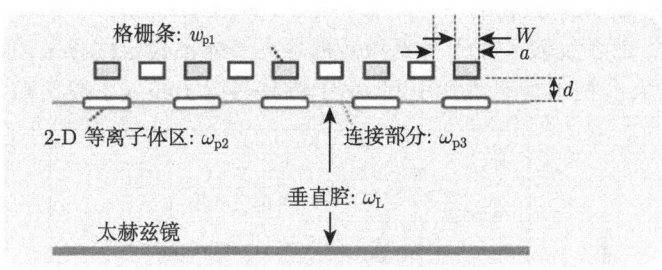

图 7.8 与结构有关的基本参量

模拟结果如图 7.9 所示[1], (a) 是在谐振频率 3.4 THz, (b) 是在非谐振频率 5.1 THz. 由图可见, 两种情况都能激发太赫兹波, 白色区域显示了高强度的电磁波. 强度随时间逐渐增加, 等离子体能量有效的转换为向 z 方向传播的电磁波. 图 7.9(a) 就能看到在谐振条件下空气中和腔内电磁波的共振, 因为在谐振条件下垂直腔长取为基模的 1/4 波长. 在 5.1 THz 不谐振条件下, 可以看到反相的振荡, 如图 7.9(b) 所示.

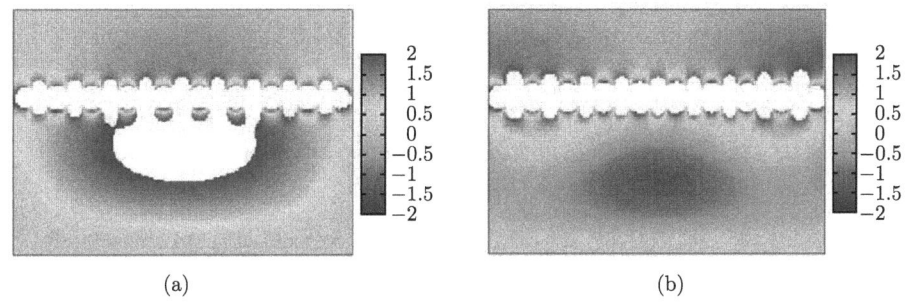

图 7.9 模拟的器件中电场强度图

(a) 在 3.4 THz 等离子体激发下; (b) 在 5.1 THz 等离子体激发下

图 7.10 是模拟的电场强度 (x 分量) 与等离子体激发频率的关系[1]. 两组曲线给出了两点的电场强度, 一点在栅平面上 4 μm 处 (外部空气处), 一点在二维电子气下 4 μm 处 (腔内). 由图可见, 垂直腔共振条件给出了在 3.4 THz 下腔内强度的峰值, 但在外部空气中, 电场强度对频率不敏感, 造成了一个宽带的辐射性质.

实验上用最简单的方法即源–漏极直流电流驱动上述器件, 再用 Fourier 变换远红外光谱 (FTIR) 测量发射电磁波强度, 结果如图 7.11 所示[2]. 图 7.11 是室温下的辐射强度与频率的关系, (a) 和 (b) 分别是 L_{G1}/L_{G2}=70 nm/1850 nm 和 70 nm/350 nm 两个金属格栅器件. (c) 是在 2.5 THz 器件 1 的辐射强度与源–漏极电压 V_{DS} 的关系. 由图可见, 辐射谱是相当宽的, 从 0.5THz 一直延伸到 6.5THz. 对器件 1(a)

峰值在 2.5 THz, 对器件 2(b) 峰值在 3THz, 说明两个栅的宽度对辐射频率有影响. 由图 7.11(c) 可见, 太赫兹辐射有一个临界电压, 并且辐射强度与电压有一个超线性 (约二次) 关系. 前者反映了相干等离激元被等离子体不稳定性激发, 而后者则归于发射是由热激发非相干等离激元引起, 由于漂移热电子注入了等离激元腔.

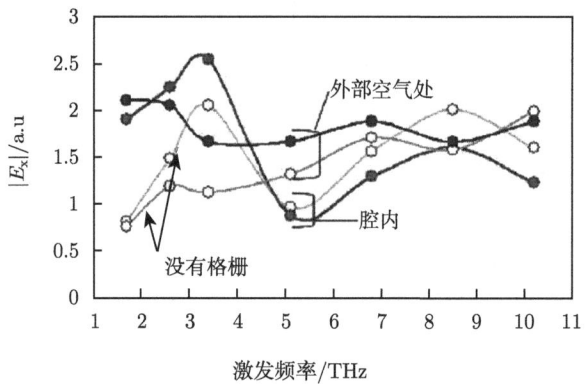

图 7.10 模拟的电场强度 (x 分量) 与等离子体激发频率的关系

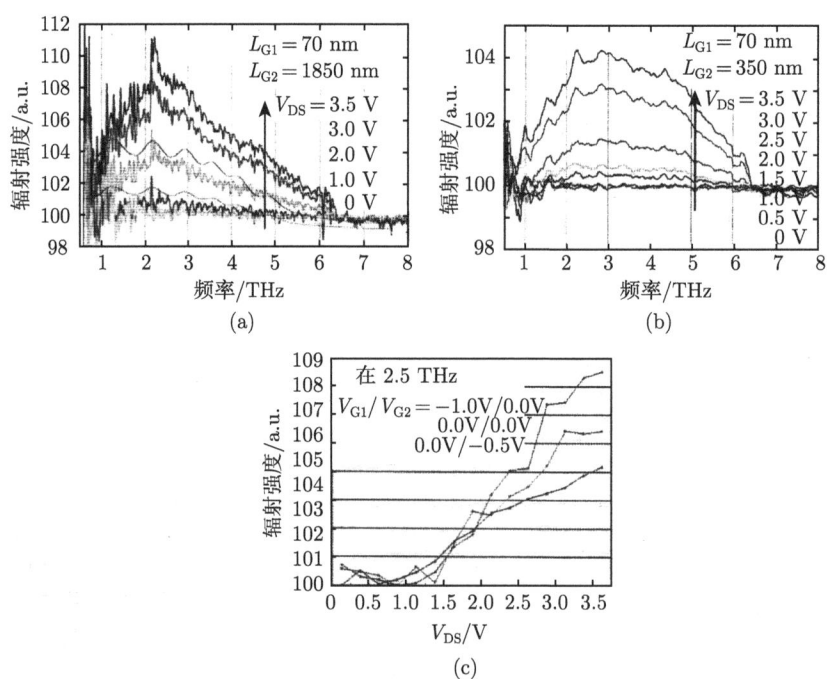

图 7.11 室温下的辐射强度与频率的关系

(a) 和 (b) 分别是 L_{G1}/L_{G2}=70 nm/1850 nm 和 70 nm/350 nm 两个金属格栅器件; (c) 是在 2.5 THz 器件 1 的辐射强度与源-漏极电压 V_{DS} 的关系

7.3.2 连续激光激发的太赫兹辐射

Otsuji 等用一个线偏振的 1550nm、1mW 的连续激光照射在类似于图 7.6 的双栅结构器件的背面,测量它在室温下的光响应[6]. 二维电子层是由 InGaP/InGaAs/GaAs 高电子迁移率晶体管组成的,量子阱在 InGaAs 通道层内. 当器件被连续激光激发时,光电子主要在 G2 栅下方的弱电荷区中产生,其中有许多空的电子态. 然后在强的直流偏置源–漏电压下它们被注入在 G1 栅下方的等离子体腔中. 在非对称的边界条件下,能激发等离子体模,类似于图 7.7. 条栅结构还能用作太赫兹天线,将非辐射的纵向等离子体模转换成横向的电磁模.

当等离子体波被激发时,由于等离子流体的非线性性质,DC 源–漏势是调制的. 通过测量 DC 的调制分量 ΔV_{DS} 就得到共振强度,这称为光响应 (photoresponse). 在辐照下 ΔV_{DS} 的变化被精确的锁相放大,并在 1.29 kHz 的斩波频率下检测. 同时用一个 4.2 K 冷却的硅测辐射热仪,具有通带 0.6~3.5THz 的滤光器,测量太赫兹辐射.

一个金属格栅样品 (L_{G1}/L_{G2}=300 nm/100 nm) 在不同 V_{DS} 条件下的与 V_{G1}、V_{G2} 关系的光响应曲线如图 7.12 所示[6]. 器件具有明显的光响应,与 V_{G2} 的关系曲线有比较尖锐的峰,而与 V_{G1} 的关系曲线有较宽的峰. 由图 (a) 可知当 V_{DS}=1.0 V 时,光效应在 $V_{G2}=-1.9$V 处有一个单峰. 按照 Dyakonov-Shur 理论,这个在最低栅压处的光效应峰解释为基等离子体共振模. 当 V_{DS} 增加到 3.0V 时,单峰移至 0V,变得更陡. 另外在 -3.0V 处出现了第 2 个峰,对应于 3 次谐波等离子体共振. 类似地,在图 (b) 中,当 V_{DS} 由 1.0V 增加到 3.0V 时,出现了弱的两个峰,位于 $V_{G1}=-0.8$V 和 -2.8V.

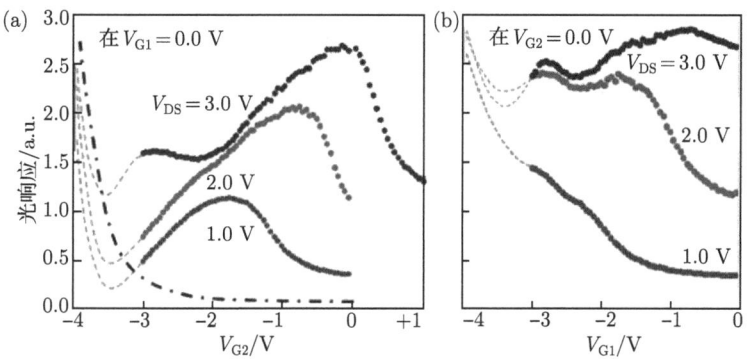

图 7.12　一个金属格栅样品 (L_{G1}/L_{G2}=300nm/100nm) 在不同 V_{DS} 条件下的与 V_{G1}、V_{G2} 关系的光响应曲线

这个结果与只有一种栅条的标准 HEMT 器件的结果完全不同,后者只显示与栅压的单调变化关系,如图 7.12(a) 中的点虚线所示. 理论研究指出,当电子具有非

常高的漂移速度 $\sim 4\times 10^7 {\rm cm\cdot s}^{-1}$ 时, 等离激元不稳定性被激发.

对一个半导体格栅样品的辐射热仪的测量结果和 $V_{\rm DS}$ 的函数关系如图 7.13 所示[2]. 辐射热仪的信号在 6 V 左右开始增加, 在 8V 和 11V 观察到两个明显的峰. 与金属格栅样品的结果相比, 发射强度增大了一个量级. 这个结果表明, 提出的双层 HEMT 结构是实现高功率和高效率的固态太赫兹发射器的好的选择. 显著的光响应归于注入的光电子在等离激元腔的边界被强电场加速, 具有非常高的漂移速度 $4\times 10^7 {\rm cm\cdot s}^{-1}$, 等价的等离子体波马赫数约为 0.5, 导致太赫兹发射的自振荡.

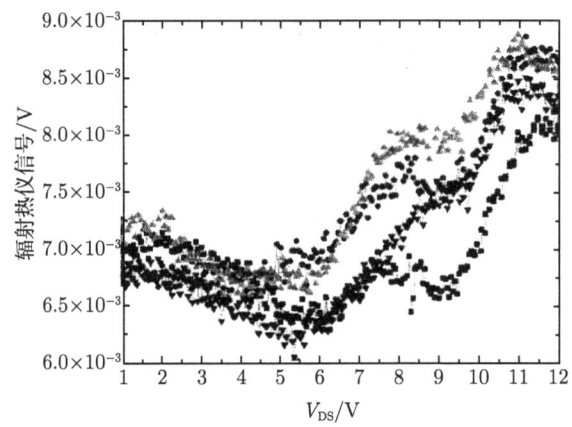

图 7.13 一个半导体格栅样品 ($L_{\rm G1}/L_{\rm G2}$=75nm/350nm) 的辐射热仪的测量结果与 $V_{\rm DS}$ 的函数关系

7.3.3 基于 HEMT 的太赫兹辐射的探测器和混合器[7]

如上一节介绍的 HEMT 器件, 加了栅–源电压 U_0, 在太赫兹频率的电磁辐射下, 能产生一个恒定的漏–源电压, 它对频率的关系具有共振特性, 共振曲线极大位于等离子体振荡频率. 它的半宽由等离子体振荡的阻尼确定, 由电子的动量弛豫时间和/或电子流体的黏滞性引起. 电压的出现是源和漏边界条件不对称性的结果[1]. 因此 HEMT 可以用作电磁辐射的可调共振的二次探测器. 这样的器件还能用作太赫兹频率辐射混合器和倍增器. HEMT 器件的这种性质是利用了等离子体的传播速度 s 比电子的漂移速度 v_0 快得多的性质, 这就可能使一个三端器件工作在一个非常高的频率范围, 远超过通常的渡越时间限制的频率范围.

太赫兹频率的探测器或混合器需要一个天线结构, 能收集波长比器件尺寸大得多的电磁辐射. 依赖于天线设计, HEMT 探测器有两种等价电路, 如图 7.14 所示[7]. 其中 (a) 对应于狭缝天线, 它在源和栅之间产生一个交流电压 $U_{\rm ac}$. (b) 对应于蝴蝶结 (bow tie) 天线, 它在源和漏之间产生一个交流电流 $I_{\rm ac}$. 在两种情况下, 外加的恒定栅–源偏压 $U_{\rm gs}$ 确定了等离子体波的速度 $s=(eU_0/m)$, $U_0=U_{\rm gs}-U_{\rm T}$, $U_{\rm T}$ 是

7.3 基于周期栅的 HEMT 等离子体振荡器件

临界电压.

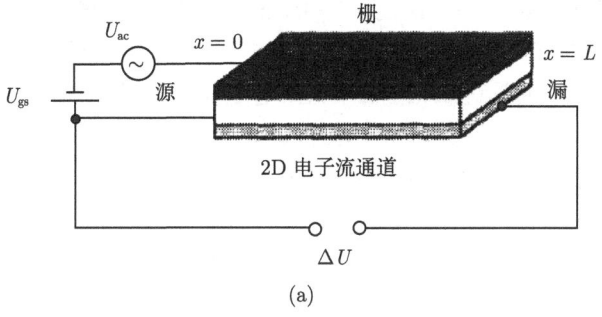

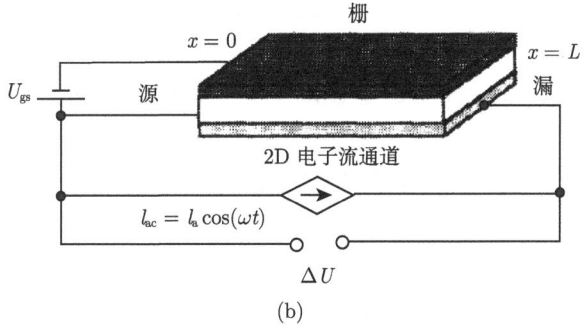

图 7.14 FET 用作探测器的两种模式

(a) 感应交流电压; (b) 感应交流电流

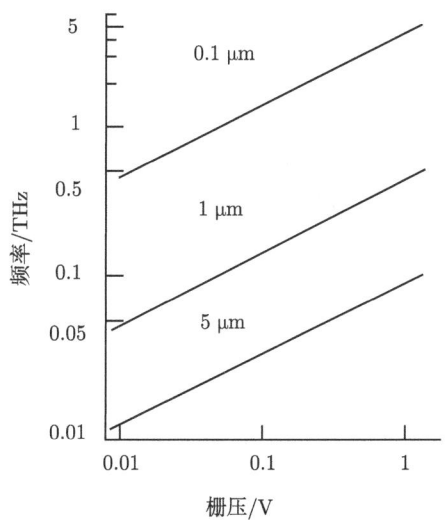

图 7.15 对不同栅长度器件基频与栅压的关系

对于上一节所说的通道源端短路和漏端开路的边界条件, 等离子体振荡的本征模对应于等离子体基频 $\omega_0 = \pi s/L$ 和它的奇次谐波, L 是通道长度. 图 7.15 是不同 L 器件的基频频率 ω_0 与恒定栅压 U_{gs} 的关系[7]. 由图可见, 当器件长度小于 0.1 μm 时, 等离子体基频进入太赫兹范围. 电磁辐射激发了等离子体振荡, 感应了一个正比于电磁波强度的直流漏-源电压 ΔU.

基频的共振品质因子由无量纲参量 $s\tau^*/L$ 确定, 其中 $1/\tau^*=1/\tau+1\tau_\nu$ 是等离子体阻尼时间的倒数, τ 是电子与声子、杂质的碰撞时间, $1/\tau_\nu = \nu k^2$ 由电子流体的黏滞性 ν 确定的. 对 HEMT 器件, 低温下动量弛豫时间可以大于 10ps(对 GaAs, $\tau \approx$12ps, 对应于电子迁移率 300000cm^2/(V·s)). 对 $s=10^8$ cm·s^{-1}, $s\tau = 12$μm. 当 L=0.5 μm 时, $s\tau/L$=24. 对 AlGaAs/GaAs 异质结, 77K 下, 电子密度 10^{12}cm^{-2}, 二维电子流体的黏滞性 $\nu=\hbar/m \approx$15 cm^2·s^{-1}. 因此如果 L=0.5μm, 则对于基模 $\tau_\nu = $ 75ps, 远大于 τ. 但是对于高阶模, τ_ν 按照 $1/n^2$ 减小, n=1, 3, 5,$\cdots$

探测器工作模式的理论模型

对于图 7.14(a) 的等价回路, 边界条件是

$$U(0,t) = U_0 + U_a \cos\omega t,$$
$$j(L,t) = 0. \tag{7.13}$$

其中, U_a 是入射电磁波在栅和源之间引起的交流电压振幅, j 是每单位宽度的电流 $j = CUv$.

令变量

$$v = \bar{v} + v_1 + v_2 + \cdots,$$
$$U = \bar{U} + U_1 + U_2 + \cdots, \tag{7.14}$$

其中, $\bar{v}, \bar{U}$ 分别是电子速度和通道势的时间平均值, v_n, U_n 以频率 $n\omega$ 随时间变化, ω 是入射波的频率. 将磁流体方程 (7.2) 和 (7.3) 线性化, 只保留 v_1 和 U_1 项

$$\frac{\partial v_1}{\partial t} + \frac{\partial u_1}{\partial x} + \frac{v_1}{\tau} = 0,$$
$$\frac{\partial u_1}{\partial t} + s^2 \frac{\partial v_1}{\partial x} = 0. \tag{7.15}$$

其中, $u_1 = eU_1/m$, $s = (eU_0/m)^{1/2}$ 是等离子体波速. 保留二级时间无关项, 得到

$$\frac{d}{dx}\left(\bar{u} + \frac{\langle v_1^2 \rangle}{2}\right) + \frac{\bar{v}}{\tau} = 0,$$
$$\frac{d}{dx}\left(s^2\bar{v} + \langle u_1 v_1 \rangle\right) = 0. \tag{7.16}$$

7.3 基于周期栅的 HEMT 等离子体振荡器件

解方程 (7.15) 和 (7.16), 考虑边界条件 (7.13), 求得[7]

$$\begin{aligned}u_1 &= \text{Re}\left[\left(C_1 e^{ik_0 x} + C_2 e^{-ik_0 x}\right) e^{-i\omega t}\right], \\ v_1 &= \text{Re}\left[\frac{\omega}{k_0 s^2}\left(C_1 e^{ik_0 x} - C_2 e^{-ik_0 x}\right) e^{-i\omega t}\right].\end{aligned} \quad (7.17)$$

其中

$$\begin{aligned}k_0 &= \frac{\omega}{s}\sqrt{1+\frac{i}{\omega\tau}}, \\ C_1 &= \frac{u_a}{1+\exp(2ik_0 L)}, \\ C_2 &= \frac{u_a}{1+\exp(-2ik_0 L)}.\end{aligned} \quad (7.18)$$

$u_a = eU_a/m$.

由方程解 (7.17) 和 (7.18) 可求得探测器的响应

$$\begin{aligned}\frac{\Delta U}{U_0} &= \frac{m}{eU_0}[\bar{u}(L)-\bar{u}(0)] = \frac{1}{4}\left(\frac{U_a}{U_0}\right)^2 f(\omega), \\ f(\omega) &= 1+\beta - \frac{1+\beta\cos(2k_0' L)}{\sinh^2(k_0'' L)+\cos^2(k_0' L)}.\end{aligned} \quad (7.19)$$

其中, k_0' 和 k_0'' 分别为 k_0((7.18) 式) 的实部和虚部,

$$\beta = \frac{2\omega\tau}{\sqrt{1+(\omega\tau)^2}}. \quad (7.20)$$

由以上理论结果可看出, 探测器的响应与两个无量纲参数 $\omega\tau$ 和 $s\tau/L$ 有关. 由图 7.15 可见, 栅长越长, 频率越低. 图 7.16 和图 7.17 分别是栅长 0.1 μm, 0.5 μm, 5 μm, 10 μm 探测器在 77 K 和 300 K 下的响应率与频率的关系[7]. 由图可见, 在室温 300 K 下的响应率比 77 K 下低 2~3 个数量级. 响应率随着频率有周期性的变化. 计算中用的是 GaAs HEMT 的参量: U_0=0.5V, 天线增益 G=1.5, 黏稠率 ν=15 cm^2·s^{-1}, 有效质量 m=0.063m_0, 迁移率 μ=300000cm^2/(V·s)(77 K), 8000cm^2/(V·s)(300 K).

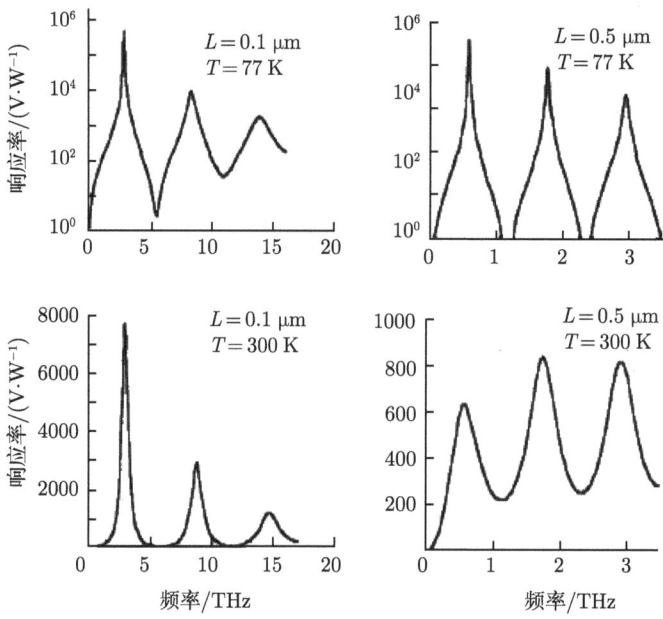

图 7.16　栅长 0.1μm, 0.5 μm 探测器在 77K 和 300K 下的响应率与频率的关系

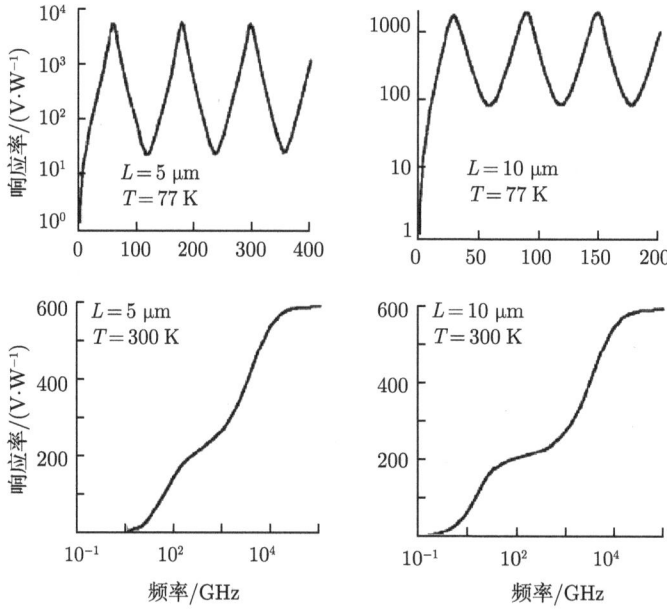

图 7.17　栅长 5μm, 10μm 探测器在 77K 和 300K 下的响应率与频率的关系

7.4 不用周期栅的等离子体器件

7.4.1 2DEG 通道中的等离子体波和振荡[8]

2DEG 通道中二维电子像一个流体, 满足磁流体方程 (7.1)~(7.3). 在 7.2 节中, M. Dyakonov 和 M. Shur 在源和漏处假定了特殊的边界条件, 得到了方程的解[4]. 当器件中电子速度 $v<s$ 时, 频率的虚部大于 0, 发生等离子体振荡.

为了研究等离子体波的传播和 2DEG 系统对外界微扰的响应, 这里假定二维电子气是无限长的, 没有边界. 利用小信号分析, 将系统中的所有变量写成 $f(x)$ $\exp(-\mathrm{i}\omega t + \mathrm{i}qx)$ 形式, 其中 ω 是信号频率, q 是波沿 x 方向传播的波矢. 对于具有直流电子层密度 n_0 的均匀 2DEG 通道, 模型的线性化方程给出了沿 x 方向传播的等离子体波的色散关系

$$\omega \approx \sqrt{\frac{2\pi e^2 n_0}{\varepsilon m}q} - \mathrm{i}\frac{\nu}{2},$$

$$\omega \approx \sqrt{\frac{4\pi e^2 n_0 W}{\varepsilon m}}q - \mathrm{i}\frac{\nu}{2} = sq - \mathrm{i}\frac{\nu}{2}. \tag{7.21}$$

上、下两式分别对应于无栅和有栅的 2DEG 通道. q 是波矢, s 是有栅 2DEG 通道内等离子体波速, W 是栅与 2DEG 层间的距离, 第 2 项是由电子碰撞引起的等离子体波阻尼, $\nu=1/\tau$.

由 (7.21) 式可见, 等离子体频率与波矢 q 成正比, 与三维情况截然不同, 三维等离子体的频率是一个常数, 与 q 无关. 阻尼项主要决定于电子的碰撞频率 ν, 当电子通过栅极层隧穿或者共振隧穿出 2DEG 层时, 阻尼将增加, 或反过来减小, 甚至被抑制. 在某些情况下, 后者会导致负阻尼, 即等离子体波不稳定性.

2DEG 通道通常具有有限长度, 两端有高导电的接触 (contact), 例如, 场效应晶体管的源和漏接触. 2DEG 的边缘导致了传播等离子体波的反射, 形成等离子体驻波 (等离子体振荡). 这时等离子体波谱出现了一些限制 (谱的量子化). 如果两个高导电接触之间的距离 L 固定 (如 $\varphi_\omega|_{x=0} = \varphi_\omega|_{x=L} = 0$), 则一个简化的量子化定律给出 $q = q_n = \pi n/L$, 其中 $n=1,2,3,\cdots$ 是振荡模的指数. 特别是对于栅长为 L_g 的 HEMT 结构, 基模的频率为

$$\Omega = \sqrt{\frac{4\pi^3 e^2 n_0 W}{\varepsilon m L_\mathrm{g}^2}}. \tag{7.22}$$

对于一端是高导电的接触 $\varphi_\omega|_{x=0}=0$, 一端是自由 $\mathrm{d}\varphi_\omega/\mathrm{d}x|_{x=L}=0$ 的 2DEG 通道, 量子化波矢为 $q_n = \pi n/2L$. 实际上, 等离子体频率与接触的形状和电导率, 以

及衬底的性质有关. 边界条件对等离子体频率的效应不很强, 但对于等离子体振荡的阻尼或生长 (不稳定性) 是关键的.

实际异质结构器件中 2DEG 通道的等离子体振荡频率落在太赫兹范围. 例如, 一个 GaAs 2DEG 无栅通道, $n_0 = 1 \times 10^{12} \mathrm{cm}^{-2}$, $L=1\mu\mathrm{m}$, 得到等离子体基频频率 $\omega/2\pi \approx 1.26$ THz. 对于一个类似的有栅通道, $L_g = 1\mu\mathrm{m}$, $W=0.1\mu\mathrm{m}$, 得到 $\omega/2\pi \approx 1$ THz. 因为在有栅通道中 n_0 依赖于栅压 V_g, 等离子体频率能由栅压调节. 图 7.18 是计算得到的不同栅长等离子体频率和品质因子作为栅压的函数[8]. 由图可见, 栅压越大, 栅长越短, 频率越高, 品质因子也越大.

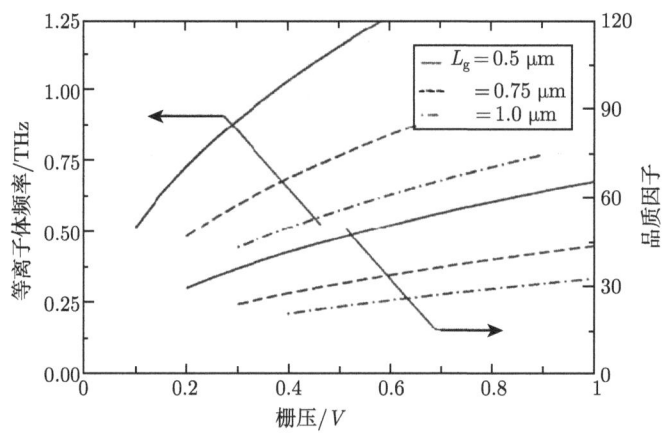

图 7.18 计算得到的不同栅长 HEMT 结构的等离子体频率和品质因子作为栅压的函数

7.4.2 等离子体振荡器[8]

等离子体自激发 (不稳定性) 是产生太赫兹辐射的非常吸引人的方法. 许多方案是基于假设: 在外加直流电场下, 大部分电子得到了足够高的电子漂移速度. 但是这需要强电场, 它导致了电子系统的加热, 使得等离子体不稳定性被压制. Dyakonov 和 Shur 提出了 HEMT 中在饱和区的等离子体不稳定性机制, 不需要强电场. 在饱和区中, 漏极电流 J_d 随漏极电压 V_d 的变化是相当小的, 所以当 V_d 增加时漏-源微分电导率 $\sigma_d = \partial J_d/\partial V_d|_{V_g=\mathrm{const}}$ 趋于零. 这个性质导致了 2DEG 通道上栅与漏极之间的区域 L_d 上的高电场, 造成了等离子体波从源到漏的有效反射. 这种反射提供了一种正反馈, 产生了等离子体波的放大, 即等离子体不稳定性. 产生不稳定性的条件是

$$\begin{aligned} &\gamma_{\mathrm{DS}} + \gamma_{\mathrm{TT}} > \nu/2, \\ &\gamma_{\mathrm{DS}} = u_g/L_g, \\ &\gamma_{\mathrm{TT}} = u_d/KL_g. \end{aligned} \quad (7.23)$$

其中, u_g 是栅极下面 2DEG 通道内电子的直流漂移速度, u_d 是在高电场区域中的

7.4 不用周期栅的等离子体器件

电子平均漂移速度, L_g 是栅极下的通道长度, $u_d \gg u_g$, K 是一个大于 1 的系数, ν 是电子振荡频率 (阻尼). (7.23) 式中第 2 项是考虑了高场下的电子渡越时间效应. 一些实验观察到了太赫兹辐射, 可以归至于考虑了电子渡越时间效应的 DS 机制.

理论分析指出, 在类 HEMT 结构中如果通道-栅结构显示负动力学电导, 则将产生等离子体振荡的自激发, 这发生在电子隧穿或者共振隧穿过栅极层时. 在这些器件中, 栅结构起一个具有负动力学电导率的"分布"二极管的作用, 而通道则起共振腔的作用.

图 7.19 是一个侧向肖特基结隧道注入渡越时间振荡器在负偏置下的示意图[8], 肖特基结耗尽层的厚度为 l. 在负偏压 eV_0 下, 电子由金属接触隧穿至通道的 Γ 谷. 由于电子在耗尽层中的延迟, 产生动力学负电导率, 造成了通道的准中性部分的共振响应. 与这种机制相联系的等离子体不稳定性条件是侧向肖特基结的微分隧穿电导率

$$g_t > \nu/S \tag{7.24}$$

其中, S 是由结构参数决定的大于 1 的常数.

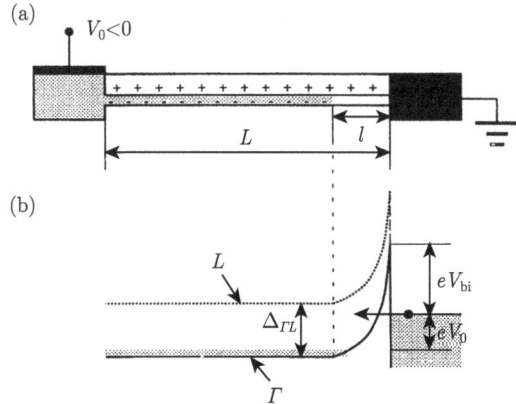

图 7.19 侧向肖特基结隧道注入渡越时间振荡器在负偏置下的示意图, 箭头是电子隧穿的方向

由方程 (7.23) 和 (7.24) 可见, 要实现等离子体振荡自激发, 从器件中发射太赫兹波, 要求电子与杂质和声子的碰撞频率 ν 很低, 也就是 2DEG 通道的电子迁移率 ($\mu \propto \nu^{-1}$) 足够高.

7.4.3 太赫兹辐射的检测和倍频[8]

在 HEMT 2DEG 通道中输入太赫兹辐射, 会造成通道中直流电流的变化或源和漏之间的直流电压. 由于通道-栅极之间的漏电流与局域势之间有一个强的非线性关系, 利用这种电子横向输运的非线性可以制造太赫兹辐射的共振探测器, 例如, 基于同时具有热和隧穿注入的热电子晶体管.

最近提出了利用具有侧向肖特基结的无栅和有栅 2DEG 通道制造太赫兹探测器, 它提供了整流所需的非线性. 由于输入的太赫兹信号产生了大的等离子体振荡, 器件的非线性不仅产生了端电流的整流分量, 而且产生了高次谐波. 因此这种器件能同时用作等离子体共振探测器和倍频器.

计算得到共振肖特基探测器与频率有关的响应率

$$R_\omega^{\text{RSD}} = \frac{R_\omega^{\text{SD}}}{\sinh^2(\pi\nu\omega/2\Omega) + \cos^2(\pi\omega/\Omega)},$$

$$R_\omega^{\text{RSD}} = \frac{R_\omega^{\text{SD}}}{\sinh^2(\pi\nu/2\Omega_{\text{ung}}^2) + \cos^2(\pi\omega^2/2\Omega_{\text{ung}}^2)}$$

(7.25)

两式分别对应于有栅和无栅结构. 对无栅结构, 等离子体基频

$$\Omega_{\text{ung}} \approx \sqrt{\frac{\pi^2 e^2 n_0}{\varepsilon m L}}$$

R_ω 是无共振等离子体腔的肖特基探测器的响应率.

7.4.4 利用等离子体振荡的光电混频器

图 7.20 是基于 HEMT 的光电混频器的示意图[8]. 它的作用是与穿过器件的光辐射所产生的光电子与光空穴相联系的, 光是两束频率 Ω_1 和 Ω_2 相近的激光束或超短光脉冲, $\omega = |\Omega_2 - \Omega_1| \ll \Omega_1, \Omega_2$. 光电子和光空穴在通道与 p 型衬底之间的吸收区中被内建电场加速, 在 2DEG 通道中产生瞬态电流. 如果输入的光信号频率 ω 接近于等离子体共振频率之一, 并且 2DEG 通道作为共振腔的品质因子足够大, 则由光电子和光空穴的瞬态电流所产生的等离子体振荡的振幅会相当大. 这时 2DEG 通道中的振荡电子电荷在栅–衬底电流中引起了大的交流电流, 馈入回路中的天线.

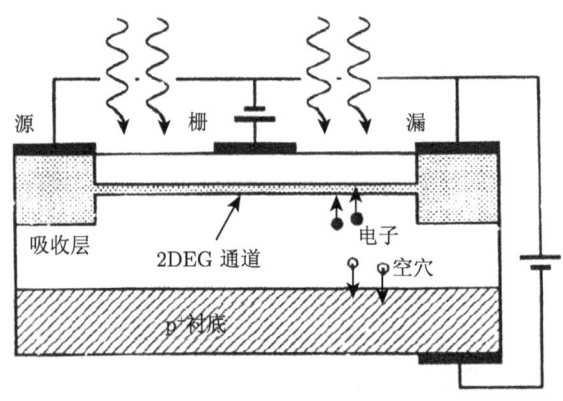

图 7.20　基于 HEMT 的光电混频器的示意图

7.4 不用周期栅的等离子体器件

p$^+$ 衬底用于收集光空穴, 它还作为一个接触加一个大电压在吸收区中产生强电场. 这种光电混频器可以用一个与频率有关的响应率 R_ω 表征, 它定义为交流端电流的富氏分量 J_ω 与入射光功率的富氏分量 P_ω 之比.

图 7.21 是在固定的信号频率 $\omega/2\pi$ 下 HEMT 光电混频器的响应率作为栅压的函数[8]. 类似的 HEMT 基器件但没有 p$^+$ 衬底也可以用作光电混频器. 这种情况下, 光空穴能够被 HEMT 源吸收.

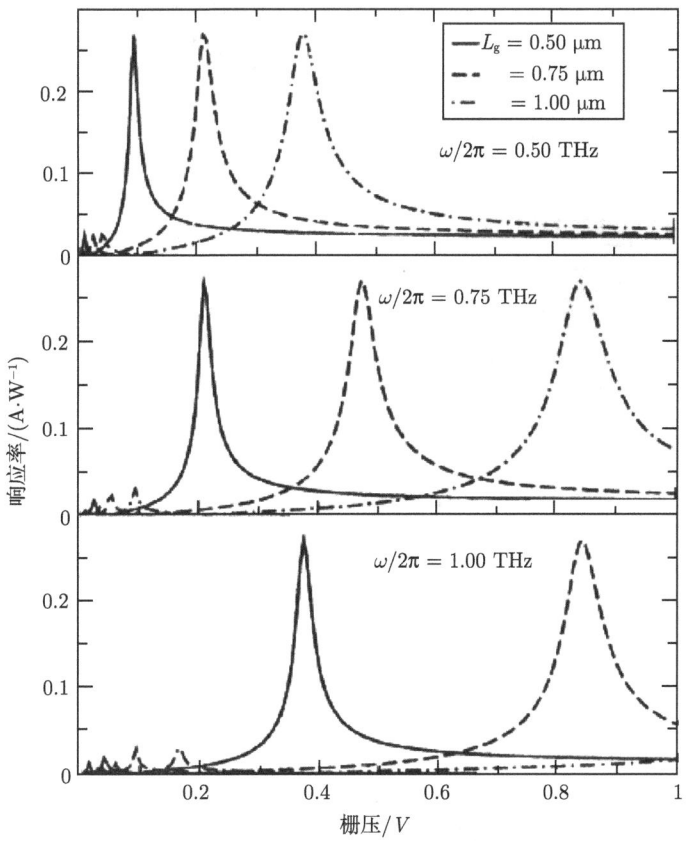

图 7.21 在固定的信号频率 $\omega/2\pi$ 下 HEMT 光电混频器的响应率作为栅压的函数

将 2DEG 系统 (共振器) 与单载流子 (uni-traveling carrier, UTC) 光电二极管集成制成的太赫兹光电混频器的结构和能带图如图 7.22 所示[8]. 解析计算得到的有栅结构的与频率有关的响应率为

$$R_\omega = \frac{R_\omega^{\mathrm{PD}}}{\sinh^2(\pi\nu\omega/2\Omega) + \cos^2(\pi\omega/\Omega)} \tag{7.26}$$

其中, R_ω^{PD} 是器件中光电二极管部分的响应率, 它随信号频率的增加而迅速减小. 这

与高频下光电子偏离平衡分布有关,特别是电子的近弹道输运和速度的超越 (overshoot) 效应将减缓二极管的响应率的速度. 由 (7.26) 式可见, R_ω 在等离子体基频和它的奇次谐波 $\omega = \Omega(2n-1)$ 处显示尖锐的共振. 计算得到的 HEMT-QWIP(量子阱红外探测器) 的响应率作为信号频率的函数如图 7.23 所示[8].

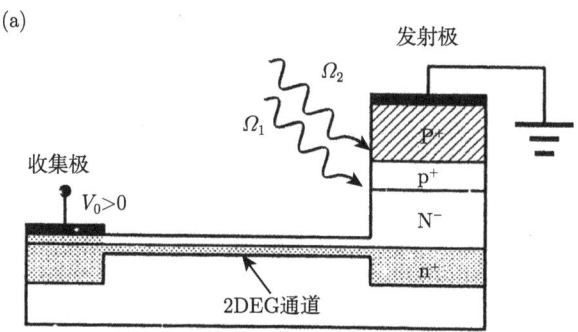

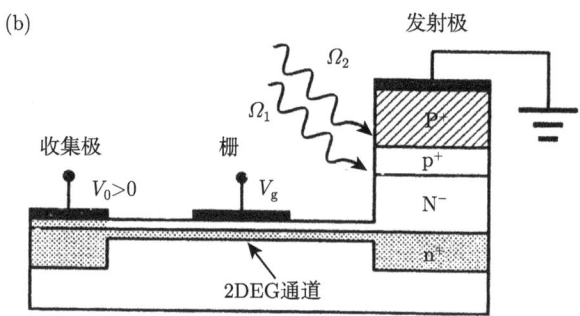

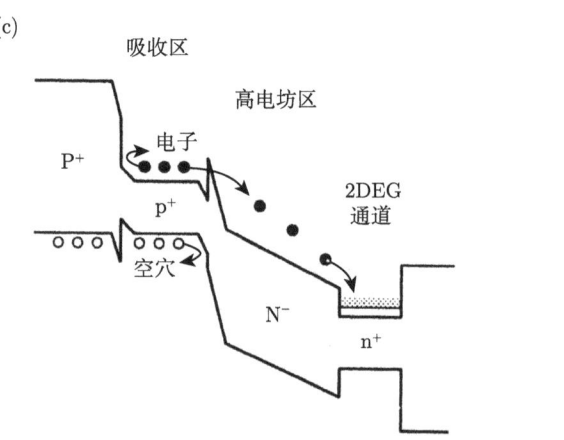

图 7.22 2DEG 系统与光电二极管集成制成的太赫兹光电混频器的结构和能带图

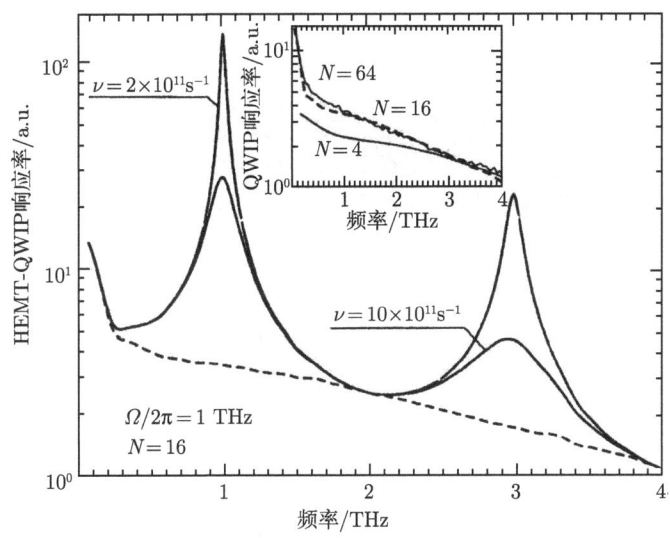

图 7.23　计算得到的 HEMT-QWIP 的响应率作为信号频率的函数

插图是 QWIP 的响应率作为信号频率的函数，N 是量子阱的个数

7.5　石墨烯基异质结中的等离子体波[8]

石墨烯基异质结中的 2DEG 或 2DHG 系统也具有集体行为和高频性质，电子和空穴的能谱为

$$E_\mathrm{p} = \pm v_\mathrm{F}|\boldsymbol{p}| \tag{7.27}$$

其中，v_F 是特征速度 ($\approx 10^8 \mathrm{cm \cdot s^{-1}}$)，$\boldsymbol{p}$ 是电子 (或空穴) 动量，正、负号分别对应于电子和空穴.

因为有效质量小和迁移率大的 2DEG 的等离子体性质才显著，而石墨烯具有零质量的电子，因此它制成的太赫兹器件必超过通常半导体器件. 石墨烯异质结器件的示意图如图 7.24 所示[8]，其中衬底 n$^+$-Si 用作栅极，它与石墨烯之间由 SiO$_2$ 隔开. 石墨烯中等离子体频率与波矢的关系类似于标准异质结的，但参数表征明显不同. 对于有栅的石墨烯异质结，频率–波矢关系类似于方程 (7.21) 的第二式，但其中的质量被一个虚质量代替

$$m = \frac{E_\mathrm{F}}{v_\mathrm{F}^2} = \frac{\hbar}{v_\mathrm{F}}\sqrt{\frac{\alpha V_\mathrm{g}}{2eW}} \propto W^{-1/2}V_\mathrm{g}^{1/2} \tag{7.28}$$

等离子体振荡频率依赖于电子或空穴的浓度，也就是栅压 V_g，还依赖于温度. 由于虚有效质量能够变得非常小，以及 SiO$_2$ 的介电常数相对小，所以石墨烯基异质结中的等离子体波速 s 能够是 AlGaAs/GaAs 异质结中的 3~5 倍.

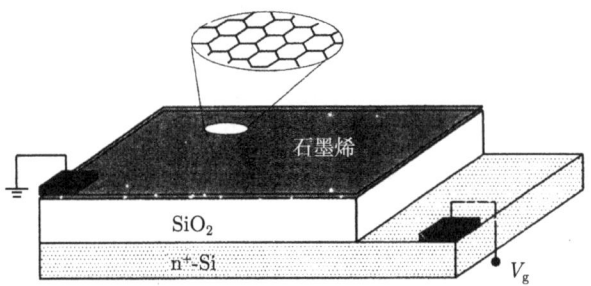

图 7.24 石墨烯异质结器件的示意图

参 考 文 献

[1] Otsuji T, Hanabe M, Nishimura T. Optics Express, 2006, 14: 4815.
[2] Otsuji T, Nishimura T, Tsuda T, et al//Shur M S, Maki P. Advanced High Speed Devices. World Scientific, 2010, p.33.
[3] Mikhailov S A. Phys. Rev. B, 1998, 58: 1517.
[4] Dyakonov M, Shur M. Phys. Rev. Lett. 1993, 71, 2465.
[5] Crowne F J J. Appl. Phys., 1997, 82: 1242.
[6] Otsuji T, Meziani Y M, Hanabe M, et al. Solid State Electron., 2007, 51: 1319.
[7] Dyakonov M, Shur M. IEEE Electron devices, 1996, 43: 380.
[8] Ryzhii V, Khmyrova I, Ryzhii M, et al//Ryzhii M, Ryzhii V. Physics and Modeling of Tera- and Nano-Devices. World Scientific, 2008, 77.

第 8 章 电子气的等离子体激发

8.1 基本原理

固体中的等离子体是自由电子的集体运动, 最简单和物理的研究方法是自洽场 (SCF) 方法[1]. SCF 方法的目的是计算一个相互作用的电子系统对一个弱的静电微扰的响应, 以确定 (纵的) 等离子体介电函数. SCF 方法就是寻找电荷密度运动的近似方程. 在一个自由电子气体以及二次量子化表象中, 电荷密度算符为

$$\rho_k = e \sum_p \left(c_p^+ c_{p+k} \right). \tag{8.1}$$

其中, c 和 c^+ 分别是电子的湮灭和产生算符. 电荷密度的运动方程为

$$\mathrm{i}\frac{\partial \left(c_p^+ c_{p+k} \right)}{\partial t} = \left[c_p^+ c_{p+k}, H \right]. \tag{8.2}$$

其中, H 是多电子体系的哈密顿量, 包括了它与微扰静电势的相互作用.

$$\begin{aligned}
H &= H_0 + H_1, \\
H_0 &= \sum_p \left(\frac{p^2}{2m} \right) c_p^+ c_p + \frac{1}{2} \sum_{p',p'',q} \left[c_{p'+q}^+ c_{p''-q}^+ \left(\frac{4\pi e^2}{q^2} \right) c_{p''} c_{p'} \right], \\
H_1 &= e\phi_{\mathrm{ext}}\left(\boldsymbol{k}, \omega \right) \mathrm{e}^{-\mathrm{i}\omega t} \sum_{p'} \left(c_{p'+k}^+ c_{p'} \right).
\end{aligned} \tag{8.3}$$

其中假定了微扰场具有确定的波矢 $\boldsymbol{k}$ 和频率 ω.

将 (8.3) 式代入方程 (8.2) 就得到电荷密度的运动方程[2]

$$\begin{aligned}
\mathrm{i}\frac{\partial}{\partial t} \left\langle c_p^+ c_{p+k} \right\rangle_1 =& \left[\frac{(\boldsymbol{p}+\boldsymbol{k})^2}{2m} - \frac{p^2}{2m} \right] \left\langle c_p^+ c_{p+k} \right\rangle_1 \\
&+ \left[n\left(\boldsymbol{p} \right) - n\left(\boldsymbol{p}+\boldsymbol{k} \right) \right] \left(\frac{4\pi e^2}{k^2} \right) \sum_{p''} \left[\left\langle c_{p''}^+ c_{p''+k} \right\rangle_1 \right] \\
&+ e\phi_{\mathrm{ext}}\left(\boldsymbol{k}, \omega \right) \mathrm{e}^{-\mathrm{i}\omega t} \left[n\left(\boldsymbol{p} \right) - n\left(\boldsymbol{p}+\boldsymbol{k} \right) \right].
\end{aligned} \tag{8.4}$$

其中

$$n\left(\boldsymbol{p} \right) = \left\langle c_p^+ c_p \right\rangle_0. \tag{8.5}$$

尖括号表示对系统的完全波函数求期待值, 尖括号的脚标 0 和 1 表示方程按 ϕ_{ext} 展开的一级项和二级项. 在导出方程 (8.4) 时用了一个近似, 将 4 算符的平均写成两个 2 算符平均的乘积

$$\left\langle c_p^+ c_{p''-q}^+ c_{p''} c_{p+k-q} \right\rangle \approx \left\langle c_p^+ c_{p+k-q} \right\rangle \left\langle c_{p''-q}^+ c_{p''} \right\rangle. \tag{8.6}$$

这近似的物理意义是电子受其他电子的库仑相互作用被一个平均场代替, 因为在所讨论的多电子体系中, 许多电子处于彼此的相互作用范围内 ($n_0 \lambda_{\text{FT}}^3 \gg 1$), 一个电子受到的瞬态场与平均场相差不多.

(8.4) 式中的库仑作用项可以写成

$$[n(\boldsymbol{p}) - n(\boldsymbol{p}+\boldsymbol{k})] e\phi_{\text{ind}}(\boldsymbol{k}, t) \tag{8.7}$$

$\phi_{\text{ind}}(\boldsymbol{k}, t)$ 是等离子体中的平均感应势. 方程 (8.4) 变为

$$\mathrm{i}\frac{\partial}{\partial t} \left\langle c_p^+ c_{p+k} \right\rangle_1 = \left[\frac{(\boldsymbol{p}+\boldsymbol{k})^2}{2m} - \frac{p^2}{2m} \right] \left\langle c_p^+ c_{p+k} \right\rangle_1$$
$$+ [n(\boldsymbol{p}) - n(\boldsymbol{p}+\boldsymbol{k})] \left[e\phi_{\text{ind}}(\boldsymbol{k}, t) + e\phi_{\text{ext}}(\boldsymbol{k}, \omega) \mathrm{e}^{\alpha t - \mathrm{i}\omega t} \right]. \tag{8.8}$$

这是无规位相近似 (RPA) 的主要结果.

(8.8) 式中假定了外场势有一个随时间变化的关系

$$\phi_{\text{ext}}(k, t) \propto \mathrm{e}^{\alpha t - \mathrm{i}\omega t}, \quad \alpha \to 0. \tag{8.9}$$

因此其他物理量都随时间有这样的关系, 其中 $\alpha \to 0$ 对应于微扰势的绝热加入. 方程 (8.8) 可以写成

$$n^{(1)}(\boldsymbol{k}, \omega) = e\phi_{\text{total}}(\boldsymbol{k}, \omega) \sum_p \frac{n(\boldsymbol{p}) - n(\boldsymbol{p}+\boldsymbol{k})}{E(\boldsymbol{p}) - E(\boldsymbol{p}+\boldsymbol{k}) + \omega + \mathrm{i}\alpha}. \tag{8.10}$$

介电函数的定义

$$\varepsilon(k, \omega) = 1 + 4\pi \frac{P(k, \omega)}{E_{\text{total}}(k, \omega)}. \tag{8.11}$$

其中, P 是极化强度, E_{total} 是总电场. 由 $\nabla \cdot \boldsymbol{P} = en^{(1)}$ 和 $\boldsymbol{E} = \nabla \phi$, 得到

$$-\mathrm{i}kP(k, \omega) = en^{(1)}(k, \omega), \quad eE_{\text{total}} = -\mathrm{i}k\phi_{\text{total}}(k, \omega). \tag{8.12}$$

代入 (8.11) 式就得到

$$\varepsilon(\boldsymbol{k}, \omega) = 1 - \frac{4\pi e^2}{k^2} \lim_{\alpha \to 0} \sum_p \frac{n(\boldsymbol{p}) - n(\boldsymbol{p}+\boldsymbol{k})}{\omega + E(\boldsymbol{p}) - E(\boldsymbol{p}+\boldsymbol{k}) + \mathrm{i}\alpha}. \tag{8.13}$$

8.2 介电函数

在稳态下, $\omega=0$, 由 (8.13) 式可以证明

$$\varepsilon(k,0) = 1 + \frac{\kappa_{\rm FT}^2}{2k^2}\left[1 + \left(\frac{4k_{\rm F}^2 - k^2}{4kk_{\rm F}}\right)\ln\left|\frac{k+2k_{\rm F}}{k-2k_{\rm F}}\right|\right]. \tag{8.14}$$

其中, $k_{\rm F}$ 是费米波矢, $\kappa_{\rm FT}$ 是费米-托马斯波矢

$$\kappa_{\rm FT}^2 = \left(\frac{1}{\lambda_{\rm FT}}\right)^2 = \frac{6\pi n_0 e^2}{\varepsilon_0 E_{\rm F}}. \tag{8.15}$$

在金属中, $\kappa_{\rm FT} \approx k_{\rm F}$, 在长波长下, $k \ll k_{\rm F}$, $\varepsilon(k,0) \to (1 + \kappa_{\rm FT}^2/k^2)$, 总势趋于

$$\phi_{\rm total}(k) \to \frac{4\pi e^2}{k^2 + \kappa_{\rm FT}^2}, \quad \phi_{\rm total}(r) \to \frac{{\rm e}^{-\kappa_{\rm FT} r}}{r}. \tag{8.16}$$

正是费米-托马斯屏蔽的近似. 在短波长情况下, 就有量子力学的效应.

在高频、长波长情况下, 气体的行为由集体模控制. 假定 $\omega/k \gg v_{\rm F}$, $k \ll k_{\rm F}$, 则可以证明

$$\varepsilon(k,\omega) \approx 1 - \left(\frac{\omega_{\rm p}^2}{\omega^2}\right)\left[1 + \frac{3}{5}\left(\frac{k^2 v_{\rm F}^2}{\omega^2}\right)\right],$$

$$\omega_{\rm p}^2 = \frac{4\pi n_0 e^2}{m}. \tag{8.17}$$

介电函数的零点对应于没有外界驱动力的情况, 在介质中就可能产生电荷密度扰动. 因此介电函数的根是集体纵模, 它们的色散关系由下列方程给出:

$$\varepsilon(k,\omega) = 0. \tag{8.18}$$

由 (8.17) 和 (8.18) 式得到集体纵模的色散关系为

$$\omega^2(k) \approx \omega_{\rm p}^2 + \frac{3}{5}k^2 v_{\rm F}^2. \tag{8.19}$$

它的相速度和群速度分别为

$$v_\phi = \frac{\omega(k)}{k} \approx \frac{\left(\omega_{\rm p}^2 + \frac{3}{5}k^2 v_{\rm F}^2\right)^{1/2}}{k},$$

$$v_{\rm g} = \frac{\partial \omega(k)}{\partial k} \approx \frac{\frac{3}{5}k v_{\rm F}^2}{\left(\omega_{\rm p}^2 + \frac{3}{5}k^2 v_{\rm F}^2\right)^{1/2}}. \tag{8.20}$$

由 (8.20) 式可见, 当 $k \to 0$ 时, $v_\phi \to \infty$, $v_g \to 0$. 因为 $\text{Im}(\varepsilon)=0$, 所以在 RPA 下, 长波长等离子体波是无阻尼的电子气激发. 在特征能量损失的实验上表现为等离激元 (plasmon).

考虑短波长 (大 k) 的等离子体波. 这时等离子体波的相速度慢了下来, 当它等于电子的费米速度时, (8.13) 式的分母的实部等于零, 介电函数就有虚部, 这时等离子体波就会有阻尼, 称为朗道阻尼. 朗道阻尼产生的条件为

$$\omega(\boldsymbol{k}) + \frac{p^2}{2m} - \frac{(\boldsymbol{p}+\boldsymbol{k})^2}{2m} = 0, \tag{8.21}$$

对 $p \leqslant k_F$. 条件 (8.21) 表示波将能量和动量转移给单个电子的过程中能量和动量守恒. 对长波长等离子体, $\omega_p/kv_F \gg 1$, 这种单粒子衰减是不可能的, 所以等离子体是无阻尼的. 只有当电子速度方向平行于波的传播方向, 并且速度与波速相近的时候, 也就是相对于波电子是 "静止" 的, 看到一个与时间无关的电场, 这时能量从波不断地转移到电子. 存在一个临界波矢 k_c, 当波矢大于 k_c 时, 就发生朗道阻尼.

$$v_F \approx v_\phi = \omega(k_c)/k_c \approx \omega_p/k_c, \quad k_c \approx \omega_p/v_F. \tag{8.22}$$

或者写成

$$\begin{aligned} k_c/k_F &= (\text{const})\left(r_s^{1/2}\right), \\ r_s &= r_0/a_0^*, \quad (4\pi r_0^3/3)\, n_0 = 1. \end{aligned} \tag{8.23}$$

r_0 是等离子体中电子之间的平均距离, a_0^* 是与有效质量有关的玻尔半径. "常数" 在 0.7~1.1, 随 r_s 稍有变化.

8.3 等离子体实验和理论

8.3.1 等离子体散射实验

散射实验普遍用于研究固体等离子体, 如图 8.1 所示[2]. 探束包括快电子或各种频率的电磁辐射 (红外、可见、X 射线). 入射束具有波矢 k_0 和频率 ω_0, 散射束的波矢和频率为 k_1 和 ω_1. ω_1 一般不等于 ω_0, 散射是由多体系统中的涨落 (fluctuation) 引起的. 这些涨落是运动的, 因此有一个多普勒位移 $\omega=\omega_0-\omega_1$. 涨落可以描写为类粒子的单体模或集体模, 散射频率有一个谱, 它包含了多体系统结构的丰富的信息.

如果探束与等离子体的相互作用相对较弱, 则可以用波恩近似来讨论散射过程, 也就是用最低级微扰论来处理探束和多体系统之间的耦合. 这种处理在多体系统中不论相互作用是强或是弱都是正确的, 因此散射技术能同样好地用于弱或强相

8.3 等离子体实验和理论

互作用系统, 并且当波恩近似成立时, 能够证明散射实验确定了多体系统的一个重要性质: 对关联函数. 这个条件在所有讨论的散射实验中都满足.

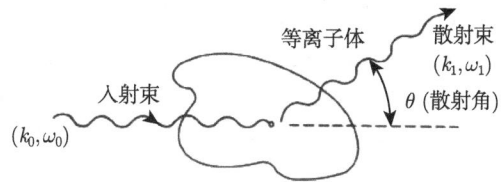

图 8.1 等离子体散射实验示意图

在金属中 (如 Al), 等离子体振荡量子的能量 $\hbar\omega_p$=15.8 eV. 因此测量金属等离子体振荡的探束一般用高能电子, 几个千伏或更高. 当它们穿过金属薄膜后, 测量电子能量损失谱, 散射电子数与损失能量的关系. 图 8.2 就是 Al 膜的电子能量损失谱[2]. 由图可见, 电子损失能量是一个基本量子的整数倍, 等于 $\hbar\omega_p$.

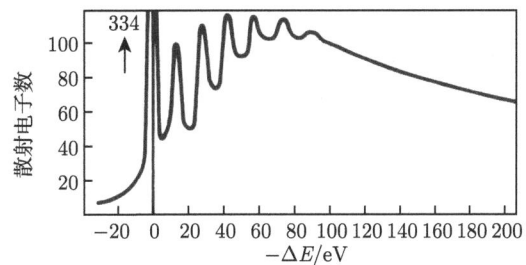

图 8.2 Al 膜的能量损失谱

在掺杂半导体中有两类等离子体模: 高频振荡, 包含所有的价电子; 低频模, 只有导带电子参与. 高频模类似于金属中的, 已经由能量损失谱研究. 例如, Si 的能量损失谱类似于图 8.2, 测量的等离子体频率符合 (8.24) 式计算得到的, 假定每个 Si 原子有 4 个价电子, 这时 $\hbar\omega_p$ 远大于 E_G, 价电子基本是自由的, 感觉不到周期势的效应.

另一方面, 半导体导带中的电子是由杂质产生的, 它的密度远小于价电子密度. 低频等离子体模的能量 $\hbar\omega_p \leq 0.01$ eV, 这时用电子散射就不合适, 需要用光散射. 光散射实验要求等离子体能透射光, 而没有强的散射和吸收. 在半导体中这个条件一般等价于

$$\begin{aligned}&\omega_p < \omega_0 < E_G/\hbar, \\ &\omega_p = \frac{4\pi n_0 e^2}{m^* \varepsilon_0}.\end{aligned} \qquad (8.24)$$

其中, E_G 是半导体的能隙, n_0 是电子密度, m^* 是电子有效质量, ε_0 是静电介电常数. 这时 Nd:YAG 和 CO_2 激光器产生的红外线是探测导带电子等离子体的有力

工具.

在等离子体散射实验中有两个不同的区域, 依赖于$k\lambda_D$(或者简并情况下$k\lambda_{FT}$) 大于或者小于 1, 其中λ_D是德拜波长. 在大 k 极限下, 多体系统中不同粒子的散射波相互之间不干涉. 每个粒子散射子是相互独立的, 这种散射谱称为单粒子散射谱, 它反映了单个粒子的运动. 另一方面, 若 k 是小的, 不同粒子散射的波之间有干涉, 总的散射波振幅对粒子之间的相对位置非常敏感, 也就是对多体系统的关联 (correlation) 敏感, 这个极限称为集体区.

图 8.3 是一个单粒子的光散射谱[2]($k\lambda_D \gg 1$ 极限), 纵坐标是散射强度, 横坐标是频率. 散射强度峰在$\omega=0$处, 具有一定的宽度. 速度为 v 的电子散射以后的能量有多普勒位移 $\omega \approx \boldsymbol{k}\cdot\boldsymbol{v}$, 因此散射谱具有宽度$kv_{th}$, v_{th} 是电子的热速度. 宽度的测量确定了电子的温度.

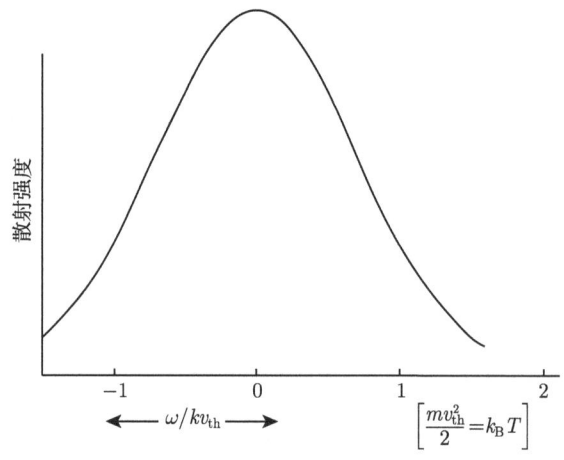

图 8.3 单粒子的光散射谱

图 8.4 是集体光散射谱[2]($k\lambda_D \ll 1$ 极限), 它由集体效应决定. 由于相干涉, 单

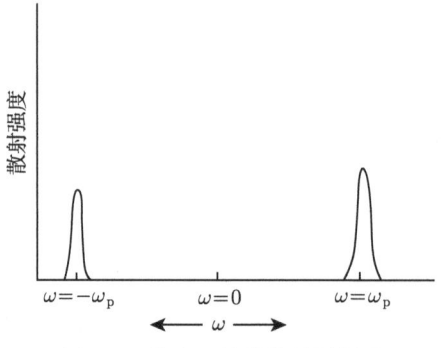

图 8.4 等离子体的集体散射谱

粒子散射被抑制. 代替在$\omega=0$处的宽的多普勒峰, 谱包含了两个尖锐的峰, 对应于等离子体的斯托克斯和反斯托克斯拉曼散射. 线的位置确定了动量为 k 的等离子体频率$\omega(k)$. 所以这两种谱反映了两种完全不同的物理.

8.3.2 电子散射实验理论

如果入射束与靶之间的耦合是弱的, 则可以利用波恩近似计算散射率

$$R_{0f} = 2\pi \left| \langle \psi_f e^{i k_f \cdot r} | V(r) | \psi_0 e^{i k_0 \cdot r} \rangle \right|^2 \delta(E_0 + \omega_0 - E_f - \omega_1). \tag{8.25}$$

其中, E_0、E_f 和ψ_0、ψ_f 分别是多体系统的能量和波函数, ω_0、ω_1 是散射粒子的能量, $V(r)$ 是粒子束与等离子体之间的耦合势.

$$V(r) = \sum_i \frac{e^2}{|r - r_i|}. \tag{8.26}$$

其中, r_i 代表等离子体中电子的坐标, r 代表入射高能电子的坐标.

将 (8.25) 式对 r 积分, 得到

$$\begin{aligned} V_k &= \int e^{i k \cdot r} \frac{e^2}{r} dr = \frac{4\pi e^2}{k^2}, \\ R_{0f} &= 2\pi \left(\frac{4\pi e^2}{k^2} \right) \left| \langle \psi_f | \sum_i \left(e^{i k \cdot r_i} \right) | \psi_0 \rangle \right|^2 \delta(E_0 + \omega - E_f), \end{aligned} \tag{8.27}$$

其中, $k = k_0 - k_1$, $\omega = \omega_0 - \omega_1$. (8.27) 式中的算符是电荷密度算符的傅里叶变换,

$$\begin{aligned} n_k &= \sum_i \left(e^{-i k \cdot r_i} \right) \\ &= \int e^{-i k \cdot r} \sum_i [\delta(r - r_i)] dr = \int e^{-i k \cdot r} n(r) dr. \end{aligned} \tag{8.28}$$

在大多数实验中, 人们测量的不是 R_{0f}, 而是与散射粒子给定终态能量相联系的总跃迁率

$$R = 2\pi \left(\frac{4\pi e^2}{k^2} \right)^2 \sum_f \left\{ |\langle \psi_f | n_{-k} | \psi_0 \rangle|^2 \delta(E_0 + \omega - E_f) \right\}. \tag{8.29}$$

(8.29) 式中对 f 态的求和可以形式上计算

$$\begin{aligned} \delta(E_0 + \omega - E_f) &= \frac{1}{2\pi} \int_{-\infty}^{\infty} e^{i(E_0 + \omega - E_f)t} dt, \\ R &= \left(\frac{4\pi e^2}{k^2} \right)^2 \int_{-\infty}^{\infty} dt e^{i\omega t} \sum_f \left[\langle \psi_0 | n_k | \psi_f \rangle e^{i(E_0 - E_f)t} \langle \psi_f | n_{-k} | \psi_0 \rangle \right] \end{aligned}$$

$$= \left(\frac{4\pi e^2}{k^2}\right)^2 \int_{-\infty}^{\infty} dt e^{i\omega t} \sum_f \left[\langle \psi_0| e^{iHt} n_k e^{-iHt} |\psi_f\rangle \langle \psi_f| n_{-k} |\psi_0\rangle\right]$$

$$= \left(\frac{4\pi e^2}{k^2}\right)^2 \int_{-\infty}^{\infty} dt e^{i\omega t} \langle \psi_0| n_k(t) n_{-k}(0) |\psi_0\rangle. \tag{8.30}$$

如果初态有一个分布, 对 (8.30) 式中初态作平均, 得到

$$R_{\text{total}} = \left(\frac{4\pi e^2}{k^2}\right)^2 \int_{-\infty}^{\infty} dt e^{i\omega t} \langle n_k(t) n_{-k}(0) \rangle. \tag{8.31}$$

上式中的量

$$S(\boldsymbol{k},\omega) = \frac{1}{2\pi} \int_{-\infty}^{\infty} dt e^{i\omega t} \langle n_k(t) n_{-k}(0) \rangle. \tag{8.32}$$

称为结构因子, 它是电子密度–密度关联函数的时间、空间傅里叶变换

$$S(\boldsymbol{k},\omega) = \frac{1}{2\pi} \int_{-\infty}^{\infty} e^{i\omega t} dt \iint e^{-i\boldsymbol{k}\cdot(\boldsymbol{r}-\boldsymbol{r}')} \langle n(\boldsymbol{r},t) n(\boldsymbol{r}',0) \rangle d\boldsymbol{r} d\boldsymbol{r}'. \tag{8.33}$$

说明电子密度涨落是电子束散射的原因.

8.3.3 非相互作用电子系统的散射理论

在二次量子化表象中, 电子密度算符为

$$n_k = \sum_p \left(c_p^+ c_{p+k}\right). \tag{8.34}$$

系统的哈密顿量为

$$H_0 = \sum_p \left[c_p^+ c_p E(p)\right]. \tag{8.35}$$

其中, $E(p) = p^2/2m$ 是单粒子能量. 利用

$$\left[c_p^+, c_p\right]_+ = \delta(\boldsymbol{p} - \boldsymbol{p}'), \tag{8.36}$$

可以证明

$$c_p(t) = e^{iH_0 t} c_p e^{-iH_0 t} = e^{-iE(p)t} c_p,$$
$$n_k(t) = \sum_p c_p^+ c_{p+k} \exp\left\{i\left[\frac{p^2}{2m} - \frac{(\boldsymbol{p}+\boldsymbol{k})^2}{2m}\right] t\right\}. \tag{8.37}$$

结构因子

$$S^0(\boldsymbol{k},\omega) = \sum_p \left\{n(\boldsymbol{p})[1 - n(\boldsymbol{p}+\boldsymbol{k})] \delta\left[\omega + \frac{p^2}{2m} - \frac{(\boldsymbol{p}+\boldsymbol{k})^2}{2m}\right]\right\},$$
$$n(\boldsymbol{p}) = \langle c_p^+ c_p \rangle. \tag{8.38}$$

(8.38) 式代表了所有散射事件之和, 电子从填充态 p 散射至空态 $p+k$, 并且在靶和入射粒子之间保持能量和动量守恒.

8.3.4 光散射理论

在大多数半导体和气体等离子体的散射实验中用光, 在金属中用 X 射线, 所以必须用以上理论修正来描写光在等离子体中的散射. 与光相互作用的多体系统哈密顿量为

$$H_{\text{total}} = \sum_i \frac{1}{2m^*} \left[\boldsymbol{p}_i - \frac{e}{c} \boldsymbol{A}_i \right]^2 + \frac{1}{2} \sum_{i \neq j} \frac{e^2}{\varepsilon_0 r_{ij}}$$
$$= H - \left(\frac{e}{m^*c} \right) \sum_i \boldsymbol{p}_i \cdot \boldsymbol{A}_i + \left(\frac{e^2}{2m^*c^2} \right) \sum_i A_i^2. \tag{8.39}$$

其中用有效质量 m^* 代替了自由电子质量, 所以结果适用于半导体. 哈密顿量 (8.39) 包括了两类电子–光子耦合项: A_i 的线性项和二次项. 因为光散射是一个双光子过程, 所以线性项对二级矩阵元有贡献, 而二次项是一级贡献, 因而是主要的.

对于一个从 $(\boldsymbol{k}_0, \omega_0)$ 到 $(\boldsymbol{k}_1, \omega_1)$ 的光散射过程, A_i^2 取下列形式:

$$\frac{e^2}{2m^*c^2} \sum_i A_i^2 = \frac{2\pi c^2}{(\omega_0 \omega_1)^{1/2}} \left(\frac{e^2}{m^*c^2} \right) \sum_i (\boldsymbol{\varepsilon}_0 \cdot \boldsymbol{\varepsilon}_1) \mathrm{e}^{\mathrm{i} k \cdot r_i}. \tag{8.40}$$

其中, $\boldsymbol{\varepsilon}_0$ 和 $\boldsymbol{\varepsilon}_1$ 是光散射前后的极化矢量. 可以证明光的微分散射截面

$$\frac{\mathrm{d}^2 \sigma}{\mathrm{d}\Omega \mathrm{d}\omega} = \left(\frac{e^2}{m^*c^2} \right)^2 \left(\frac{\omega_1}{\omega_0} \right) (\boldsymbol{\varepsilon}_0 \cdot \boldsymbol{\varepsilon}_1)^2 S(k, \omega). \tag{8.41}$$

与电子散射结果 (8.31) 式和 (8.32) 式比较, 都包含有结构因子, 但电子散射包含有 $1/k^2$ 项, 因此电子散射主要用于研究固体等离子体的小 k 集体模 ($k\lambda_{\text{FT}} \ll 1$ 极限).

8.4 单二维层半导体的元激发[3]

低维半导体包括超晶格、量子阱、二维电子气和量子线等. 共振非弹性光散射谱已成为研究低维系统元激发的非常重要的实验工具, 它具有下列优点: ①可以同时获得激发的能量和动量; ②光激发谱给出了电子气响应函数的直接测量, 也就是动力学结构因子; ③能够在很宽的波矢范围内获得特殊元激发的色散关系; ④可以容易地通过改变散射实验的偏振位形获得单粒子 (自旋密度) 和集体 (电荷密度) 激发.

经典理论已经给出 $d = 1, 2, 3$ 维固体中长波等离子体频率

$$\omega_{\mathrm{p}} = \begin{cases} \left(\dfrac{4\pi ne^2}{\kappa m}\right)^{1/2}, & d=3 \\ \left(\dfrac{2\pi ne^2 q}{\kappa m}\right)^{1/2}, & d=2 \\ \left(\dfrac{2ne^2}{\kappa m}\right)^{1/2} q\,|\ln(qa)|^{1/2}, & d=1 \end{cases} \qquad (8.42)$$

其中, κ 是固体的静介电常数, m 是电子质量, n 是电子密度, q 是等离子体波矢, a 是一维结构的横向尺度. 对 $d=1,2,3$ 维等离子体频率与波矢分别有线性、根号和常数关系.

在无规位相近似下一个约束半导体结构的电子介电函数由介电张量 ε 给出[3],

$$\varepsilon = 1 - v\Pi, \qquad (8.43)$$

其中, v 和 Π 分别是广义的库仑相互作用和非相互作用不可约的极化率. 如果低维结构有多个子带, 则

$$\varepsilon_{ijlm} = \delta_{il}\delta_{jm} - v_{ijlm}\Pi_{lm}, \qquad (8.44)$$

其中, i, j, l, m 分别标记约束系统的量子能级或子带, 对于多层或多线结构, 它也可以标记一个特殊层或特殊线.

库仑相互作用矩阵元

$$v_{ijlm} = \int \mathrm{d}\boldsymbol{r} \int \mathrm{d}\boldsymbol{r}' \psi_i^*(\boldsymbol{r})\psi_j^*(\boldsymbol{r}') \frac{e^2}{\kappa|\boldsymbol{r}-\boldsymbol{r}'|} \psi_l(\boldsymbol{r})\psi_m(\boldsymbol{r}'). \qquad (8.45)$$

其中, 波函数 $\psi_i(\boldsymbol{r})$ 包括一个方向 (量子线) 或两个方向 (量子阱) 的自由运动和约束维度上的束缚态波函数的组合.

非相互作用的极化率

$$\begin{aligned}\Pi_{ij}(q,i\nu_m) &= \left(\frac{g}{\beta}\right)\sum_{i\omega_l}\sum_p G_{ii}(p,i\omega_l)G_{jj}(p+q,i\omega_l+i\nu_m) \\ &= -g\int \frac{d^d p}{(2\pi)^d}\frac{n_j(\boldsymbol{p}+\boldsymbol{q}) - n_i(\boldsymbol{p})}{i\nu_m - [E_j(\boldsymbol{p}+\boldsymbol{q}) - E_i(\boldsymbol{p})]}.\end{aligned} \qquad (8.46)$$

其中, $g=2$ 是电子的简并因子, $\beta=(k_\mathrm{B}T)^{-1}$ 是温度倒数.

等离子体集体模由响应函数 ε^{-1} 的极点给出, 也就是由行列式 $|\varepsilon|$ 的零点给出, 而单粒子激发谱由不可约响应函数 Π_{ij} 的极点给出, 也就是 Π^{-1} 的零点给出.

$$|\varepsilon| = 0, \quad \Pi^{-1} = 0. \qquad (8.47)$$

8.4 单二维层半导体的元激发

解方程 (8.47), 得到频率作为波矢的函数 $\omega(\boldsymbol{q})$, 分别是集体激发和单粒子激发的元激发谱.

单二维层包括二维电子气、单量子阱等. 当只有一个子带被电子占据时, 忽略模耦合响应, 则方程 (8.47)、(8.44) 可以写为

$$|1 - v_{1111}\Pi_{11}| = 0. \tag{8.48}$$

其中, 脚标 1 表示最低的子带, $\Pi_{lm}=0$ 除非 l 和 m 等于 1. 如果考虑基子带到所有可能的激发子带 ($j=2, 3, 4, \cdots$) 的跃迁, 并忽略子带间激发模之间的耦合, 则单个子带激发模由下式给出:

$$1 - v_{1j1j}\chi_{1j} = 0. \tag{8.49}$$

其中, $\chi_{1j} = \Pi_{1j} + \Pi_{j1}$. v_{ijlm} 则由下式给出:

$$v_{ijlm}(q) = \frac{2\pi e^2}{\kappa q} \int dz \int dz' \xi_i^*(z) \xi_j^*(z') e^{-q|z-z'|} \xi_l(z) \xi_m(z'). \tag{8.50}$$

其中, $\xi_i(z)$ 是第 i 个子带的约束波函数.

附 证明 (8.50) 式[4].

$$V_{ijlm} = \int dz \int dz' \xi_i^*(z) \xi_j^*(z') \xi_l(z) \xi_m(z) \cdot \int_0^\infty d\rho \int_0^{2\pi} d\theta \frac{e^{iq\rho \cos\theta}}{\sqrt{\rho^2 + (z-z')^2}}.$$

在二维平面内的积分

$$\int_0^\infty \rho d\rho \int_0^{2\pi} d\theta \frac{e^{iq\rho \cos\theta}}{\sqrt{\rho^2 + (z-z')^2}} = 2\pi \int_0^\infty \frac{\rho d\rho J_0(q\rho)}{\sqrt{\rho^2 + (z-z')^2}} = \frac{2\pi}{q} e^{-q|z-z'|}.$$

证毕.

由 (8.46) 式容易算得非相互作用的 2D 极化率函数

$$\begin{aligned}\Pi_{ij} &= -\frac{m}{\pi}\left[\frac{k_{Fj}}{q}\left\{A_{+j} - (A_{+j}^2 - 1)^{1/2}\right\} - \frac{k_{Fi}}{q}\left\{A_{-i} - (A_{-i}^2 - 1)^{1/2}\right\}\right], \\ A_{\pm j} &= \frac{\omega - E_j + E_i}{qv_{Fj}} \pm \frac{q}{2k_{Fj}}.\end{aligned} \tag{8.51}$$

其中, v_{Fj}、k_{Fj}、E_{Fj} 分别是第 j 个子带的费米速度、波矢和能量, N_S 是二维电子密度.

$$\begin{aligned}v_{Fj} &= \frac{k_{Fj}}{m}, \quad k_{Fj} = \sqrt{2mE_{Fj}}, \\ E_{Fj} &= (E_F - E_j)\theta(E_F - E_j), \quad E_F = \frac{2\pi}{gm}N_S.\end{aligned} \tag{8.52}$$

附 证明 (8.51) 式.

利用 (8.46) 式, 先算第 1 项

$$\Pi_{ij} = -2\int \frac{d^2k}{(2\pi)^2} \frac{n(\boldsymbol{k}+\boldsymbol{q})}{\omega - E_j(\boldsymbol{k}+\boldsymbol{q}) + E_i(\boldsymbol{k})},$$

令 $\boldsymbol{k}+\boldsymbol{q} = \boldsymbol{k}'$, 则 $\boldsymbol{k} = \boldsymbol{k}' - \boldsymbol{q}$, 以上方程变为

$$\Pi_{ij} = -\frac{1}{2\pi^2}\int_0^{k_{Fj}} kdk \int_0^{2\pi} d\theta \frac{1}{\omega - E_j - \frac{k^2}{2m} + E_i + \frac{1}{2m}(k^2 - 2kq\cos\theta + q^2)},$$

利用积分公式[4]

$$\int \frac{dx}{a + b\cos x} = \frac{2}{\sqrt{a^2 - b^2}} \arctan\frac{\sqrt{a^2 - b^2}\tan\frac{x}{2}}{a + b}, \quad a^2 > b^2.$$

在 Π_{ij} 的积分式中

$$\theta = x, \quad \omega - E_j + E_i + \frac{q^2}{2m} = a, \quad -\frac{kq}{m} = b.$$

积分限为 $0 \sim 2\pi$. 因为 $\tan\pi = 0$, 所以得到

$$\int_0^{2\pi} d\theta \frac{1}{\omega - E_j - \frac{k^2}{2m} + E_i + \frac{1}{2m}(k^2 - 2kq\cos\theta + q^2)}$$
$$= \frac{2\pi}{\sqrt{a^2 - b^2}}.$$

可求得

$$\Pi_{ij} = -\frac{1}{2\pi}\int_0^{x_{Fj}} \frac{dx}{\sqrt{a^2 - c^2 x}}$$
$$= -\frac{1}{\pi c^2}\left[a - \sqrt{a^2 - c^2 x_F}\right],$$
$$x = k^2, \quad x_{Fj} = k_{Fj}^2, \quad c = \frac{q}{m},$$

代入 a, b, c, x_{Fj}, 就得到 (8.51) 式的第 1 项. 证毕.

假定电子填充了最低的子带, 不考虑最低子带与其他带的耦合, 则利用 (8.51) 式可以计算二维系统的等离子体波的色散关系, 也就是 ω-q 关系. 由 (8.51) 式,

$$\Pi_{11} = -\frac{m}{\pi}\frac{k_F}{q}\left[(A_{+1} - A_{-1}) + \sqrt{A_{-1}^2 - 1} - \sqrt{A_{+1}^2 - 1}\right]$$
$$\approx \frac{m}{\pi}\frac{k_F}{q}\frac{A_{+1} - A_{-1}}{2A_{+1}A_{-1}} \approx \frac{m}{2\pi}\left(\frac{qv_F}{\omega}\right)^2.$$

8.4 单二维层半导体的元激发

$$v_{1111} \approx \frac{2\pi e^2}{q}. \tag{8.53}$$

其中利用了 $A_{+1}, A_{-1} \gg 1$. 因此在零级近似下求得二维等离子体色散关系

$$\omega = \left[\frac{2\pi e^2 N_S}{\kappa m} q\right]^{1/2}.$$

即 (8.42) 式. 图 8.5 是 70nm 宽、有两个子带的单 GaAs 量子阱的等离子体色散关系[3], 其中粗实线是两个子带占据, 细实线是一个子带占据的, 虚线是严格的二维近似的结果. 由图可见, ω 与 $q^{1/2}$ 成正比.

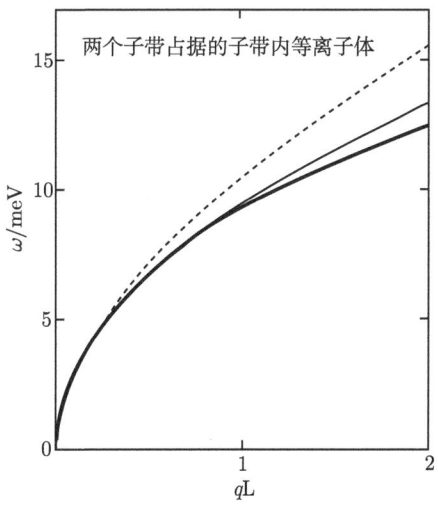

图 8.5 70nm 宽、有两个子带的单 GaAs 量子阱的等离子体色散关系

实验上由二维层集体激发的光散射观察到的拉曼电荷密度激发谱由密度-密度响应函数的虚部给出

$$I_C(q,q;\omega) \propto \mathrm{Im}\left[\int \mathrm{d}z \int \mathrm{d}z' \mathrm{e}^{-\mathrm{i}q(z-z')} \tilde{\Pi}(z,z')\right],$$

$$\tilde{\Pi}(z,z') = \sum_{ijlm} \tilde{\Pi}_{ijlm}(q,\omega) \xi_i^*(z) \xi_j^*(z') \xi_l(z) \xi_m(z'),$$

$$\tilde{\Pi}_{ijlm} = \Pi_{ij}\delta_{il}\delta_{jm} + \sum_{kn} \Pi_{ij} v_{ijkn} \tilde{\Pi}_{knlm}. \tag{8.54}$$

上式中最后一式可写成矩阵形式

$$\tilde{\Pi} = \Pi + \Pi v \tilde{\Pi},$$

$$\tilde{\Pi} = (1-\Pi v)^{-1}\Pi = \varepsilon^{-1}\Pi. \tag{8.55}$$

而自旋密度谱 (单粒子激发谱) 则由与 (8.54) 式类似的公式表示, 其中的极化率为不可约极化率

$$I_S(q,q;\omega) \propto \text{Im}\left[\int dz \int dz' e^{-iq(z-z')} \Pi(z,z')\right],$$
$$\Pi(z,z') = \sum_{ijlm} \Pi_{ij}\delta_{il}\delta_{jm}\xi_i^*(z)\xi_j^*(z')\xi_l(z)\xi_m(z'). \tag{8.56}$$

图 8.6 是理论计算的自旋密度谱 (实线) 和电荷密度谱 (虚线), 对 $q_zL=4.0$(细线) 和 $q_zL=1.0$(粗线)[3], L 是量子阱宽度. 样品参数 $q=7\times10^4\text{cm}^{-1}$, $\gamma=0.1\text{meV}$. 由图可见, 谱的特征与图 8.3 和图 8.4 相似, 单粒子激发谱具有宽的峰, 而集体激发谱具有窄的峰.

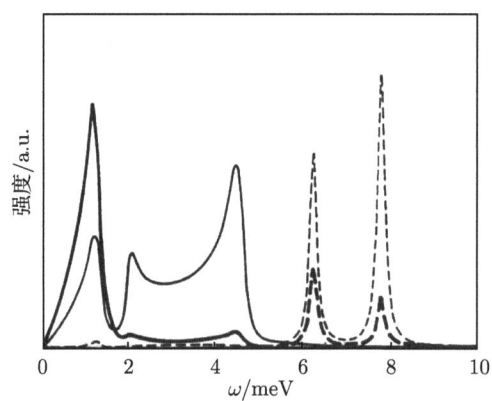

图 8.6　理论计算的自旋密度谱 (实线) 和电荷密度谱 (虚线), 对 $q_zL=4.0$
(细线) 和 $q_zL=1.0$(粗线)

为了对单粒子激发谱有一个概念, 我们计算最简单的单粒子激发谱. 由 (8.47) 式, 单粒子激发谱由 $\Pi^{-1}=0$ 给出, 而由 (8.46) 式,

$$\omega + E_{i0} + \frac{k^2}{2m} - E_{j0} - \frac{(\boldsymbol{k}+\boldsymbol{q})^2}{2m} = 0,$$
$$\omega = E_{j0} - E_{i0} + \frac{1}{2m}\left(2kq\cos\theta + q^2\right). \tag{8.57}$$

其中, E_{i0} 和 E_{j0} 分别是第 i 个和第 j 个子带底能量, θ 是 $\boldsymbol{q}$ 和电子波矢 $\boldsymbol{k}$ 之间的夹角, 电子波矢的大小在 0 与 k_{Fi} 或 k_{Fj} 之间变化. 如果只考虑最低子带内的单电子激发谱, 则 ω-q 的色散曲线在下列两条线的范围内:

$$\omega = \begin{cases} \dfrac{1}{2m}\left(2k_Fq+q^2\right) = \dfrac{1}{2m}(q+k_F)^2 - \dfrac{k_F^2}{2m}, \\ \dfrac{1}{2m}\left(-2k_Fq+q^2\right) = \dfrac{1}{2m}(q-k_F)^2 - \dfrac{k_F^2}{2m}. \end{cases} \tag{8.58}$$

在图 8.7 上表现为两条抛物线, 第 1 条原点在 $(-k_\mathrm{F}, -k_\mathrm{F}^2/2m)$, 第 2 条原点在 $(k_\mathrm{F}, -k_\mathrm{F}^2/2m)$, 两条曲线之间包围的区域就是单电子可能的激发区域. 再考虑第 1 子带和第 2 子带的单粒子激发谱, 则 (8.58) 式还要加上 $E_2 - E_1$ 项. 图 8.7 上的单粒子谱区域由 4 条曲线限定. 图 8.7 是 GaAs 量子阱的集体激发模, 粗线: 耦合模, 细线: 不耦合模. 阴影区域是单电子激发区域[3].

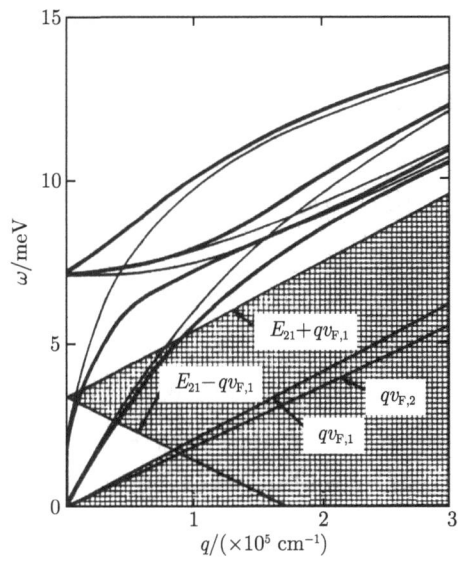

图 8.7 GaAs 单量子阱的集体激发模

粗线: 耦合模, 细线: 不耦合模. 阴影区域是单电子激发区域

8.5 耦合量子阱等离子体理论[5]

在耦合量子阱 (超晶格) 的情况下, 电子波函数在超晶格生长 z 方向是布洛赫波, 具有波矢 k_z, Yu 等将以上的理论推广到超晶格的情形[5].

半导体超晶格的单粒子波函数和能量为

$$\psi_{nk} = |n, \boldsymbol{k}\rangle = |\alpha\rangle = \frac{1}{\sqrt{S}} \mathrm{e}^{i\boldsymbol{k}_\parallel \cdot \boldsymbol{r}_\parallel} \varphi_{nk_z}(z),$$
$$E_\alpha = E_n(k_z) + \frac{\hbar^2 k_\parallel^2}{2m^*}, \tag{8.59}$$

其中, S 代表在 $x-y$ 平面内的面积, $\boldsymbol{k} = (\boldsymbol{k}_\parallel, k_z)$ 是三维波矢, k_z 限制在布里渊区 $\left(-\dfrac{\pi}{a} \leqslant k_z \leqslant \dfrac{\pi}{a}\right)$ 内, $\varphi_{nk_z}(z)$ 是在 z 方向的电子波函数.

在二次量子化表象中, 超晶格的哈密顿量可以写为

$$H = \sum_\alpha E_\alpha a_\alpha^+ a_\alpha + \frac{1}{2} \sum_q \sum_{\alpha\alpha'} \sum_{\beta\beta'} V(q) a_\alpha^+ a_\beta^+ a_{\beta'} a_{\alpha'} \cdot \langle\alpha| e^{iq\cdot r} |\alpha'\rangle \langle\beta| e^{-iq\cdot r} |\beta'\rangle. \quad (8.60)$$

利用无规位相近似[1], 得到介电函数

$$\varepsilon(q,\omega) = 1 + \sum_{G_n} V(q+G_n) \sum_{\alpha\alpha'} \frac{n_\alpha - n_{\alpha'}}{E_{\alpha'} - E_\alpha + \omega + i\eta}$$
$$\times \langle\alpha'| e^{-iq\cdot r} |\alpha\rangle \langle\alpha| e^{i(q+G_n)\cdot r} |\alpha'\rangle, \quad \eta \to 0^+. \quad (8.61)$$

其中, n_α 是费米占据数, $G_n = \left(0, 0, \dfrac{2n\pi}{a}\right), n = 0, \pm 1, \pm 2, \cdots$ 是超晶格的倒格矢. 如果在 z 方向没有调制, 则 α, α' 都是平面波, 方程 (8.61) 就简化为 (8.13) 式.

集体激发谱由介电函数是实部等于 0 给出, 见 (8.18) 式和 (8.47) 式. 考虑到自旋简并度, 得到方程

$$2\sum_{G_n} V(q+G_n) \sum_{\alpha\alpha'} \frac{(n_\alpha - n'_\alpha) \langle\alpha'| e^{-iq\cdot r} |\alpha\rangle \langle\alpha| e^{i(q+G_n)\cdot r} |\alpha'\rangle}{E_\alpha - E_{\alpha'} - \omega} = 1. \quad (8.62)$$

考虑一个调制掺杂的 GaAs-AlGaAs 超晶格, 它的阱宽和垒宽分别为 a_1 和 a_2, 超晶格周期为 $a = a_1 + a_2$. 掺杂层在 AlGaAs 势垒层的中心, 具有宽度 a_3, 势垒高度为 V_m. 当 $a_1 \ll a_2$, V_m 很大时, 对应于弱耦合情形, 相反如果 $a_1 \gg a_2$, V_m 较小时, 则对应强耦合情形.

图 8.8 是计算的结果[5], 参数为: a_1=275 Å, a_2=615 Å, a_3=400 Å, V_m=200 meV, 每个量子阱中二维电子密度 N_S=7.3×10^{11} cm^{-2}, 因此求得费米能量为 E_F=18.27 meV, 第一与第二子带之间的间距为 E_{12}=10.46 meV, 这些条件与 Olego 的实验条件[6] 相似. 图中阴影区域是单粒子激发区 (SPE), 3 条曲线分别对应于不同的 q_z. 星号代表了 Olego 的实验结果.

由图可见, 当 q_z=0 时, 只有一个模位于 $\hbar\omega$=11.62 meV, 它对应于电子密度为 $N_{eff} = N_S/a$=8.20×10^{16} cm^{-3} 的三维等离子体模. 当 $q_z \neq 0$ 时, 每个单粒子激发区的间隙处都有集体激发模, 最低的是第一子带内的集体激发模, 向上依次是第 1 和第 2 子带间、第 2 和第 3 子带间的集体激发模. 子带内的集体激发模当 $q_\parallel$ 较小时 ω 与 $q_\parallel$ 呈线性关系. 图中的星号就是 Olego 的实验结果[6]. $q_z \neq 0$ 集体激发模的能量 ω 随 q_z 的增加而增加, 并且覆盖了较宽的 $q_\parallel$ 区. 子带间的集体激发模的能量几乎与 $q_\parallel$ 无关, 最后都进入 SPE 区域.

现在考虑强耦合的情形, 只需要减小 a_2 和/或 V_m. 取 a_2=75 Å, a_3=25 Å, 其他参数都与图 8.8 的参数相同, 得到强耦合 GaAs-AlGaAs 超晶格的集体激发谱和单粒子激发谱, q_z=0.42 π/a, 如图 8.9 所示[5]. 与弱耦合情形相比, 子带间的集体激发模比 SPE 区域明显要高. 当 q_z=0 时, 出现明显的常数 ω 的近似三维等离子体模.

8.5 耦合量子阱等离子体理论

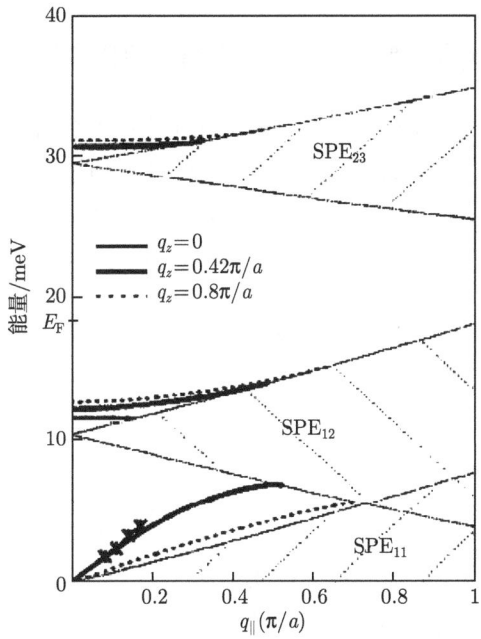

图 8.8 弱耦合 GaAs-AlGaAs 超晶格的集体激发谱和单粒子激发谱

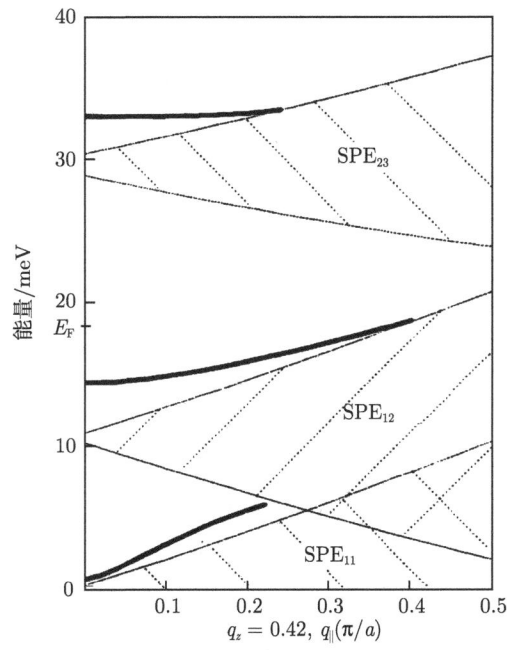

图 8.9 强耦合 GaAs-AlGaAs 超晶格的集体激发谱和单粒子激发谱，$q_z=0.42\ \pi/a$

8.6 磁场下耦合量子线的集体和单量子激发模

Xia 等研究了磁场下耦合量子线的集体和单量子激发模[7]. 考虑在 $x-y$ 平面上两条平行的量子线, 在 z 方向上的厚度为 0. 磁场垂直于平面, 沿 z 方向. 假定量子线沿 x 方向, 分别具有宽度 W_1 和 W_2, 内部是一个方形势阱, 边缘的势垒高度为 V_b, 两条线之间的势垒区宽度为 W_b. 数值计算 $GaAs/Al_{0.3}Ga_{0.7}As$ 量子线, 取 V_b=228 meV.

假设电子的波函数为 $e^{ikx}\psi(y)$, 在磁场下单电子的哈密顿量可以写为

$$H_e = \frac{1}{2m^*}\left[p_y^2 + \left(\frac{eB}{c}\right)^2\left(y - \frac{c\hbar k}{eB}\right)^2\right] + V(y). \tag{8.63}$$

其中, k 是沿 x 方向的波矢, m^* 是电子有效质量. 单电子的波函数和能量可以由 (8.63) 式表示的 y 方向有效质量方程计算, 磁场的效应相当于增加了一个抛物势, 它的原点与 k 有关. 这里只考虑最低的两个态 n=1, 2. 如果是对称情况, $W_1=W_2$, 当 k=0 时, n=1 和 2 的态分别对应于对称和反对称态. 如果 $k \neq 0$, 则 n=1 态集中在一个阱中, n=2 态集中在另一个阱中.

在无规位相近似下屏蔽库仑势由以下自洽方程确定:

$$V_{\alpha k,\beta k'}^{sc}(q,\omega) = V_{\alpha k,\beta k'}^c(q) + \sum_{\lambda k''} V_{\alpha k,\gamma k''}^c(q) \Pi_{\gamma k''}^0(q,\omega) V_{\gamma k'',\beta k'}^c(q). \tag{8.64}$$

其中

$$V_{\alpha k,\beta k'}^c(q) = \frac{2e^2}{\varepsilon_0}\int dy \int dy' \psi_{nk}(y)\psi_{n',k-q}(y) K_0(q|y-y'|)\psi_{m'k'+q}(y')\psi_{m,k'}(y'),$$

$$\Pi_{\beta k}^{(0)}(q,\omega) = \frac{f[E_{m'}(k)] - f[E_m(k-q)]}{E_{m'}(k) - E_m(k-q) + \hbar(\omega + i0^+)}. \tag{8.65}$$

其中, 指标 $\alpha=\{n,n'\}$, $\beta=\{m,m'\}$, $\gamma=\{l,l'\}$ 各代表一对量子数, $f(E)$ 是费米分布函数.

久期方程 (8.64) 不仅包含了量子数 α, β, γ, 还包含了 k, k', 导致了介电矩阵是无穷维的. 文献 [7] 中取一根单量子线中的电子态 $\phi_i(y)$ 作为基函数 (i=1,2), 将耦合线的函数对它们展开,

$$\psi_{nk}(y) = \sum_{i=1,2} C_{ni}(k)\phi_i(y). \tag{8.66}$$

实际计算中取了最低的两个态 n=1,2. 对于对称 ($W_1 = W_2$=150 Å, 图 8.10 实线) 和不对称 (W_1=150 Å, W_2=140 Å, 图 8.10 虚线) 情形, W_b=30 Å, 磁场 B=1 T, 计

算得到的系数 $C_{ni}(k)$ 以及单电子的色散关系分别示于图 8.10[7] 中以及左边和右边插图. 由图可见, 对于对称情况, 色散曲线对 k 是对称的, 电子态能量随 $|k|$ 增加而增大. 对不对称情况, 色散曲线对 k 是不对称的, n=1 态集中在较宽的线中, 能量较低, n=2 态集中在较窄的线中, 能量较高.

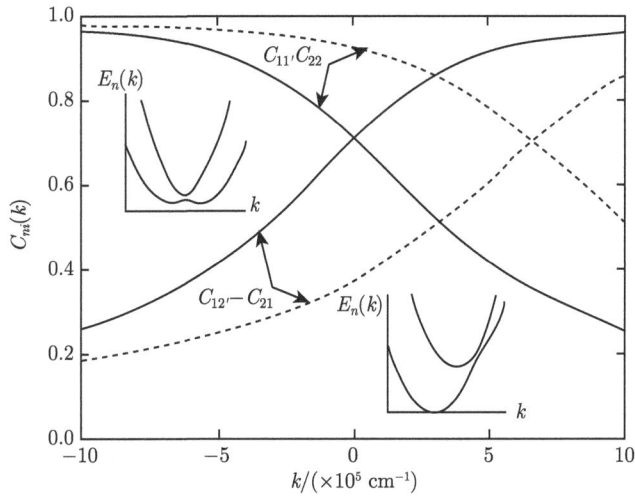

图 8.10 对称情况 (实线) 和不对称情况 (虚线) 的展开系数 $C_{ni}(k)$, 以及单电子的能量色散关系 (左插图和右插图)

用这种展开方法, 方程 (8.64) 可以写为

$$\sum_{\eta'}\left\{\delta_{\xi\eta'}-\sum_{\xi'}v^{C}_{\xi,\xi'}(q)\,\Pi_{\xi'\eta'}(q,\omega)\right\}v^{\mathrm{sc}}_{\eta,\eta'}(q,\omega)=v^{C}_{\xi,\eta}(q). \tag{8.67}$$

其中, $\xi=\{i,i'\}$, $\eta=\{j,j'\}$ 表示一对基函数的量子数. 因此磁等离子体激发谱的散射关系由下式给出:

$$\mathrm{Det}\left\{\delta_{\xi\eta'}-\sum_{\xi'}v^{C}_{\xi,\xi'}(q)\,\Pi_{\xi'\eta'}(q,\omega)\right\}=0. \tag{8.68}$$

其中

$$\begin{aligned}v^{C}_{\xi,\eta}(q)&=\frac{2e^{2}}{\varepsilon_{0}}\int\mathrm{d}y\int\mathrm{d}y'\phi_{i}(y)\,\phi_{i'}(y)\,K_{0}(q\,|y-y'|)\,\phi_{j}(y')\,\phi_{j'}(y'),\\ \Pi_{\xi,\eta}(q,\omega)&=\sum_{mm',k}C_{m'j}(k+q)\,C_{mi'}(k)\,C_{mj}(k)\,C_{m'j'}(k+q)\,\Pi^{(0)}_{\beta k}(q,\omega).\end{aligned} \tag{8.69}$$

其中包含了对连续变量 k 的求和, 所以比没有磁场的情况要复杂得多.

图 8.11 是由方程 (8.68) 计算得到的对称耦合量子线的磁等离子体单粒子模和集体激发模的色散关系[7]. 量子线参数是 $W_1 = W_2 = 150$ Å, $W_b = 30$ Å, 总电子线密度 $N_e = 10^6$ cm^{-1}. 其中 (a), (b), (c) 分别对应于磁场 $B=0$, 1T, 2T. (d) 对应于 $W_b = 70$ Å, $B=1$T. 阴影部分是单粒子激发谱 (SPE), 深色的是第 1 子带内的 SPE 谱.

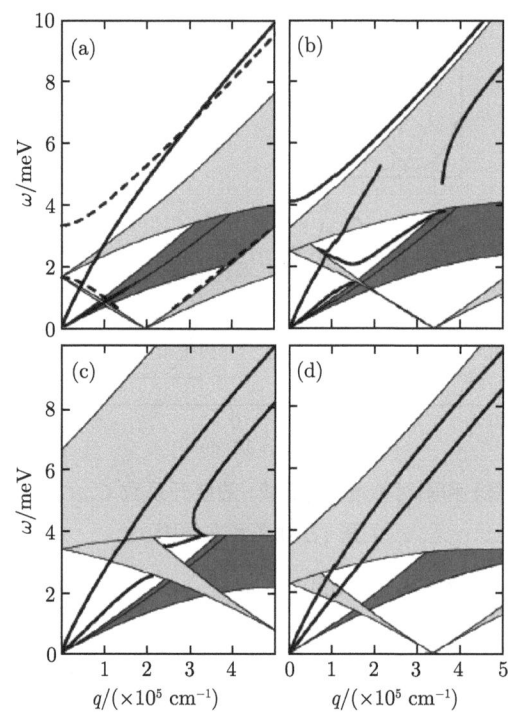

图 8.11 对称耦合量子线的磁等离子体单粒子模和集体激发模的色散关系

阴影部分是 SPE, 深色的是第 1 子带内的 SPE 谱

图 8.11(a) 是无磁场的情形, 与以前的结果相同, 两条实线代表了子带内的集体激发谱, 虚线代表了子带间的集体激发谱. 系统的对称性和子带的抛物型保证了这两种模不耦合. 磁场导致了两个在 $B=0$ 时的抛物带向相反方向移动, 如图 8.10 的左插图所示, 结果使带间的 SPE 区扩张, 在 $q=0$ 处形成一个带, 如 (b)~(d) 所示, 并且在单粒子模与集体模之间产生了相互作用, 表现为当一个电子在带间跃迁时受到电子-电子散射. 相互作用强度依赖于转移动量 q. 由图 (b) 可见, 最高的一支集体模与 SPE 区保持一个距离, 在带间 SPE 区中的一支集体模断裂. 通常将能量高的那一支集体模称为"光学支", 能量低的那一支称为"声学支". 这在图 (c) 中也能看到. 声学支由于和带间 SPE 相互作用, 当它接近 SPE 区时会发生断裂. 在图 (d) 中, 由于势垒区宽度大, $W_b = 70$ Å, 足以完全消除与带间跃迁的相互作用, 因

此两支集体模不受影响.

参 考 文 献

[1] Ehrenreich H, Cohen M H. Phys. Rev., 1959, 115: 786.
[2] Platzman P M, Wolff P A. Waves and Interactions in Solid State Plasmas, New York: Academic Press, 1973.
[3] Das Sarma S//Lockwood D J, Young J F. Light Scattering in Semiconductors and Superlattices. New York: Plenum Press, 1991, P.499.
[4] Gradshteyn I S, Ryzhik I M. Table of Intergrals, Series, and Products, New York: Academic Press, 1980.
[5] Yu J X, Xia J B. Solid State Commun., 1996, 99: 433.
[6] Olego D, Pinczuk A, Gossard A C, et al. Phys. Rev. B, 1982, 25: 7867.
[7] Xia J B, Hai G Q. Phys. Rev. B, 2002, 65: 245326.

第 9 章 表面增强拉曼散射

9.1 引言 [1]

表面增强拉曼散射 (SERS) 是等离子体学的一个最吸引人的应用之一. 拉曼散射是研究分子和凝聚态物质的重要工具. 但是一般拉曼散射的截面比荧光吸收截面小 12~14 个数量级. 早在 20 世纪 70 年代, Fleischman 等发现在一个吸附在粗糙 Ag 电极表面上的吡啶 (pyridine) 分子显示了非常强的拉曼信号 [2]. 以后在其他各实验室也发现了非常强的拉曼信号, 它是由拉曼散射效率本身的增强产生的, 而不是由特别的散射分子. 这个效应后来被称为 SERS. 第一篇报道中估计的拉曼信号增强因子为 $10^3 \sim 10^5$. 后来发现在表面增强共振拉曼散射 (SERRS) 中对染料分子增强因子可以达到 $10^{10} \sim 10^{11}$. SERS 发现的 20 年以后, 新的测量方法确定了增强因子为通常非共振 RS 的 14 个数量级, 足以与荧光截面相比, 使得 SERS 成为测量单分子的有力工具, 特别是在生物医药方面.

它利用在金属纳米结构附近的高度局域的强场来增强有关分子的自发拉曼散射. 利用化学粗糙化的银表面, 首次观察到了单个分子的拉曼散射事件 [3,4], 估计散射截面的增长因子达到 10^{14} 量级. 增强的主要原因是在金属纳米结构附近局域的表面等离子体共振产生的高增强场. 这些高增强场称为热点 (hot spots), 它还能增加荧光发射, 虽然增强因子中等.

SERS 另一个有意义的方面是高的空间分辨能力. 利用金属纳米结构特殊的局域光场, SERS 能提供好于 10 nm 的横向分辨率, 它比衍射极限低两个数量级, 甚至低于通常的近场显微针尖的分辨率. 至今 SERS 已广泛用于生物物理和生物化学, 有以下几个原因: ① 由于 SERS 能提供高的结构选择性和测量非常小的物体的拉曼光谱, 所以和荧光光谱一样, 能作为测量生物中单分子的工具, 特别是快速 DNA 序列分析. ② SERRS 可以用于测量大的生物分子, 因为它能选择与大分子的振动模共振, 特别适用于 chromophoric 系统. ③ SERS 提供了研究分子吸附在金属表面以及表面和界面过程的信息, 例如 "SERS 激活" 的 Ag 或 Au 电极能用来作为研究生物有关过程的模型环境, 如细胞色素 (sytochrome c) 中的电荷转移跃迁.

9.2 表面增强拉曼散射的基本原理

分子振动谱的拉曼散射机制的示意图如图 9.1(a) 所示 [1]. 分子振动频率为

9.2 表面增强拉曼散射的基本原理

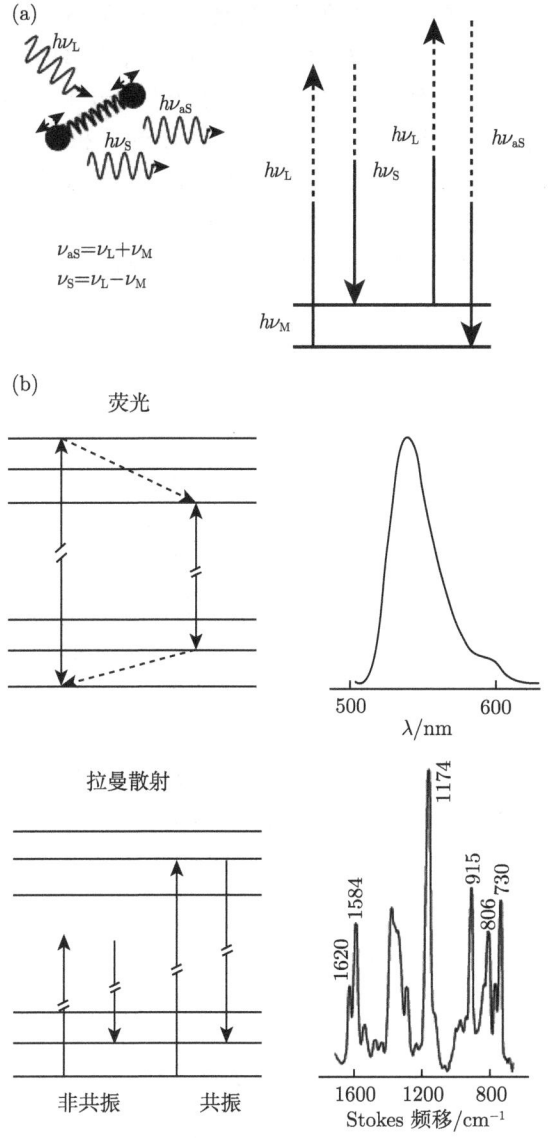

图 9.1 拉曼散射和荧光的示意图

$\hbar\omega_M$, 入射光子频率为 $\hbar\omega_L$, 它和散射分子的能量交换以后, 能量发生位移. 有两种情形: 第一种是光子激发分子的振动模而失去能量 (Stokes 散射), 第二种是由于振动模的消失光子得到能量 (anti-Stokes 散射). 所以这两个拉曼带的频率为

$$\begin{aligned} \nu_S &= \nu_L - \nu_M, \\ \nu_{aS} &= \nu_L + \nu_M. \end{aligned} \quad (9.1)$$

图 9.1(b) 显示了典型的荧光和拉曼谱的比较. 由图可见, 由于电子非弹性弛豫到较低的激发能级, 荧光谱是相对较宽的. 拉曼谱是非常窄的, 因此可用来细致分析所研究的分子振动谱. 一般在拉曼跃迁中光子不与分子共振, 激发通过虚态. 没有发生光子的发射或吸收, 跃迁是一个纯散射过程. 光子和分子发生共振时的共振拉曼散射比正常拉曼散射要强, 但它的效率仍比荧光跃迁低得多. 典型的拉曼散射截面比荧光过程的截面小 10 个数量级以上, $10^{-31} \text{cm}^2/$分子 $\leqslant \sigma_{\text{RS}} \leqslant 10^{-29} \text{cm}^2/$分子, 依赖于散射是非共振还是共振的. 荧光截面由吸收截面和荧光量子产额的乘积决定, 它能达到 $10^{-16} \text{cm}^2/$分子。

以上介绍的拉曼散射是自发的, 而不是受激的, 因此是一个线性过程: 非弹性散射的总功率与入射激光束强度呈线型关系. 以 Stokes 过程为例, 散射束功率可以表示为

$$P_{\text{RS}}(\nu_{\text{S}}) = N \sigma_{\text{RS}} I(\nu_{\text{L}}). \tag{9.2}$$

其中, N 是 Stokes 散射子的数目, $I(\nu_{\text{L}})$ 是入射束的强度.

SERS 描写了当拉曼活性分子放入金属纳米结构的近场中拉曼过程的增强. 纳米结构包括: 金属的凝胶粒子组成的纳米粒子集合, 或者粗糙化的金属表面. 增强由于两个效应: 第一、拉曼散射截面 σ_{RS} 被分子周围环境的改变而修正, 导致了 $\sigma_{\text{SERS}} > \sigma_{\text{RS}}$, 这称为拉曼增强的化学或电子原因. 理论模型指出, 由于散射截面改变而引起的最大增强因子为 100 量级, 其增强因子为 $A(\nu_{\text{S}})$.

另一个更重要的原因是局域表面等离子模的激发, 使得分子感受的电磁场增加, 以及在金属界面上电场线的聚集, 又称光柱效应 (lighting rod effect)[5]. 定义电磁场增强因子

$$A(\nu_{\text{L}}) = |\boldsymbol{E}_{\text{loc}}(\nu)|/|\boldsymbol{E}_0|. \tag{9.3}$$

在 SERS 条件下, Stokes 束的总功率为

$$P_{\text{SERS}}(\nu_{\text{S}}) = N \sigma_{\text{SERS}} |A(\nu_{\text{L}})|^2 |A(\nu_{\text{S}})|^2 I(\nu_{\text{L}}). \tag{9.4}$$

其中, N 是散射的分子数. 因为入射和散射光子的频率差 $\Delta\nu = \nu_{\text{L}} - \nu_{\text{S}}$ 比局域表面等离子模的线宽 Γ 小得多, 因此 $|A(\nu_{\text{L}})| \approx |A(\nu_{\text{S}})|$. 于是得到一个重要的结果: 电磁场增强对总的 SERS 增强的贡献正比于场增强因子的 4 次方.

电场增强因子又可分为两部分[1]: 局域表面等离子模的共振激发和光柱效应, 前者对频率有很强的依赖关系, 而后者仅是在金属尖端附近场线聚集的几何效应, 见图 9.2. 其中金属小球的半径为 r, $r/\lambda \leqslant 0.05$, 介电函数为 $\varepsilon = \varepsilon' + i\varepsilon''$. 分子位于球外, 距离为 d. 如果外电场为 E_0, 求得分子处的等离子体增强场为

$$E_{\text{SP}} = \frac{\varepsilon - \varepsilon_0}{\varepsilon + 2\varepsilon_0} \cdot E_0 \left(\frac{r}{r+d}\right)^3. \tag{9.5}$$

其中，ε_0 是金属球周围介质的介电常数.

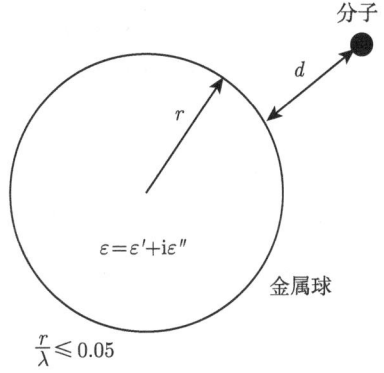

图 9.2 金属表面附近电磁场增强的示意图

因此可以写

$$A(\nu) = A_{SP}(\nu) A_{LR},$$
$$A_{SP}(\nu) \propto \frac{\varepsilon(\omega) - \varepsilon_0}{\varepsilon(\omega) + 2\varepsilon_0}, \quad (9.6)$$
$$A_{LR} = \left(\frac{r}{r+d}\right)^3.$$

其中，A_{SP} 是由金属球的极化率 α 得到的，对其他形状的金属粒子稍有不同. 由光柱效应得到的增强因子 A_{LR} 与频率无关，与金属表面的形状有很大关系，金属针尖附近将很大.

考虑到这些因素，Stokes 信号功率的增强因子 $G(\nu_S)$ 能够写为

$$G(\nu_S) = |A(\nu_L)|^2 |A(\nu_S)|^2 \sim \left|\frac{\varepsilon(\nu_L) - \varepsilon_0}{\varepsilon(\nu_L) + 2\varepsilon_0}\right|^2 \left|\frac{\varepsilon(\nu_S) - \varepsilon_0}{\varepsilon(\nu_S) + 2\varepsilon_0}\right|^2 \left(\frac{r}{r+d}\right)^{12}. \quad (9.7)$$

9.3 表面增强拉曼散射的偶极相互作用理论

除了以上两种机制外，Gersten 等又提出了第 3 种机制：偶极相互作用机制[5]. 假定分子是一个极化偶极子，它与附近的小金属粒子或小的金属缺陷有电磁相互作用，考虑这种情况下的分子拉曼散射. 分子的点偶极矩 $\boldsymbol{\mu}_1$ 由外电场 $\boldsymbol{E}$ 产生

$$\boldsymbol{\mu}_1 = \boldsymbol{\alpha}_1 \cdot \boldsymbol{E}. \quad (9.8)$$

其中，$\boldsymbol{\alpha}_1$ 是分子的极化率张量 (本节及以下用正黑体表示张量). 附近金属体的偶极矩和极化率张量分别由 $\boldsymbol{\mu}_2$ 和 $\boldsymbol{\alpha}_2$ 表示. 电场 $\boldsymbol{E}$ 由入射的辐射场 $\boldsymbol{E}_0$ 和相邻物体

的感应偶极矩产生的场组成, 于是得到下列方程:

$$\begin{aligned}\boldsymbol{\mu}_1 &= \boldsymbol{\alpha}_1 \cdot (\boldsymbol{E}_0 + \mathbf{M} \cdot \boldsymbol{\mu}_2), \\ \boldsymbol{\mu}_2 &= \boldsymbol{\alpha}_2 \cdot (\boldsymbol{E}_0 + \mathbf{M} \cdot \boldsymbol{\mu}_1).\end{aligned} \tag{9.9}$$

其中

$$\mathbf{M} = (3\hat{n}\hat{n} - \mathbf{I})/d^3. \tag{9.10}$$

d 是两个偶极子之间的距离矢量, $\hat{n} = \boldsymbol{d}/d$, $\mathbf{I}$ 是单位张量. 金属体的极化率张量 $\boldsymbol{\alpha}_2$ 一般是与频率有关的, 见 (9.5) 式. 方程 (9.9) 是在静电假设下得到的, 成立条件是 $d \ll 2\pi c/\omega$, 也就是忽略了推迟 (retardation) 效应.

由方程 (9.9) 解 $\boldsymbol{\mu}_1$ 得到

$$\boldsymbol{\mu}_1 = [\mathbf{I} - \boldsymbol{\alpha}_1 \cdot \mathbf{M} \cdot \boldsymbol{\alpha}_2 \cdot \mathbf{M}]^{-1} \cdot \boldsymbol{\alpha}_1 \cdot [\mathbf{I} + \mathbf{M} \cdot \boldsymbol{\alpha}_2] \cdot \boldsymbol{E}_0. \tag{9.11}$$

分子的有效极化率为

$$\boldsymbol{\alpha}_1^{\text{eff}} = [\mathbf{I} - \boldsymbol{\alpha}_1 \cdot \mathbf{M} \cdot \boldsymbol{\alpha}_2 \cdot \mathbf{M}]^{-1} \cdot \boldsymbol{\alpha}_1 \cdot [\mathbf{I} + \mathbf{M} \cdot \boldsymbol{\alpha}_2]. \tag{9.12}$$

类似地得到

$$\boldsymbol{\alpha}_2^{\text{eff}} = [\mathbf{I} - \boldsymbol{\alpha}_2 \cdot \mathbf{M} \cdot \boldsymbol{\alpha}_1 \cdot \mathbf{M}]^{-1} \cdot \boldsymbol{\alpha}_2 \cdot [\mathbf{I} + \mathbf{M} \cdot \boldsymbol{\alpha}_1]. \tag{9.13}$$

注意到 $\boldsymbol{\alpha}_1$ 是与分子核间距坐标 Q 有关, 因此总的拉曼极化率为

$$\boldsymbol{\alpha}_{\text{RAM}}^{\text{tot}} = \Delta Q \frac{\partial}{\partial Q} \left[\boldsymbol{\alpha}_1^{\text{eff}} + \boldsymbol{\alpha}_2^{\text{eff}} \right]. \tag{9.14}$$

由 (9.12) 式 ~(9.14) 式得到

$$\begin{aligned}\boldsymbol{\alpha}_{\text{RAM}}^{\text{tot}} = {} & \Delta Q \left(\mathbf{I} - \boldsymbol{\alpha}_1 \cdot \mathbf{M} \cdot \boldsymbol{\alpha}_2 \cdot \mathbf{M}\right)^{-1} \\ & \cdot \left\{ \frac{\partial \boldsymbol{\alpha}_1}{\partial Q} \cdot \left[\mathbf{M} \cdot \boldsymbol{\alpha}_2 \cdot \mathbf{M} \cdot (\mathbf{I} - \boldsymbol{\alpha}_1 \cdot \mathbf{M} \cdot \boldsymbol{\alpha}_2 \cdot \mathbf{M})^{-1} + \mathbf{I} \right] \cdot (\mathbf{I} + \mathbf{M} \cdot \boldsymbol{\alpha}_2) \\ & + \boldsymbol{\alpha}_2 \cdot \mathbf{M} \cdot \frac{\partial \boldsymbol{\alpha}_1}{\partial Q} \cdot \left[\mathbf{M} \cdot (\mathbf{I} - \boldsymbol{\alpha}_1 \cdot \mathbf{M} \cdot \boldsymbol{\alpha}_2 \cdot \mathbf{M})^{-1} \cdot \boldsymbol{\alpha}_2 \cdot (\mathbf{I} + \mathbf{M} \cdot \boldsymbol{\alpha}_1) + \mathbf{I} \right] \right\}. \end{aligned} \tag{9.15}$$

微分拉曼散射截面为

$$\frac{\mathrm{d}\sigma}{\mathrm{d}\Omega} = k^4 \left| \hat{e} \cdot \boldsymbol{\alpha}_{\text{RAM}}^{\text{tot}} \cdot \hat{e}_0 \right|^2. \tag{9.16}$$

其中, Ω 是某个特殊方向的空间角, $k = \omega/c$, $\hat{e}$ 和 $\hat{e}_0$ 分别是散射光和入射光的偏振方向.

方程 (9.15) 表明对拉曼散射的贡献有三部分:

(1) 金属体在外场中的极化产生了一个局域场 $\mathbf{M} \cdot \boldsymbol{\alpha}_2 \cdot \boldsymbol{E}_0$, 作用在分子上, 称为局域场效应.

(2) 金属体被分子的振荡偶极矩感应的极化率有一个拉曼分量 $\boldsymbol{\alpha}_2 \cdot (\mathbf{I} + \mathbf{M} \cdot \boldsymbol{\alpha}_1)$.

(3) 金属体被分子的振荡偶极矩产生的附加振荡场 $(\mathbf{I} - \boldsymbol{\alpha}_1 \cdot \mathbf{M} \cdot \boldsymbol{\alpha}_2 \cdot \mathbf{M})^{-1}$, 称为镜像效应.

镜像效应为 $(1 - \alpha_1 \alpha_2 d^{-6})^{-1}$ 量级, 而 α_1 和 α_2 分别与分子和金属体的体积成正比. 一般情况下, $\alpha_1 d^{-3} \ll 1$, 而 α_2 除了与金属体的体积有关外, 还与频率有关, 见 (9.5) 式. 因此很难断定 $\alpha_2 d \ll 1$, 特别是在共振频率附近. 以下为了讨论方便起见, 先不考虑镜像效应, 也就是假设 $\alpha_1 \alpha_2 d^{-6} \ll 1$, $(\mathbf{I} - \boldsymbol{\alpha}_1 \cdot \mathbf{M} \cdot \boldsymbol{\alpha}_2 \cdot \mathbf{M})^{-1} = \mathbf{I}$.

在不考虑镜像效应的情况下, 方程 (9.15) 可简化为

$$\boldsymbol{\alpha}_{\text{RAM}}^{\text{tot}} = \Delta Q \left[\frac{\partial \boldsymbol{\alpha}_1}{\partial Q} + \frac{\partial \boldsymbol{\alpha}_1}{\partial Q} \cdot \mathbf{M} \cdot \boldsymbol{\alpha}_2 + \boldsymbol{\alpha}_2 \cdot \mathbf{M} \cdot \frac{\partial \boldsymbol{\alpha}_1}{\partial Q} \right]. \tag{9.17}$$

其中, 第 1 项代表了自由分子的拉曼散射, 第 2 项是由于金属体的局域场中分子附加的拉曼散射, 第 3 项是金属体被分子场极化产生的拉曼散射. 由 (9.17) 式可见, 当 $\|\mathbf{M} \cdot \boldsymbol{\alpha}_2\| \gg 1$ 时, 系统的拉曼散射将大大增强. 推导中利用了在共振频率附近 $\mathbf{M} \cdot \boldsymbol{\alpha}_2 \gg \mathbf{I}$.

以上讨论只限于金属体的一般形状. 实验发现如果金属体表面具有大的曲率, 如针尖或锥缝附近, 电场有很大的增强, 这称为 "光柱效应", 则需要具体形状具体分析.

9.4 分子与金属球体系

下面具体考虑一个分子与金属球的相互作用体系, 如图 9.3 所示[5]. 坐标原点在金属球心, 分子位于 z 轴上, 偶极矩位于 xz 平面, 与 z 轴成 θ 角. 金属球半径为 a, 分子与球面的距离为 H, 与球心的距离为 d.

在静电近似下, 均匀外电场下球外的电势可以写为

$$\Phi_{\text{I}} = -\boldsymbol{E}_0 \cdot \boldsymbol{r} + \Phi_{\text{dip}}^{\text{I}} + \Phi_{\text{sph}}^{\text{I}}. \tag{9.18}$$

其中 3 项分别代表外场、分子偶极矩和球偶极矩产生的势. 在球坐标下, 每一项都能用球谐函数展开,

$$-\boldsymbol{E}_0 \cdot \boldsymbol{r} = -\sqrt{\frac{4\pi}{3}} r \left[E_{0z} Y_{10}(\theta, \phi) + \frac{E_{0x} + \mathrm{i} E_{0y}}{\sqrt{2}} Y_{1-1}(\theta, \phi) \right.$$
$$\left. - \frac{E_{0x} - \mathrm{i} E_{0y}}{\sqrt{2}} Y_{11}(\theta, \phi) \right]. \tag{9.19}$$

$$\Phi_{\text{sph}}^{\text{I}} = \sum_{l=0}^{\infty} \sum_{m=-l}^{l} B_{lm} r^{-l-1} Y_{lm}(\theta, \phi). \tag{9.20}$$

$$\Phi_{\text{dip}}^{\text{I}} = -\frac{\mu_1}{d}\left[\frac{\sin\theta_1}{2}\sum_{l=1}^{\infty}\left(\frac{4\pi l(l+1)}{2l+1}\right)^{1/2}l\left(\frac{r}{d}\right)^l[Y_{l1}(\theta,\phi)+Y_{1-1}(\theta,\phi)]\right.$$
$$\left.+\cos\theta_1\sum_{l=0}^{\infty}\left(\frac{4\pi}{2l+1}\right)^{1/2}(l+1)\left(\frac{r}{d}\right)^l Y_{l0}(\theta,\phi)\right] \quad (r<d). \tag{9.21}$$

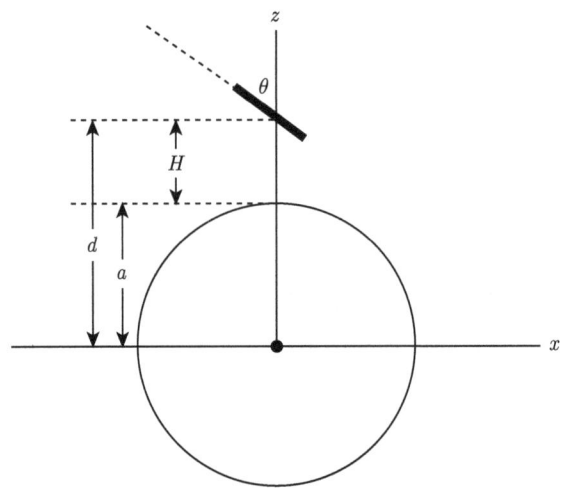

图 9.3 分子与金属球示意图

其中 (9.21) 式的推导利用了[6]

$$\Phi(\boldsymbol{r}) = \sum_{l=0}^{\infty}\sum_{m=-l}^{l}\sqrt{\frac{4\pi}{2l+1}}r^l Q'_{lm}Y_{lm}(\theta,\phi) \quad (r<r')$$
$$Q'_{lm} = \sqrt{\frac{4\pi}{2l+1}}\int\frac{\rho(\boldsymbol{r}')}{r'^{l+1}}Y^*_{lm}(\theta',\phi')\,\mathrm{d}\boldsymbol{r}'. \tag{9.22}$$

同样将金属球内的势用球谐函数展开

$$\Phi_{\text{sph}}^{\text{II}} = \sum_{l=0}^{\infty}\sum_{m=-l}^{l}A_{lm}r^l Y_{lm}(\theta,\phi). \tag{9.23}$$

利用金属球表面电场的边界条件, 可以求得系数 A_{lm} 和 B_{lm} 作为 $\boldsymbol{E}_0$ 和 $\boldsymbol{\mu}_1$ 的函数. 再加上方程

$$\boldsymbol{\mu}_1 = \boldsymbol{\alpha}_1\cdot\left(\boldsymbol{E}_0 - \nabla\Phi_{\text{sph}}^{\text{I}}\right). \tag{9.24}$$

得到一组类似于方程 (9.9) 的自洽方程组, 由此得到有效极化率 $\boldsymbol{\alpha}_1^{\text{eff}}$ 和 $\boldsymbol{\alpha}_2^{\text{eff}}$, 以及总拉曼极化率 $\boldsymbol{\alpha}_{\text{RAM}}^{\text{tot}}$.

9.4 分子与金属球体系

文献 [5] 中采取一种比较直观的方式讨论这个问题, 以得到比较清楚的物理意义. 写为

$$\boldsymbol{\mu}_1 = \boldsymbol{\alpha}_1 \cdot (\boldsymbol{E}_0 + \boldsymbol{E}_{\text{sph}}). \tag{9.25}$$

其中, $\boldsymbol{E}_{\text{sph}}$ 是金属球在分子处产生的极化感应电场, 它可以表示成两项之和: 金属球在外场 $\boldsymbol{E}_0$ 下极化产生的场, 和由分子偶极矩极化产生的场. 第一项

$$\boldsymbol{E}_{\text{sph}}^{(1)} = \mathbf{M} \cdot \boldsymbol{\alpha}_2 \cdot \boldsymbol{E}_0 = a^3 \frac{\varepsilon - 1}{\varepsilon + 2} \mathbf{M} \cdot \boldsymbol{E}_0. \tag{9.26}$$

由于金属球的 α_2 是个标量. 第二项是分子偶极矩使得金属球极化产生的场, 也就是分子的镜像场. 假定分子与球之间的距离比球半径小得多, $H \ll a$, 则镜像场可以看作分子在一个距离为 d 的金属平面上的镜像场.

$$\boldsymbol{E}_{\text{sph}}^{(2)} = \frac{\varepsilon - 1}{\varepsilon + 1} \mathbf{M}(2d) \cdot \begin{bmatrix} -1 & 0 & 0 \\ 0 & -1 & 0 \\ 0 & 0 & +1 \end{bmatrix} \cdot \boldsymbol{\mu}_1. \tag{9.27}$$

分子极化率可以写为

$$\boldsymbol{\alpha}_1 = \alpha_1 U = \alpha_1 \begin{bmatrix} \sin^2\theta & 0 & \sin\theta\cos\theta \\ 0 & 0 & 0 \\ \sin\theta\cos\theta & 0 & \cos^2\theta \end{bmatrix}. \tag{9.28}$$

系统总的拉曼极化率为

$$\boldsymbol{\alpha}_{\text{RAM}}^{\text{tot}} = \Delta Q \frac{\partial \alpha_1}{\partial Q} (\mathbf{I} + \mathbf{M}(d) \cdot \boldsymbol{\alpha}_2)(1 - \boldsymbol{\Gamma}_{\text{p}})^{-2} \cdot \mathbf{U} \cdot (\mathbf{I} + \mathbf{M}(d) \cdot \boldsymbol{\alpha}_2). \tag{9.29}$$

其中

$$\boldsymbol{\Gamma}_{\text{p}} = \alpha_1 \mathbf{U} \cdot \mathbf{M}(2d) \cdot \begin{bmatrix} -1 & 0 & 0 \\ 0 & -1 & 0 \\ 0 & 0 & 1 \end{bmatrix} \frac{\varepsilon - 1}{\varepsilon + 1},$$

$$\boldsymbol{\alpha}_2 = \frac{\varepsilon - 1}{\varepsilon + 2} a^3 \mathbf{I},$$

$$\mathbf{M}(d) = \frac{3\hat{n}\hat{n} - \mathbf{I}}{d^3} = \frac{1}{d^3} \begin{pmatrix} -1 & 0 & 0 \\ 0 & -1 & 0 \\ 0 & 0 & 2 \end{pmatrix}. \tag{9.30}$$

如果系统的空间尺度远小于辐射波长, 并且球半径比分子–球间距大得多, 则 (9.30) 式是总拉曼极化率的一个好的近似. 如果分子–球的间距大于 4Å, 则 $\boldsymbol{\Gamma}_{\text{p}} \ll 1$, 镜像

项 $(\mathbf{I}-\mathbf{\Gamma}_\mathrm{p})^{-1}$ 可以忽略, (9.29) 式就简化为

$$\boldsymbol{\alpha}_{\mathrm{RAM}}^{\mathrm{tot}} = \Delta Q \frac{\partial \alpha_1}{\partial Q} (\mathbf{I} + \mathbf{M}(d) \cdot \boldsymbol{\alpha}_2) \cdot \mathbf{U} \cdot (\mathbf{I} + \mathbf{M}(d) \cdot \boldsymbol{\alpha}_2). \tag{9.31}$$

其中的张量 $\mathbf{M}$, $\mathbf{U}$ 和 $\boldsymbol{\alpha}_2$ 都是已知的, 所以由上式就可以直接计算总拉曼极化率.

图 9.4 是由 (9.29) 式计算得到的拉曼散射增强因子 R 作为光子能量 $\hbar\omega$ 的函数[5]. 所用参数为 $a=100$ Å, $H=5$ Å, $\alpha_1=1.0$ Å^3. 计算了 3 种金属: Ag, Cu, Au, $\perp$ 和 $\parallel$ 代表分子偶极矩垂直和平行于金属表面 ($\theta=0°$ 和 $90°$). 由图可见, Ag 的增强效应最大, 垂直分子增强效应最大.

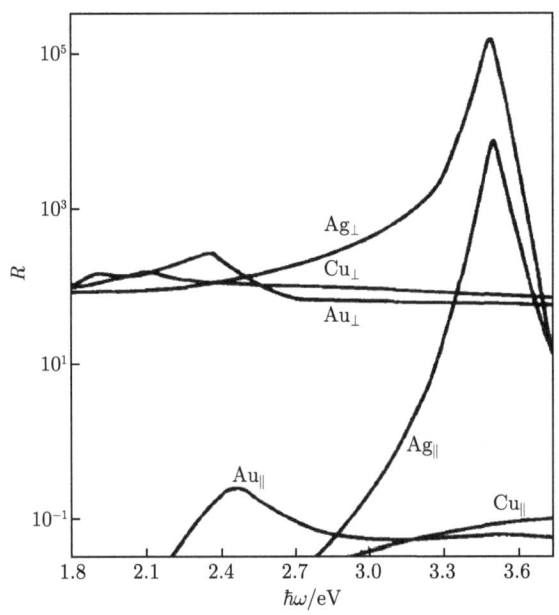

图 9.4　一个分子吸附在 Ag, Cu, Au 球上的拉曼散射增强因子

9.5　光柱效应

实验发现, 如果分子放置在一个金属针尖或者金属锥缝附近, 由于那里的电场特别强, 拉曼增强因子又能进一步提高, 甚至达到 10^{11} 量级, 以至于能观察到单个分子的拉曼散射[2,3]. 这种现象称为光柱效应. 光柱效应没有一般的理论, 只能是具体形状具体分析. 文献 [5] 中用静电学的方法计算了在导电平面上一个拉长的半椭球金属的电场, 形状如图 9.5 所示.

计算需要用到正交的椭球坐标 (ξ, η, ϕ), 以及解在这坐标下的 Laplace 方程, 计算过程这里就不介绍了, 可以见文献 [5].

9.5 光柱效应

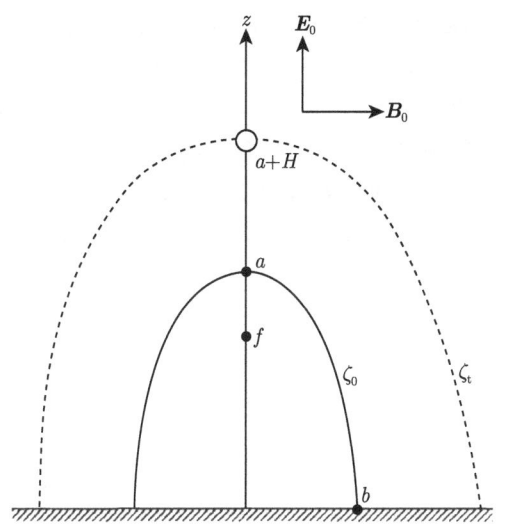

图 9.5 导电平面上一个拉长的半椭球金属示意图

下面就介绍一下计算的结果. 图 9.6 是 Ag, Cu, Au 三种金属半椭球等离子体模能量 (频率) 与椭球方位比 a/b 的关系[5]. 对球的情形, $a/b=1$, Ag 的等离子体模能量为 3.50eV(由 $\varepsilon+2=0$ 确定), 比平面金属等离子体模能量 3.68eV 低 (由 $\varepsilon+1=0$ 确定). 这两个值都低于体等离子体模能量 3.81eV. 方位比越大, 等离子体模能量越低. 所以可以选择金属半球的形状, 使得激光频率与金属体等离子体模频率共振.

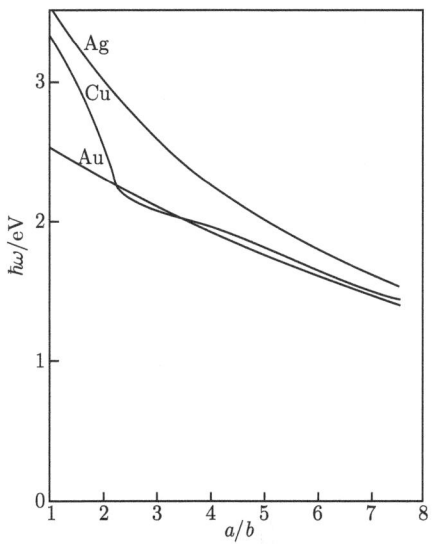

图 9.6 Ag, Cu, Au 三种金属半椭球等离子体模能量与椭球方位比 a/b 的关系

图 9.7 是对不同半长轴 a 和 b 的半椭球,拉曼增强因子 R 作为分子-椭球面间距 H 的函数[5]. 由图可见,对 $a \approx b$ 的情况,如 4 和 1,R 随 H 减小而缓慢增加. 而对于大方位比的情形,$a \gg b$,如 2 和 3,当 H 减小时,R 有很大增加,能达到 $10^5 \sim 10^6$ 量级,这其中就包括金属体形状的效应,称为光柱效应. 一般来说,3 个效应同时影响拉曼增强因子:表面等离子体共振、镜像效应和光柱效应.

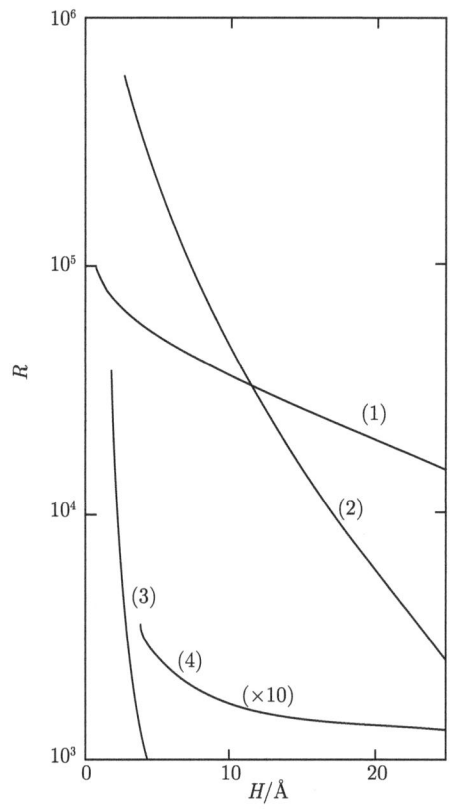

图 9.7 对不同半长轴 a 和 b 的半椭球,拉曼增强因子 R 作为分子-椭球面间距 H 的函数
(1) $(a,b)=(500Å, 250Å)$; (2) $(a,b)=(500Å, 100Å)$; (3) $(a,b)=(500Å, 50Å)$;
(4) $(a,b)=(500Å, 500Å)$, $\hbar\omega=2.5\text{eV}$, $\alpha=10Å^3$

镜像场效应也是很明显的,拉曼增强因子与镜像场因子 $|1-\Gamma|$ 成反比. 图 9.8 是 $|1-\Gamma|$ 作为 H 的函数[5],其中 (1)、(2)、(3) 代表不同的 (a,b) 值,见图 9.7 的图示. 由图可见,当 H 很小时,$|1-\Gamma|$ 减小很快 ((9.29) 式),使得增强因子迅速增加. 当 $H > 4Å$ 时,$|1-\Gamma|$ 趋于 1,镜像效应变得不重要.

图 9.9 是 Ag 和 Cu、Au 金属体的拉曼增强因子与频率的关系[5],$a=500Å$,$b=100Å$,$H=5Å$,$\alpha=10Å^3$. 由图 9.6 可见,当 $a=500Å$,$b=100Å$ 时,Ag, Cu, Au 的等离子体模能量分别为 2.0eV,1.78eV,1.75eV. 因此图 9.9 表明,在金属等离子体模能

量处, R 有一个共振峰, 体现了表面等离子体模的共振效应. 特别是 Ag, 它的拉曼增强因子甚至能达到 10^{11} 量级.

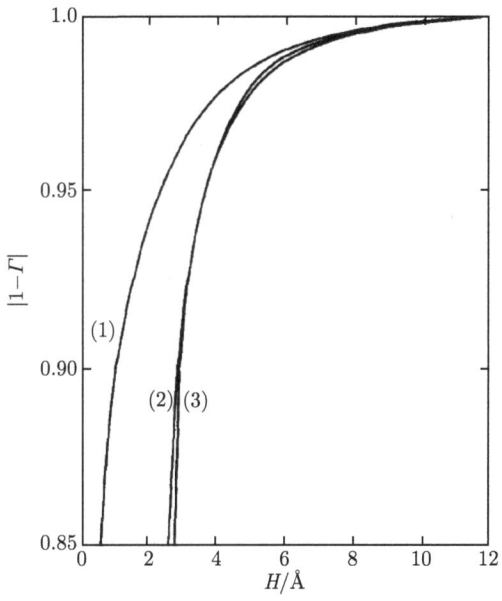

图 9.8　$|1-\Gamma|$ 作为 H 的函数

其中 (1)、(2)、(3) 代表不同的 (a, b) 值, 见图 9.7 的图示

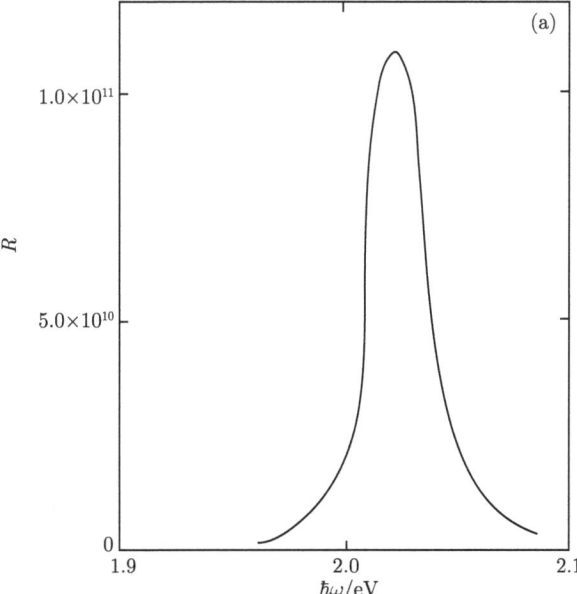

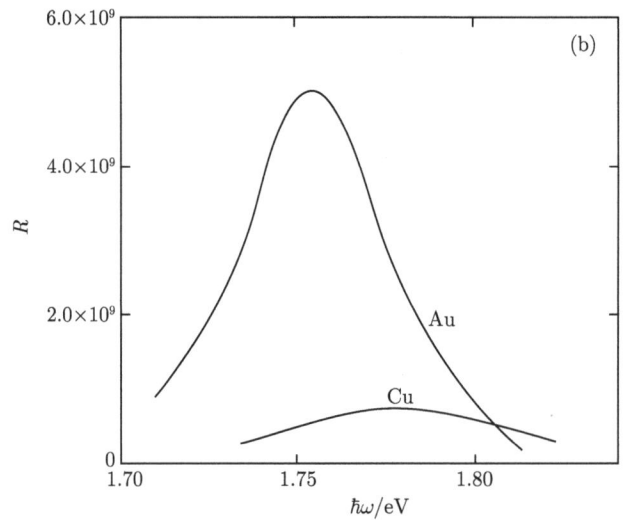

图 9.9 (a)Ag; (b)Cu、Au 金属体的拉曼增强因子与频率的关系

严格地说,拉曼增强因子与分子所在的位置 r_m 和频率ω有关, 因此

$$R(r_m, \omega) = \left| \frac{E(r_m, \omega)}{E_{\text{inc}}(\omega)} \right|^4. \tag{9.32}$$

其中, E 是分子所在位置的总电场, E_{inc} 是入射电场. Garcia-Vidal 等[7] 用数值方法计算了如图 9.10 所示模型的总电场. 他们考虑了推迟效应 (retardation), 因此他们的计算适合于尺度超过波长的 SERS 效应, 比以前的静电近似进了一步. 计算中采用了电磁波 (EM) 传输矩阵方法, 对一个动量为 k、能量为ω的入射平面波可以计算传输和反射矩阵. 因此

$$E_{\text{total}} = e^{i k \cdot r} E_{\text{inc}}(k, \sigma, \omega) + \sum_{k'\sigma'} e^{i k' \cdot r} E(k', \sigma', \omega) \hat{R}(k, \sigma, k', \sigma). \tag{9.33}$$

其中, E_{inc} 是与入射平面波相联系的电场, R是定义入射波散射的反射矩阵, E是出射平面波的电场.

计算模型相当于一系列金属半圆柱放在一个金属平板上, 平板厚度为 $l=2R=$ 30nm, 半圆柱的半径为 R. 圆柱之间的距离分别为 $d > 2R$, $d=2R$ 和 $d < 2R$ 三种情形, 反映了不同的粗糙度. 分子就位于两个半圆柱之间的空隙中.

图 9.11 是计算的在金属表面平均的拉曼增强因子作为光子能量的函数[7], 不同曲线对应于不同的 d/R 值. 由图可见, 当 $d=2R$, 拉曼增强因子最大, 达到 10^6 量级, 并且峰值位置从原子表面等离子体共振能量 3.3eV 位移至较低的能量. 而 $d=4R$, 实际上可看作是孤立的金属圆柱, 共振能量为 3.3eV, 但 R 只有 10^3 量级, 证明了尖缝产生了光柱效应.

9.5 光柱效应

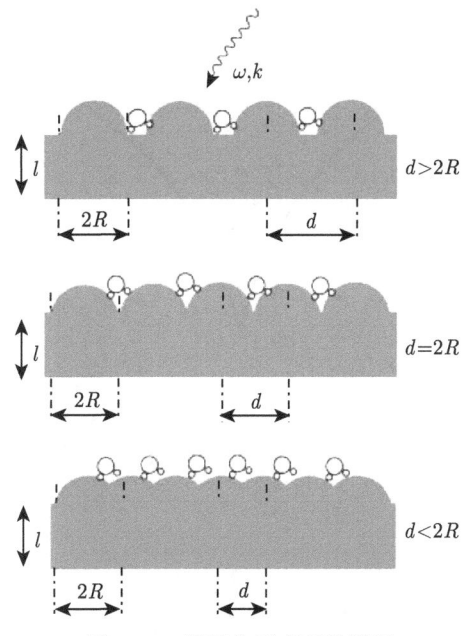

图 9.10 粗糙金属表面的模型

相当于一系列金属半圆柱放在一个金属平板上

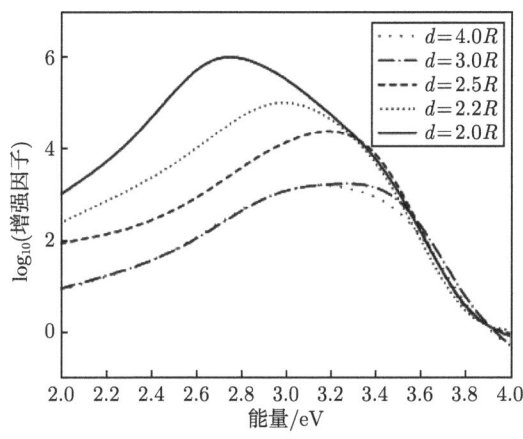

图 9.11 金属表面平均的拉曼增强因子作为光子能量的函数

不同曲线对应不同的 d/R 值. $l=2R=30\text{nm}$

图 9.12 是用数值方法画出的 (a) 空间电场分布图, (b)$\nabla \cdot \boldsymbol{E}=\rho$ 空间电荷分布图[7]. 假定光场是垂直入射到金属表面的, $d=2R$, $\hbar\omega=2.7\text{eV}$(图 9.11 中极大 R 处). 由图可见, 在尖缝处有极强的电场和强的偶极矩. 如果分子被吸附到这个位置, 它的拉曼信号将被增强至 10^7 量级.

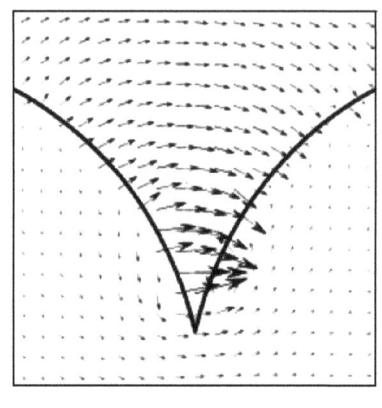
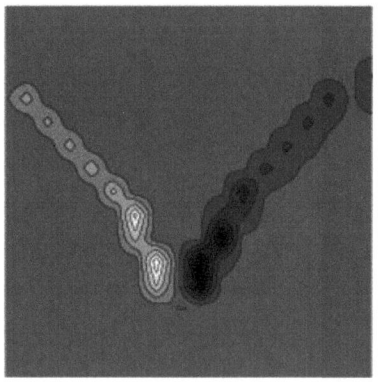

图 9.12 用数值方法画出的 (a) 空间电场分布图, (b) $\nabla \cdot \boldsymbol{E} = \rho$ 空间电荷分布图. 白色代表正电荷, 黑色代表负电荷

图 9.13 是在分子所在细缝 r_m 处 (不是图 9.11 的表面平均) 的局域拉曼增强因

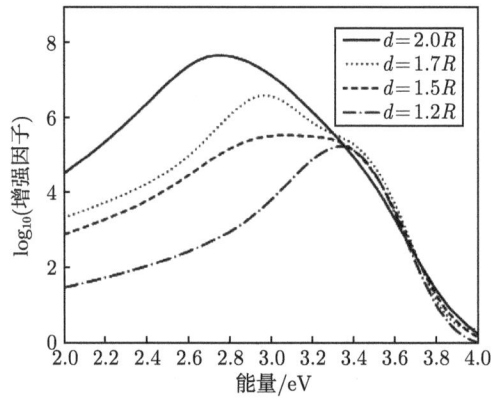

图 9.13 分子所在细缝 r_m 处的局域拉曼增强因子作为光子能量的函数

不同曲线对应不同的 d/R 值

子作为光子能量的函数[7], 不同曲线对应不同的 d/R 值. 由图可见, 当 $d=2R$ 时, 局域拉曼增强因子可达到 10^8 量级, 当 d/R 减小时, 局域拉曼增强因子逐渐减小. 原因是对小的 d/R, 缝的尖锐度 (粗糙度) 变小 (图 9.10), 使得局域电场变小.

Xu 等[8] 考虑了不同形状的单个金属粒子对拉曼增强因子的效应, 他们考虑了两种形状的金属粒子, 分别示于图 9.14 和图 9.15 中. 由于金属粒子形状特殊, 一般的静电学方法不适用, 他们利用了边界电荷方法 (boundary charge method, BCM). 图 9.14 是液滴状金属球的拉曼增强因子与波长的关系[8], 分子位于尖端附近 0.5nm 处, 不同曲线对应不同的 φ 角, φ 角越小, 尖端越尖. 由图可见, 当 $\varphi=90°$, 也就是球的情形, R 只有 10^4 量级, 峰值在 350nm($\hbar\omega$=3.5eV). 当 φ 逐渐减小时, R 增大, 峰值向长波方向移动. 在 $\varphi=30°$ 和 $15°$ 时 R 达到最大, 为 $10^{10}\sim10^{11}$ 量级. 所以在单个金属粒子的尖端附近同样存在光柱效应.

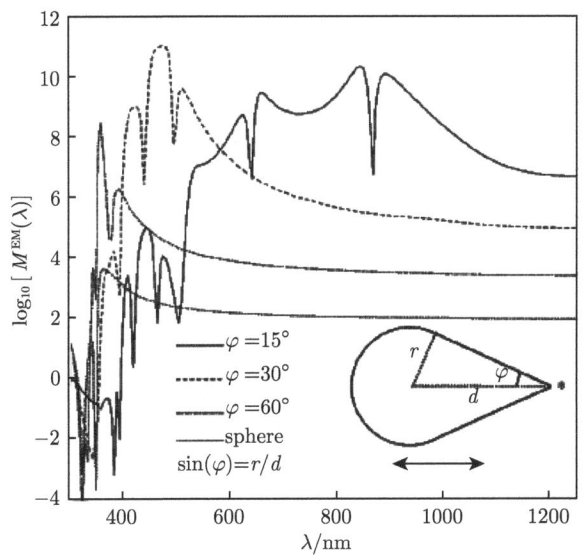

图 9.14 液滴状金属球的拉曼增强因子与波长的关系

分子位于尖端附近 0.5nm 处, 不同曲线对应不同的 φ 角

图 9.15 是两个金属球叠在一起时的拉曼增强因子与波长的关系[8], 其中 a_1=45nm, 不同曲线对应于不同的 a_2/a_1. 分子位于两个球交界处外的 0.5nm 处, 偏振平行于两个球的对称轴. 由图可见, 拉曼增强因子由 $a_2/a_1=1$ 的 10^3 量级增加到 $a_2/a_1=0.25$, 10^7 量级, 峰值在 400nm 处. 这个值比单个孤立球 (10^4) 要高, 但比液滴金属球 (10^{11}) 要低. 总之, 不论针尖, 还是尖峰, 都能达到大大增强拉曼散射的效果.

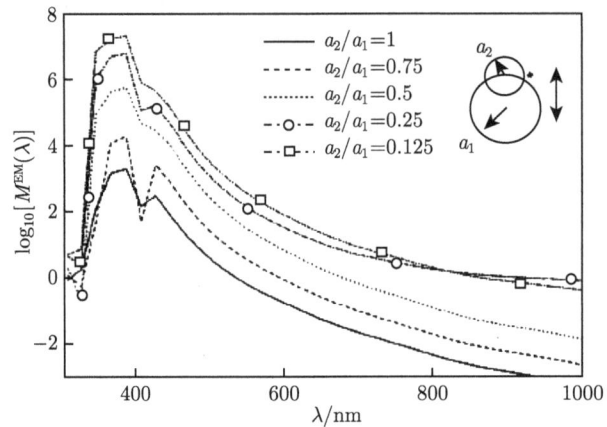

图 9.15 两个金属球叠在一起时的拉曼增强因子与波长的关系

其中 $a_1=45$nm, 不同曲线对应不同的 a_2/a_1

参 考 文 献

[1] Kneipp K, Kneipp H, Itzkan I, et al. J. Phys. C, 2002, 14: R597.
[2] Fleischman M, Hendra P J, McQuillan A. Chem. Phys. Lett., 1974, 26: 123.
[3] Kneipp K, Wang Y, Kneipp H, et al. Phys. Rev. Lett., 1997, 78: 1667.
[4] Nie S M, Emery S R. Science, 1997, 275: 1102.
[5] Gersten J, Nitzan A. J. Chem. Phys., 1980, 73: 3023.
[6] 巴蒂金, 托普蒂金. 电动力学习题集. 北京: 人民教育出版社, 1964.
[7] Garcia-Vidal F J, Pendry J B. Phys. Rev. Lett., 1996, 77: 1163.
[8] Xu H X, Aizpurua J, Kall M, et al. Phys. Rev. E, 2000, 62: 4318.

第10章 在频率有关的介电常数介质中的传播计算 (FDTD 方法)

有限差分时间畴 (finite-difference time domain, FDTD) 方法是计算介质中电磁波传播的一种有效的数值方法, 它不受几何形状、时间变化的限制, 特别是可以计算介电函数与频率有关的金属介质. 本章主要介绍这种方法, 主要参考文献为 [1], (此文献印刷错误很多, 读者读的时候需要随时验证).

10.1 一 维 模 拟

10.1.1 自由空间

自由空间的与时间有关的麦克斯韦方程为

$$\frac{\partial \boldsymbol{E}}{\partial t} = \frac{1}{\varepsilon_0} \nabla \times \boldsymbol{H},$$
$$\frac{\partial \boldsymbol{H}}{\partial t} = -\frac{1}{\mu_0} \nabla \times \boldsymbol{E}. \tag{10.1}$$

考虑一维情况, 只有 E_x 和 H_y 分量, 方程 (10.1) 变成

$$\frac{\partial E_x}{\partial t} = -\frac{1}{\varepsilon_0} \frac{\partial H_y}{\partial z},$$
$$\frac{\partial H_y}{\partial t} = -\frac{1}{\mu_0} \frac{\partial E_x}{\partial z}. \tag{10.2}$$

这是一个平面波运动的方程, 电场沿 x 方向, 磁场沿 y 方向, 波沿 z 方向传播.

对时间和空间变量都取中心差分近似, 则方程 (10.2) 可写成

$$\frac{E_x^{n+\delta}(k) - E_x^{n-\delta}(k)}{\Delta t} = -\frac{1}{\varepsilon_0} \frac{H_y^n(k+\delta) - H_y^n(k-\delta)}{\Delta x},$$
$$\frac{H_y^{n+1}(k+\delta) - H_y^n(k+\delta)}{\Delta t} = -\frac{1}{\mu_0} \frac{E_x^{n+\delta}(k+1) - E_x^{n+\delta}(k)}{\Delta x}. \tag{10.3}$$

其中, $\delta=1/2$, n 代表时间格点, k 代表空间格点. E_x 的时间值在 $n+\delta$ 等格点上表示, 空间值在 k 等格点上表示. 而 H_y 的时间值在 n 等格点上表示, 空间值在 $k+\delta$ 等格点上表示, 它们之间的关系由图 10.1 表示[1].

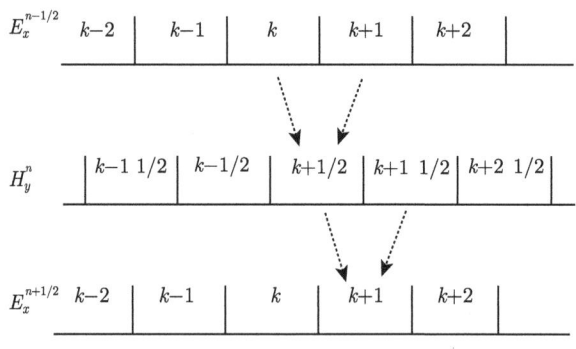

图 10.1 E_x 和 H_y 的时间和空间格点分布图

将方程 (10.3) 写成迭代形式

$$
\begin{aligned}
E_x^{n+\delta}(k) &= E_x^{n-\delta}(k) - \frac{\Delta t}{\varepsilon_0 \Delta x}\left[H_y^n(k+\delta) - H_y^n(k-\delta)\right], \\
H_y^{n+1}(k+\delta) &= H_y^n(k+\delta) - \frac{\Delta t}{\mu_0 \Delta x}\left[E_x^{n+\delta}(k+1) - E_x^{n+\delta}(k)\right].
\end{aligned}
\tag{10.4}
$$

因此计算是交替进行的, 最新的 E_x 值是由前一个时间的 E_x 值和最近的 H_y 值得到的. 这是 FDTD 方法的基本方式.

(10.4) 式中的两个方程形式上类似, 但因为 ε_0 和 μ_0 不同, E_x 和 H_y 相差几个数量级. 为了避免这种情况, 作下列的变量变换:

$$
\tilde{E} = \sqrt{\frac{\varepsilon_0}{\mu_0}} E. \tag{10.5}
$$

将 (10.5) 式代入 (10.4) 式, 得到

$$
\begin{aligned}
\tilde{E}_x^{n+\delta}(k) &= \tilde{E}_x^{n-\delta}(k) - \frac{\Delta t}{\sqrt{\varepsilon_0 \mu_0} \Delta x}\left[H_y^n(k+\delta) - H_y^n(k-\delta)\right], \\
H_y^{n+1}(k+\delta) &= H_y^n(k+\delta) - \frac{\Delta t}{\sqrt{\varepsilon_0 \mu_0} \Delta x}\left[\tilde{E}_x^{n+\delta}(k+1) - \tilde{E}_x^{n+\delta}(k)\right].
\end{aligned}
\tag{10.6}
$$

一旦空间步长 Δx 选定, 则时间步长确定为

$$
\frac{\Delta t}{\sqrt{\varepsilon_0 \mu_0} \Delta x} = \frac{c_0 \Delta t}{\Delta x} = \frac{1}{2}. \tag{10.7}
$$

其中, c_0 是自由空间的光速. 方程 (10.6) 在 C 语言中可写为

$$
\begin{aligned}
&\text{ex}\,[k] = \text{ex}\,[k] + 0.5 * (\text{hy}\,[k-1] - \text{hy}\,[k]) \\
&\text{hy}\,[k] = \text{hy}\,[k] + 0.5 * (\text{ex}\,[k] - \text{ex}\,[k+1])
\end{aligned}
\tag{10.8}
$$

10.1 一维模拟

取 100 个时间步,在 z 坐标的中心点 (k=100) 随时间加一个电场脉冲,

$$E_x(T) = \exp\left[-0.5\left(\frac{t_0 - T}{w}\right)^2\right]. \tag{10.9}$$

其中,T 是时间步,w 是脉冲宽度. 取 t_0=40,w=12,计算得到在 T=100 时电场和磁场在空间的分布如图 10.2 所示[1]. 由图可见,在 T=100 时电场和磁场已经扩散到离原点约 30 个网格点处,并且电场对原点是对称的,而磁场是反对称的.

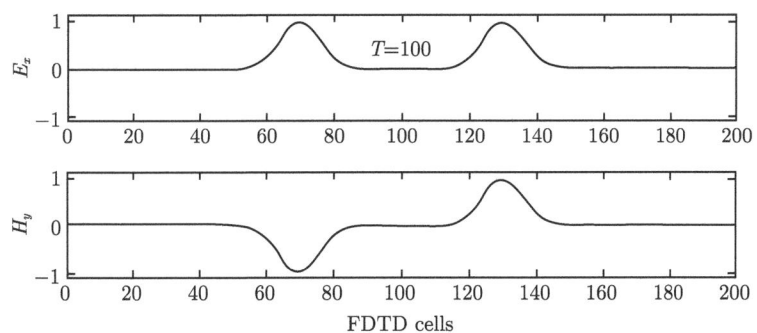

图 10.2 在 100 个时间步以后,自由空间中一个脉冲电场的 FDTD 模拟

确定时间步长 (10.7) 的原因是自由空间中光波传播一个空间格点的距离最少需要时间 $\Delta t = \Delta x/c_0$,对二维和三维网格,沿网格对角线的传播时间分别为 $\Delta t = \Delta x/(\sqrt{n}c_0)$,$n$=2 或 3. 为了简单方便起见,在文献 [1] 中就取 (10.7) 式作为时间步长.

吸收边界条件. 以上讨论的是无限边界条件,实际问题总是有一个边界. 假定一维模型在两端有边界,电磁波在边界被吸收. 由于光在时间步长 Δt 内传播的距离为 $\Delta x/2$,也就是需要两个时间步才走完一个格点. FDTD 方法假定了全吸收的边界条件为

$$E_x^n(0) = E_x^{n-2}(0). \tag{10.10}$$

一维网格的另一端也类似. 这样得到的结果是电磁波传播到边界时被完全吸收.

10.1.2 在介电介质中的传播

在介电介质中的麦克斯韦方程为

$$\frac{\partial \boldsymbol{E}}{\partial t} = \frac{1}{\varepsilon_r \varepsilon_0} \nabla \times \boldsymbol{H},$$
$$\frac{\partial \boldsymbol{H}}{\partial t} = -\frac{1}{\mu_0} \nabla \times \boldsymbol{E} \tag{10.11}$$

与 (10.7) 式类似，得到 C 语言的方程,

$$ex[k] = ex[k] + cb[k] * (hy[k-1] - hy[k])$$
$$hy[k] = hy[k] + 0.5 * (ex[k] - ex[k+1])$$
(10.12)

其中

$$cb[k] = 0.5/\varepsilon_r.$$
(10.13)

假定在网格的中心左边是真空，右边 ($k > 99$) 是$\varepsilon_r=4$ 的介质. 在 $T=0$, $k=5$ 格点处加一个脉冲，网格边界加全吸收条件. 图 10.3 是脉冲右边的波传播到介质时的情况[1]，一部分波透射到介质中，另一部分波被反射. 透射波的波速是真空波速的 $1/2$，因为介质的折射率 $n = \sqrt{\varepsilon_r} = 2$.

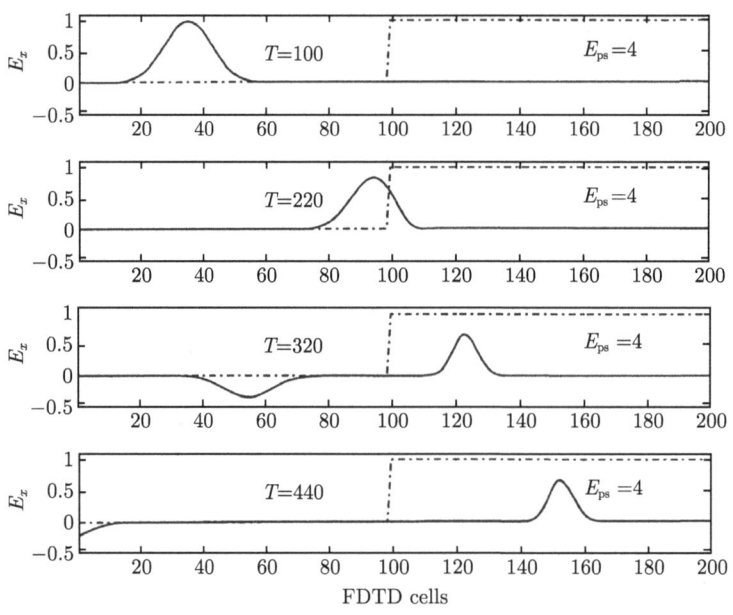

图 10.3 脉冲右边的波传播到介质时的情况

10.1.3 在有损耗介电介质中的传播

在有损耗介电介质中的麦克斯韦方程为

$$\frac{\partial \boldsymbol{E}}{\partial t} = \frac{1}{\varepsilon_r \varepsilon_0} \nabla \times \boldsymbol{H} - \boldsymbol{J},$$
$$\frac{\partial \boldsymbol{H}}{\partial t} = -\frac{1}{\mu_0} \nabla \times \boldsymbol{E}.$$
(10.14)

其中 $\boldsymbol{J}$ 是电流密度，$\boldsymbol{J} = \sigma \boldsymbol{E}, \sigma$ 是电导率.

类似于 (10.6) 式, 场分量的方程为

$$\tilde{E}_x^{n+\delta}(k) = \tilde{E}_x^{n-\delta}(k) - \frac{\Delta t}{\varepsilon_r \sqrt{\varepsilon_0 \mu_0} \Delta x} \left[H_y^n(k+\delta) - H_y^n(k-\delta) \right]$$

$$- \frac{\Delta t \sigma}{\varepsilon_r \varepsilon_0} \frac{\tilde{E}_x^{n+\delta}(k) + \tilde{E}_x^{n-\delta}(k)}{2},$$

$$H_y^{n+1}(k+\delta) = H_y^n(k+\delta) - \frac{\Delta t}{\sqrt{\varepsilon_0 \mu_0} \Delta x} \left[\tilde{E}_x^{n+\delta}(k+1) - \tilde{E}_x^{n+\delta}(k) \right]. \quad (10.15)$$

其中耗散项中的 E_x 项取前后两个时刻的平均值. 由此求得计算机方程

$$\begin{aligned} &\text{ex}[k] = \text{ca}[k] * \text{ex}[k] + \text{cb}[k] * (\text{hy}[k-1] - \text{hy}[k]) \\ &\text{hy}[k] = \text{hy}[k] + 0.5 * (\text{ex}[k] - \text{ex}[k+1]) \end{aligned} \quad (10.16)$$

其中

$$\begin{aligned} &\text{eaf} = \text{dt} * \text{sigma}/(2 * \text{epsz} * \text{epsilon}), \\ &\text{ca}[k] = (1 - \text{eaf})/(1 + \text{eaf}), \\ &\text{cb}[k] = 0.5/(\text{epsilon} * (1 + \text{eaf})). \end{aligned} \quad (10.17)$$

其中, epsz 为单位变换的量, 使得 eaf 为无量纲的量. 取类似于图 10.3 的介质配置, 右边是 $\varepsilon_r=4$, $\sigma=0.04$ S·m^{-1} 的耗散介质, 计算得到的正弦波脉冲入射到耗散介质的情形[1], 如图 10.4 所示. 由图可见, 在介质中波长为真空中的 1/2, 并且有衰减. 在传播到右边界前已经衰减为零.

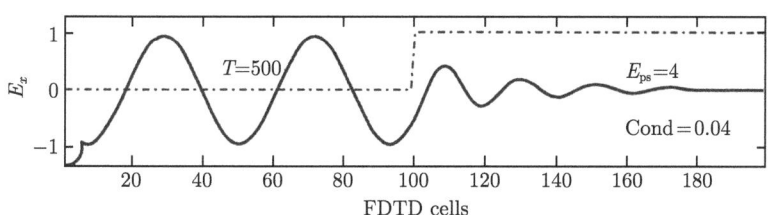

图 10.4　正弦波脉冲入射到耗散介质的情形

源是 700 MHz 的脉冲, 由元胞数 5 出发

空间网格 Δx 的选取一般为波长的十分之一. 在有多种介质的情况下, 介质中的波长为 $\lambda = \lambda_0/\sqrt{\varepsilon_r}$, 所以应取介电常数最大的介质中的波长为准.

10.2　频率有关介质的一维模拟

10.2.1　利用流密度的表述

假定介电函数与频率有关, 写出麦克斯韦方程的一般形式

$$\frac{\partial \boldsymbol{D}}{\partial t} = \nabla \times \boldsymbol{H},$$
$$\boldsymbol{D}(\omega) = \varepsilon_0 \cdot \varepsilon_r(\omega) \cdot \boldsymbol{E}(\omega), \tag{10.18}$$
$$\frac{\partial \boldsymbol{H}}{\partial t} = -\frac{1}{\mu_0} \nabla \times \boldsymbol{E}.$$

将方程 (10.18) 写成归一形式, 如 (10.5) 式,

$$\tilde{E} = \sqrt{\frac{\varepsilon_0}{\mu_0}} E, \quad \tilde{D} = \sqrt{\frac{1}{\varepsilon_0 \mu_0}} D. \tag{10.19}$$

方程 (10.18) 就变成

$$\frac{\partial \tilde{\boldsymbol{D}}}{\partial t} = \frac{1}{\sqrt{\varepsilon_0 \mu_0}} \nabla \times \boldsymbol{H},$$
$$\tilde{\boldsymbol{D}}(\omega) = \varepsilon_r(\omega) \cdot \tilde{\boldsymbol{E}}(\omega), \tag{10.20}$$
$$\frac{\partial \boldsymbol{H}}{\partial t} = -\frac{1}{\sqrt{\varepsilon_0 \mu_0}} \nabla \times \tilde{\boldsymbol{E}}.$$

考虑一个有损耗的介电介质

$$\varepsilon_r^*(\omega) = \varepsilon_r - \frac{\sigma}{i\omega \varepsilon_0}. \tag{10.21}$$

将 (10.21) 式代入 (10.20) 式,

$$\tilde{D}(\omega) = \varepsilon_r \tilde{E}(\omega) - \frac{\sigma}{i\omega \varepsilon_0} \tilde{E}(\omega). \tag{10.22}$$

在计算中需要将 (10.22) 式从频率畴换到时间畴, 利用傅里叶变换理论, 在频率畴中的 $1/i\omega$ 相当于时间畴中对时间积分

$$\tilde{D}(t) = \varepsilon_r \tilde{E}(t) + \frac{\sigma}{\varepsilon_0} \int_0^t \tilde{E}(t') \mathrm{d}t'. \tag{10.23}$$

在数值计算中, 积分就化为求和形式,

$$D^n = \varepsilon_r E^n + \frac{\sigma \cdot \Delta t}{\varepsilon_0} \sum_{t=0}^{n} E^i = \varepsilon_r E^n + \frac{\sigma \cdot \Delta t}{\varepsilon_0} E^n + \frac{\sigma \cdot \Delta t}{\varepsilon_0} \sum_{t=0}^{n-1} E^i. \tag{10.24}$$

其中, D^n 就是 D 在 $t = n\Delta t$ 时刻的值. 在 (10.24) 式中, 由 D^n 求 E^n, 得到

$$E_n = \frac{D^n - I^{n-1}}{\varepsilon_r + \dfrac{\sigma \cdot \Delta t}{\varepsilon_0}}. \tag{10.25}$$

其中, I^n 是引入的新变量,

$$I^n = \frac{\sigma \cdot \Delta t}{\varepsilon_0} \sum_{n=0}^{n-1} E^i = I^{n-1} + \frac{\sigma \cdot \Delta t}{\varepsilon_0} E^{n-1}. \tag{10.26}$$

所以不需要每一步都重新计算一遍, 只需要将前一次计算的值加上 E^{n-1} 乘以一常数值.

FDTD 程序中主要步骤是

$$\begin{aligned}
&\text{dx}\,[k] = \text{dx}\,[k] + 0.5 * (\text{hy}\,[k-1] - \text{hy}\,[k]),\\
&\text{ex}\,[k] = \text{gax}\,[k] * (\text{dx}\,[k] - \text{ix}\,[k]),\\
&\text{ix}\,[k] = \text{ix}\,[k] + \text{gbx}\,[k] * \text{ex}\,[k],\\
&\text{hy}\,[k] = \text{hy}\,[k] + 0.5 * (\text{ex}\,[k] - \text{ex}\,[k+1]),
\end{aligned} \tag{10.27}$$

其中

$$\begin{aligned}
&\text{gax}\,[k] = 1/(\text{epsilon} + (\text{sigma} * \text{dt/epsz})),\\
&\text{gbs}\,[k] = \text{sigma} * \text{dt/epsz}.
\end{aligned} \tag{10.28}$$

10.2.2 Debye 介质

频率有关的介质是研究等离子体模最常遇见的介质, 如金属介质. 这一节研究一种介质, 具有下列形式的介电函数 (Debye 表述):

$$\varepsilon_r^*(\omega) = \varepsilon_r - \frac{\sigma}{\mathrm{i}\omega\varepsilon_0} + \frac{\chi_1}{1+\mathrm{i}\omega t_0}. \tag{10.29}$$

其中包括了介电常数 ε_r, 电导率 σ, 还有一与频率有关的项. 为了能用 FDTD 模拟介质, 必须将 (10.29) 式变换到时间畴. 由 (10.29) 式第 3 项定义一个函数,

$$S(\omega) = \frac{1}{1+\mathrm{i}\omega t_0} E(\omega). \tag{10.30}$$

其中, $E(\omega)$ 是电场. 可以证明 (10.30) 式的逆傅里叶变换是

$$S(t) = \frac{\chi_1}{t_0} \int_0^t \mathrm{e}^{-(t-t')/t_0} E(t')\,\mathrm{d}t', \tag{10.31}$$

其中, $E(t)$ 具有因果关系, 等于 0 当 $t<0$ 时, 所以傅里叶变换程序中处理初始时间为 0, 而不是 $-\infty$.

附 (10.31) 式的证明

$$\begin{aligned}
E(\omega) &= \frac{\chi}{t_0} \int_0^\infty \mathrm{d}t\,\mathrm{e}^{-\mathrm{i}\omega t} \int_0^t \mathrm{e}^{-(t-t')/t_0} E(t')\,\mathrm{d}t'\\
&= \frac{\chi}{t_0} \int_0^\infty \mathrm{d}t'\,\mathrm{e}^{t'/t_0} E(t') \int_t^\infty \mathrm{d}t\,\mathrm{e}^{-\mathrm{i}\omega t - t/t_0},
\end{aligned}$$

其中

$$\int_{t'}^{\infty} dt e^{-i\omega t - t/t_0} = \frac{1}{i\omega \left(1 + \frac{1}{i\omega t_0}\right)} \left[e^{-i\omega t'\left(1 + \frac{1}{i\omega t_0}\right)}\right],$$

代入上一式, 得到

$$E(\omega) = \frac{\chi}{t_0} \frac{t_0}{1 + i\omega t_0} \int_0^{\infty} dt' e^{-i\omega t'} E(t') = \frac{\chi}{1 + i\omega t_0} E(\omega).$$

证毕.

将 (10.31) 式中对时间的积分化为求和形式

$$\begin{aligned} S^n &= \chi \cdot \frac{\Delta t}{t_0} \sum_{i=0}^{n} e^{-\Delta t(n-i)/t_0} \cdot E^i \\ &= \chi \cdot \frac{\Delta t}{t_0} \left[E^n + \sum_{i=0}^{n-1} e^{-\Delta t(n-i)/t_0} \cdot E^i\right]. \end{aligned} \quad (10.32)$$

注意到

$$\begin{aligned} S^{n-1} &= \chi_1 \cdot \frac{\Delta t}{t_0} \sum_{i=0}^{n-1} e^{-\Delta t(n-1-i)/t_0} \cdot E^i \\ &= \chi_1 \cdot \frac{\Delta t}{t_0} e^{\Delta t/t_0} \sum_{i=0}^{n-1} e^{-\Delta t(n-i)/t_0} \cdot E^i. \end{aligned} \quad (10.33)$$

代入 (10.32) 式, 得到

$$S^n = e^{-\Delta t/t_0} S^{n-1} + \chi_1 \cdot \frac{\Delta t}{t_0} \cdot E^n. \quad (10.34)$$

类似地, 包括有损失的介质项, (10.29) 式右端第 2 项, 见 10.2.1 节,

$$\begin{aligned} D^n &= \varepsilon_r E^n + I^n + S^n \\ &= \varepsilon_r E^n + \left[\frac{\sigma \Delta t}{\varepsilon_0} E^n + I^{n-1}\right] + \left[\chi_1 \cdot \frac{\Delta t}{t_0} E^n + e^{-\Delta t/t_0} S^{n-1}\right], \end{aligned} \quad (10.35)$$

解 E^n, 得到

$$\begin{aligned} E^n &= \frac{D^n - I^{n-1} - e^{-\Delta t/t_0} S^{n-1}}{\varepsilon_r + \frac{\sigma \Delta t}{\varepsilon_0} + \chi_1 \cdot \frac{\Delta t}{t_0}}, \\ I^n &= I^{n-1} + \frac{\sigma \Delta t}{\varepsilon_0} E^n, \\ S^n &= e^{-\Delta t/t_0} S^{n-1} + \chi_1 \cdot \frac{\Delta t}{t_0} E^n. \end{aligned} \quad (10.36)$$

10.2 频率有关介质的一维模拟

用程序语言来写

$$\begin{aligned}
&\text{dx}[k] = \text{dx}[k] + .5 * (\text{hy}[k-1] - \text{hy}[k]), \\
&\text{ex}[k] = \text{gax}[k] * (\text{dx}[k] - \text{ix}[k] - \text{del\_exp} * \text{sx}[k]), \\
&\text{ix}[k] = \text{ix}[k] + \text{gbx}[k] * \text{ex}[k], \\
&\text{sx}[k] = \text{del\_exp} * \text{sx}[k] + \text{gbc}[k] * \text{ex}[k], \\
&\text{hy}[k] = \text{hy}[k] + .5 * (\text{ex}[k] - \text{ex}[k+1]).
\end{aligned} \tag{10.37}$$

其中

$$\begin{aligned}
&\text{gax}[k] = 1/(\text{epsr} + (\text{sigma} * \text{dt}/\text{epsz}) + (\text{chi1} * \text{dt}/t0)), \\
&\text{gbx}[k] = \text{sigma} * \text{dt}/\text{epsz}, \\
&\text{gbc}[k] = \text{chi1} * \text{dt}/t0, \\
&\text{del\_exp} = \exp(-\text{dt}/t0).
\end{aligned} \tag{10.38}$$

图 10.5 是一个脉冲打在一个频率有关的介质 (Debye 介质) 上的模拟[1], 取参数为: ε_r=2, σ=0.01, χ_1=2, t_0=0.001 μs, 但有效介电常数和电导率是频率的函数. 由图 10.5 可见, 频率畴越高的脉冲衰减越快, 因为在高频时电导率较高.

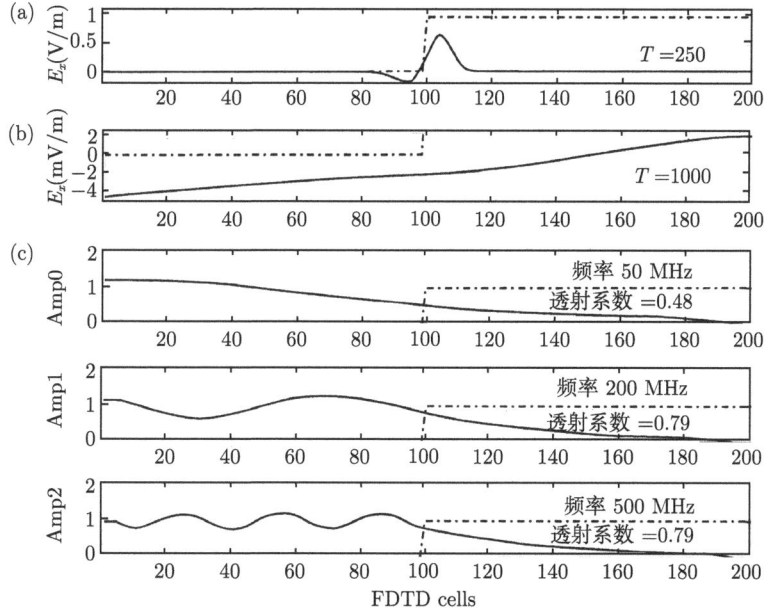

图 10.5 一个脉冲打在一个频率有关的介质 (Debye 介质) 上的模拟
(a) 250 时间步以后, 脉冲打在介质上, 部分透射, 部分反射; (b) 1000 时间步以后, 脉冲已经进入介质, 并扩散; (c) 不同频率畴的脉冲 (50MHz, 200MHz, 500 MHz) 打在介质上具有不同的透射和反射

10.3 Z 变 换

10.3.1 Z 变换的定义

Z 变换就是将在时间畴中分离的函数值变换成频率畴中的函数. 由于 Δt 是有限的, 因此这方法有一定的局限性. Dirac δ 函数的定义为

$$\int_{-\infty}^{\infty} \delta(t)\,\mathrm{d}t = \int_{0-}^{0+} \delta(t)\,\mathrm{d}t = 1. \tag{10.39}$$

由 (10.39) 式得到位移定理

$$\int_{-\infty}^{\infty} f(t)\delta(t-t_0)\,\mathrm{d}t = f(t_0). \tag{10.40}$$

注意到一个函数乘以 δ 函数的傅里叶变换是

$$\int_{-\infty}^{\infty} f(t)\delta(t-t_0)\,\mathrm{e}^{-\mathrm{i}\omega t}\mathrm{d}t = f(t_0)\,\mathrm{e}^{-\mathrm{i}\omega t_0}.$$

如果有一个连续的因果信号 $x(t)$(定义在 $t > 0$), 则得到分立的时间信号

$$x[n] = \sum_{n=0}^{\infty} x(t)\delta(t-n\Delta t). \tag{10.41}$$

这个分立时间函数的傅里叶变换是

$$x(\omega) = x[0] + x[1]\,\mathrm{e}^{-\mathrm{i}\omega\Delta t} + x[2]\,\mathrm{e}^{-\mathrm{i}2\omega\Delta t} + \cdots \tag{10.42}$$

定义参量 $z=\mathrm{e}^{\mathrm{i}\omega\Delta t}$, 则 (10.42) 式可以写为

$$X(z) = \sum_{n=0}^{\infty} x[n]\,z^{-n} = x[0] + x[1]\,z^{-1} + x[2]\,z^{-2} + \cdots \tag{10.43}$$

它和 (10.42) 式是等价的.

Z 变换可以使变换后的形式非常简单. 例如, 考虑时间畴的函数

$$x(t) = \mathrm{e}^{-\alpha t}u(t), \quad \alpha \geqslant 0.$$

其中, $u(t)$ 是阶梯函数,

$$u(t) = \begin{cases} 1, & t < 0, \\ 0, & t > 0. \end{cases}$$

10.3 Z 变换

如果这函数在 Δt 的时间间隔上取样, 则

$$x[n] = \left(e^{-\alpha \cdot \Delta t}\right)^n u[n], \quad n = 0, 1, 2, \cdots$$

这个函数的 Z 变换是

$$X(z) = \sum_{n=0}^{\infty} x[n] z^{-n} = \sum_{n=0}^{\infty} \left(e^{-\alpha \cdot \Delta t} z^{-1}\right)^n.$$

其中考虑到 $u[n]=1$. 利用级数展开, 得到

$$X(z) = \frac{1}{1 - e^{-\alpha \Delta t} z^{-1}}. \tag{10.44}$$

如果指数系数 $\alpha=0$, 则 $x(t)$ 就变成阶梯函数 $u(t)$, 因此 $u(t)$ 的 Z 变换为

$$U(z) = \frac{1}{1 - z^{-1}}. \tag{10.45}$$

第 2 个例子: 10.2.1 节中的与电导率有关的介电函数 $\varepsilon_\sigma = \sigma/i\omega\varepsilon_0$, 与此有关的电位移矢量 $D = \varepsilon_\sigma E$, 在频率畴中

$$D(\omega) = \varepsilon_\sigma(\omega) E(\omega) = \frac{\sigma}{i\omega\varepsilon_0} E(\omega).$$

为了书写简单, 以后前面的系数 σ/ε_0 不再写出. 上式在时间畴中为 (见 (10.23) 式)

$$D(t) = \int_0^t E(t') dt'.$$

下面就计算 D 函数的 Z 变换. 取 $D(t)$ 在分立的时间点上的值

$$D[n] = \int_0^{n\Delta t} E(t') dt'.$$

D 的 Z 变换为

$$D(z) = \sum_{n=0}^{\infty} \left[\int_0^{n\Delta t} E(t') dt'\right] z^{-n}.$$

将其中的积分改成求和,

$$D(z) = \sum_{n=0}^{\infty} \left[\sum_{m=0}^{n} E[m] \Delta t\right] z^{-n}$$

$$= \Delta t \sum_{m=0}^{\infty} E[m] \sum_{n=m}^{\infty} z^{-n} = \Delta t \sum_{m=0}^{\infty} E[m] z^{-m} \sum_{n=m}^{\infty} z^{-n+m}.$$

其中方程右边第一项正是 E 函数的 Z 变换, 第二项中令 $n-m=l$, 得到

$$D(z) = \Delta t \cdot \frac{E(z)}{1-z^{-1}}. \tag{10.46}$$

第 3 个例子是 Debye 介电函数 (10.29) 式, 为了书写简单, 把系数 χ_1 去掉了.

$$\varepsilon_D = \frac{1}{1+\mathrm{i}\omega\tau}.$$

在频率畴和时间畴中, 见 (10.31) 式,

$$D(\omega) = \frac{1}{1+\mathrm{i}\omega\tau} E(\omega),$$

$$D(t) = \frac{1}{\tau} \int_0^t \mathrm{e}^{-(t-t')/\tau} E(t')\,\mathrm{d}t'.$$

D 的 Z 变换,

$$\begin{aligned} D(z) &= \frac{1}{\tau} \sum_{n=0}^{\infty} \left[\int_0^{n\Delta t} \mathrm{e}^{-(n\Delta t - t')/\tau} E(t')\,\mathrm{d}t' \right] z^{-n} \\ &= \frac{\Delta t}{\tau} \sum_{n=0}^{\infty} \left[\sum_{m=0}^{n} \mathrm{e}^{m\Delta t/\tau} E[m] \right] \mathrm{e}^{-n\Delta t/\tau} z^{-n} \\ &= \frac{\Delta t}{\tau} \sum_{m=0}^{\infty} E[m] z^{-m} \sum_{n=m}^{\infty} \left(z\mathrm{e}^{\Delta t/\tau} \right)^{-n+m} \\ &= \frac{\Delta t}{\tau} E(z) \cdot \frac{1}{1-\mathrm{e}^{-\Delta t/\tau} z^{-1}}. \end{aligned} \tag{10.47}$$

10.3.2 Z 变换应用于 Debye 介质

在 10.2.2 节中我们已经用傅里叶变换计算了 Debye 介质中电磁波的传播. 这里用 Z 变换处理这一问题. 在频率畴中

$$D(\omega) = \left(\varepsilon_r + \frac{\sigma}{\mathrm{i}\omega\varepsilon_0} + \frac{\chi_1}{1+\mathrm{i}\omega\tau} \right) E(\omega). \tag{10.48}$$

变换到 z 畴,

$$D(z) = \varepsilon_r E(z) + \frac{\sigma \cdot \dfrac{\Delta t}{\varepsilon_0}}{1-z^{-1}} E(z) + \frac{\chi_1 \cdot \dfrac{\Delta t}{\tau}}{1-\mathrm{e}^{-\Delta t/\tau} z^{-1}} E(z). \tag{10.49}$$

定义一些辅助参量,

$$I(z) = \frac{\sigma \cdot \dfrac{\Delta t}{\varepsilon_0}}{1-z^{-1}} E(z) = z^{-1} I(z) + \sigma \cdot \frac{\Delta t}{\varepsilon_0} E(z),$$

10.3 Z 变换

$$S(z) = \frac{\chi_1 \cdot \dfrac{\Delta t}{\tau}}{1 - e^{-\Delta t/\tau} z^{-1}} = e^{-\Delta t/\tau} z^{-1} S(z) + \chi_1 \cdot \frac{\Delta t}{\tau} E(z). \tag{10.50}$$

将 (10.50) 式代入 (10.49) 式, 得到

$$D(z) = \varepsilon_r E(z) + z^{-1} I(z) + \sigma \cdot \frac{\Delta t}{\varepsilon_0} E(z) + e^{-\Delta t/\tau} z^{-1} S(z) + \chi_1 \cdot \frac{\Delta t}{\tau} E(z). \tag{10.51}$$

求出 $E(z)$

$$E(z) = \frac{D(z) - z^{-1} I(z) - e^{-\Delta t/\tau} z^{-1} S(z)}{\varepsilon_r + \sigma \cdot \dfrac{\Delta t}{\varepsilon_0} + \chi_1 \cdot \dfrac{\Delta t}{\tau}}. \tag{10.52}$$

将 z 函数 (10.52) 式写回到时间畴中, 用 E^n 代替 $E(z)$, E^{n-1} 代替 $z^{-1} E(z)$, 依次类推, 得到

$$E^n = \frac{D^n - I^{n-1} - e^{-\Delta t/\tau} S^{n-1}}{\varepsilon_r + \sigma \cdot \dfrac{\Delta t}{\varepsilon_0} + \chi_1 \cdot \dfrac{\Delta t}{\tau}},$$

$$I^n = I^{n-1} + \sigma \cdot \frac{\Delta t}{\varepsilon_0} E^n,$$

$$S^n = e^{-\Delta t/\tau} S^{n-1} + \chi_1 \cdot \frac{\Delta t}{\tau} E^n. \tag{10.53}$$

就是 (10.36) 式, 但是用 Z 变换方法就简单得多.

10.3.3 无磁场的等离子体介质

无磁场等离子体介质的介电函数为

$$\varepsilon(\omega) = 1 + \frac{\omega_p^2}{\omega(i\nu_c - \omega)}. \tag{10.54}$$

其中, ω_p 是等离子体频率, ν_c 是碰撞频率. 类似于 Debye 介质, 可以将介电函数 (10.54) 分解成几项,

$$\varepsilon(\omega) = 1 + \frac{\dfrac{\omega_p^2}{\nu_c}}{i\omega} - \frac{\dfrac{\omega_p^2}{\nu_c}}{\nu_c + i\omega}. \tag{10.55}$$

D 函数的 Z 变换为

$$D(z) = E(z) + \frac{\omega_p^2 \Delta t}{\nu_c} \left[\frac{1}{1 - z^{-1}} - \frac{1}{1 - e^{-\nu_c \Delta t} z^{-1}} \right] E(z)$$

$$= E(z) + \frac{\omega_p^2 \Delta t}{\nu_c} \left[\frac{(1 - e^{-\nu_c \Delta t}) z^{-1}}{1 - (1 + e^{-\nu_c \Delta t}) z^{-1} + e^{-\nu_c \Delta t} z^{-2}} \right] E(z). \tag{10.56}$$

引入辅助变量,

$$S(z) = \frac{\omega_p^2 \Delta t}{\nu_c} \left[\frac{\left(1 - e^{-\nu_c \Delta t}\right) z^{-1}}{1 - \left(1 + e^{-\nu_c \Delta t}\right) z^{-1} + e^{-\nu_c \Delta t} z^{-2}} \right] E(z). \tag{10.57}$$

则有

$$E(z) = D(z) - z^{-1} S(z),$$
$$S(z) = \left(1 + e^{-\nu_c \Delta t}\right) z^{-1} S(z) - e^{-\nu_c \Delta t} z^{-2} S(z) + \frac{\omega_p^2 \Delta t}{\nu_c} \left(1 - e^{-\nu_c \Delta t}\right) E(z). \tag{10.58}$$

所以 FDTD 程序写为

$$\begin{aligned}
&\text{ex}\,[k] = \text{dx}\,[k] - \text{sx}\,[k], \\
&\text{sx}\,[k] = (1 + \exp(-\text{vc} * \text{dt})) * \text{smx1}\,[k] \\
&\qquad - \exp(-\text{vc} * \text{dt}) * \text{smx2}\,[k] \\
&\qquad + (\text{pow}\,(\text{omega}, 2.) * \text{dt}/\text{vc}) * (1 - \exp(-\text{vc} * \text{dt})) * \text{ex}\,[k], \\
&\text{sxm2}\,[k] = \text{sxm1}\,[k], \\
&\text{sxm1}\,[k] = \text{sx}\,[k],
\end{aligned} \tag{10.59}$$

其中, smx1 和 smx2 分别代表前一和前二时刻的 sx.

代入等离子体介质 Ag 的有关参数: ν_c=57 THz, ω_p=2π×2000 THz, 模拟中心频率为 500 THz 的电磁波打在等离子体介质, 结果如图 10.6 所示[1]. 由图可见, 在 1200 时间步以后电磁波被完全反射.

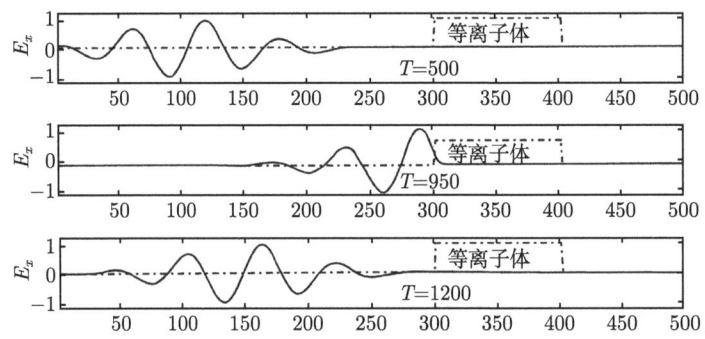

图 10.6 中心频率为 500 THz 的电磁波打在等离子体 Ag 介质上的模拟

上至下 3 个图分别为 500, 950 和 1200 时间步的结果

金属 (如 Au, Ag, Cu) 作为等离子体介质有一些特殊的性质, 它的介电函数如 (10.55) 式所示. 对于低频电磁波 (频率小于 ω_p), 它像一个金属, 具有全反射性质,

如图 10.6 所示. 对于频率高于 ω_p 的电磁波, 它是透明的. 图 10.7 是中心频率为 4000 THz 的电磁波打在金属 Ag 介质上的模拟. 由图可见, 在 1000 时间步以后, 电磁波完全穿过等离子体介质.

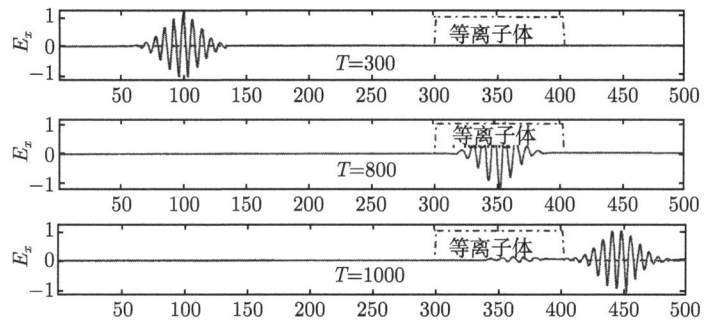

图 10.7　中心频率为 4000 THz 的电磁波打在等离子体 Ag 介质上的模拟

上至下 3 个图分别为 500, 800 和 1000 时间步的结果

参 考 文 献

[1] Sullivan D M. Electromagnetic Simulation Using The FDTD Method. Wiley: IEEE Press, 2013.